WordPress

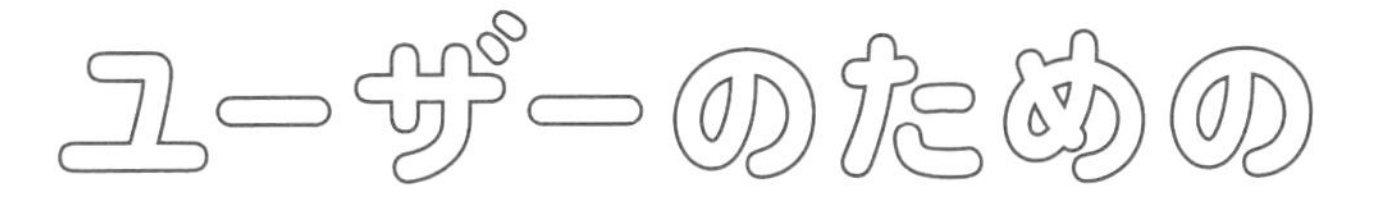

PHP入門

Introduction to PHP for WordPress Users. From the First Step, Easy to Understand.

はじめから、ていねいに。

エムディエヌコーポレーション

はじめに

WordPressは、ブログやWebサイト作成に広く利用されているソフトウェアです。手軽に使えるソフトではありますが、PHPを習得していないと「ここをああしたい」といった柔軟なカスタマイズが行いにくく、困っていらっしゃる方も多いのではないでしょうか？

本書『WordPressユーザーのためのPHP入門 はじめから、ていねいに。』は初版が2014年3月に、第2版が2017年4月に、第3版が2019年9月に発売されました。「WordPressを柔軟にカスタマイズしたいので、PHPを基礎から学びたい」という方を対象に、図解や画面を多く盛り込み、ていねいな解説を心がけた書籍です。さらにWordPressで使われているPHPコードを多く取り上げることで、PHPに初めて触れるという方にも理解しやすく、かつ実践的な内容となるよう工夫しています。

おかげさまで、Webデザイナー、マークアップエンジニア、ブロガー、アフィリエイターなどさまざまな方に好評をいただきました。このたび、PHPバージョン8が普及したことにあわせて第4版を刊行する運びとなりました。

第4版では、旧来のテーマ（クラシックテーマ）の作成方法に加え、ブロックテーマ・ハイブリッドテーマについても解説する章を設け、クラシックテーマにブロックパターン等の新機能を取り入れる手順を紹介しています。また、PHPの関数や、エラー詳細もPHP 8に対応して加筆修正を行っています。

本書の執筆にあたり、編集を担当していただいたピーチプレスの芹川宏さん、初版・第2版・第3版をお買い求めいただいたみなさん、そのほか多くの方々にたいへんお世話になりました。この場を借りて感謝申し上げます

水野史土

CONTENTS ［目次］

CHAPTER 4
WordPressで使われるコード解説

CHAPTER 5
進んだ使い方の解説

本書の使い方

本書はWordPressでWebサイトやブログを作成する際に、「テーマ」に記述されるPHPコードをプログラミングの初心者向けに解説した書籍です。自分でテーマを作りたいという方はもちろん、テーマを使っていて「この機能をすこし変えたい」とよく感じている方にもお役立ていただける情報を掲載しています。

なお、HTMLやCSSにつきましては解説しておりませんので、別途参考書等をご参照ください。ここではまず、本書の章構成をご紹介します。

CHAPTER 1 WordPress+PHPの基礎知識

準備として、WordPressがWebページを表示する仕組みや、投稿タイプ・カテゴリー・タグ・スラッグといった機能の詳細、テーマの役割などをおさらいします。

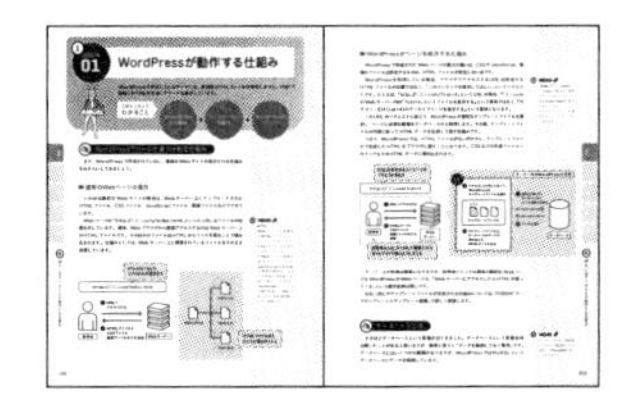

CHAPTER 2 PHPの基本

PHPの文法を基礎から解説します。変数・配列・関数・条件分岐・オブジェクトといった考え方を理解していくことで、PHPへの苦手意識がなくなるはずです。

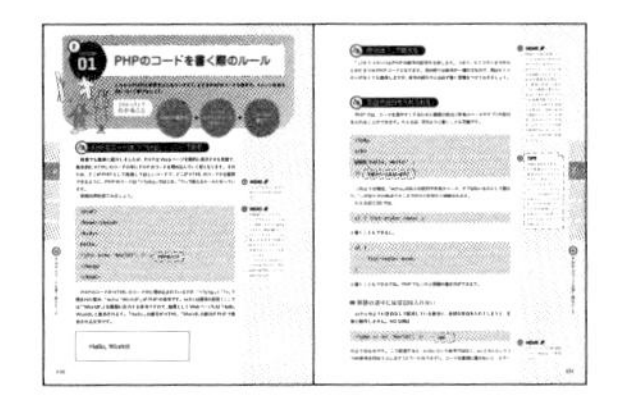

CHAPTER 3 WordPress特有のルール

PHPの基礎に加え、WordPress特有のルールもしっかり理解します。テンプレートタグ、テンプレート階層、フックといった考え方について学びましょう。

CHAPTER 4 WordPressで使われるコード解説

WordPressのテーマに書かれる一般的なコードを、本書のサンプルテーマをもとに解説します。Webサイトやブログとして機能するコードが書けるようになります。

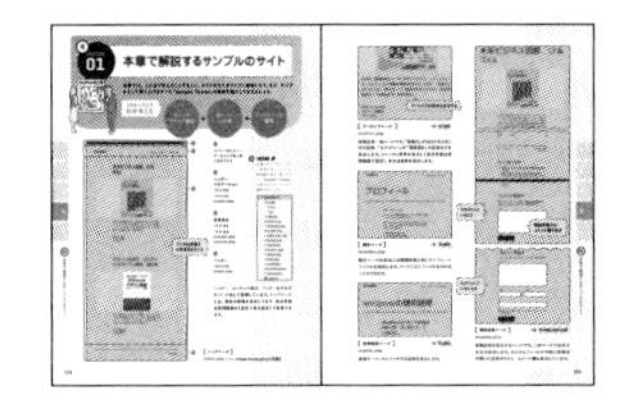

CHAPTER 5 進んだ使い方の解説

近年の公式テーマに採用されているブロックテーマと、ブロックテーマの機能を取り入れたハイブリッドテーマ、子テーマやエラー対処法について紹介しています。

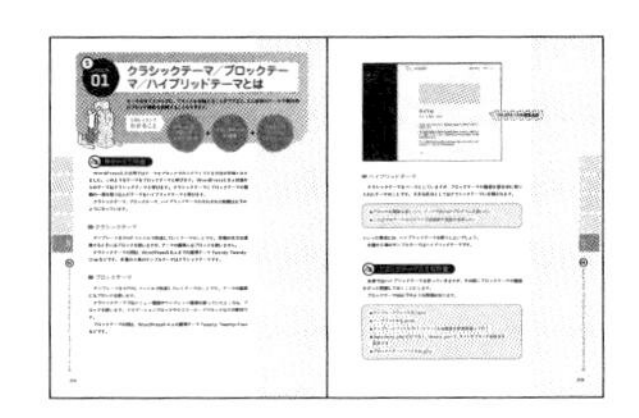

サンプルデータのダウンロード

本書のサンプルデータは下記のURLよりダウンロードできます。

https://books.mdn.co.jp/down/3223303032/

- ダウンロードしたファイルはZIP形式で保存されています
- Windows、Macそれぞれの解凍ソフトを使って圧縮ファイルを解凍してください
- サンプルファイルには「はじめにお読みください.html」ファイルが同梱されていますので、ご使用の前に必ずお読みください。

配布素材一覧

ダウンロードしたファイルは下記のような構成になっています。

本書で解説しているWebページのコンテンツとアイキャッチ画像です。本書と同じ状態で動作を確認したい場合にご利用ください（P.009参照）。

本書で使用するサンプルテーマです。「Code Learning Theme」と「Sample Theme」の2つのテーマを収録しています（P.008参照）。

本書に掲載しているPHPのコードをテキストファイルで収録しています。コピー＆ペーストして動作を試したいときなどにご利用ください。

サンプルデータに関するご注意

- 弊社Webサイトからダウンロードできるサンプルデータは、GPLに基づいて配布されています。
- 弊社Webサイトからダウンロードできるサンプルデータを実行した結果については、著者、制作者および株式会社エムディエヌコーポレーションは一切の責任を負いかねます。お客様の責任においてご利用ください。
- 本書に掲載されているPHP、HTML、CSS等のコメントや改行位置は紙面掲載用として加工しています。ダウンロードしたサンプルデータとは異なる場合がありますので、あらかじめご了承ください。

WordPressのご利用について

本書はすでにWordPressをご利用になられているユーザーが対象のため、WordPressのインストール方法などについては解説しておりません。

WordPressのインストールについて詳しく知りたい方は、ご契約されているレンタルサーバのマニュアルや公式ドキュメントのガイド（https://ja.wordpress.org/support/article/how-to-install-wordpress/）をご覧ください。

・ サンプルテーマのインストール ・

本書のサンプルテーマをWordPressにインストールするときは、ダウンロードデータ内の「サンプルテーマ」フォルダ内にある「codelearningtheme」と「sampletheme」の2つのフォルダをまるごと、WordPressのwp-content/themes/フォルダ内にコピーします。

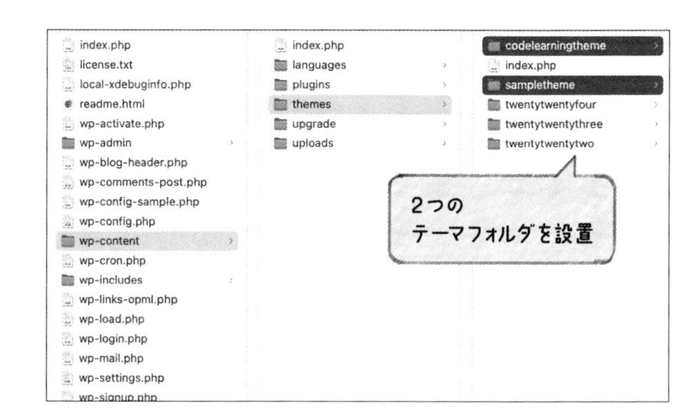

次に管理画面にログインし、[外観＞テーマ]を開きます。「Code Learning Theme」と「Sample Theme」の2つのテーマがインストールされているので、目的のテーマの「有効化」をクリックして有効化します。各テーマの使い方は次項で説明します。

・ サンプルテーマの使い方 ・

本書の2つのサンプルテーマの使い方は次のとおりです。

Code Learning Theme

「Code Learning Theme」はCHAPTER2でPHPのコードの動作を試す際に使用します。掲載されたコードをindex.phpの「<?php」と「?>」の間にコードを書いて、PHPのコードを試すことができます。

なお、テーマをインストールしただけの状態では、Webページにはなにも表示されないのでご注意ください。

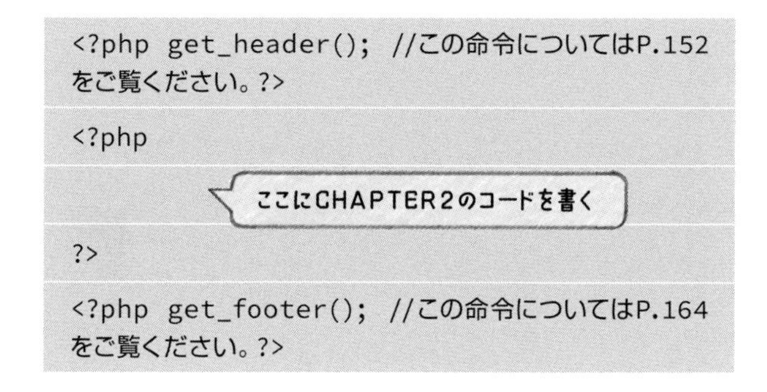

Sample Theme

「Sample Theme」はCHAPTER4で解説しているテーマです。WordPressの標準テーマである「Twenty Twenty-One」をベースに、単体の自作テーマには不要な機能等を削除してシンプルにまとめたものです。CHAPTER4の各LESSONの最後に掲載している「やってみよう」では、実際に手を動かしてこのテーマをカスタマイズします。

このテーマはWordPress 6.4で正しく動作します。

コンテンツデータのインポート

CHAPTER4の解説内容を、本書と同じコンテンツを利用して確認したい場合は、ダウンロードデータのコンテンツをインポートします。管理画面で［ツール>インポート］をクリックします。「WordPress インポートツール」というプラグインがインストールされていない場合は「WordPress」の下の「今すぐインストール」をクリックします。

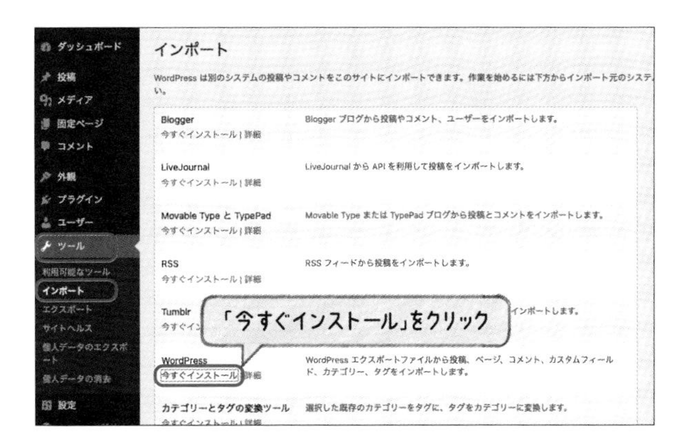

インストールが終わると、「インポーターの実行」と表示されるので、クリックします。

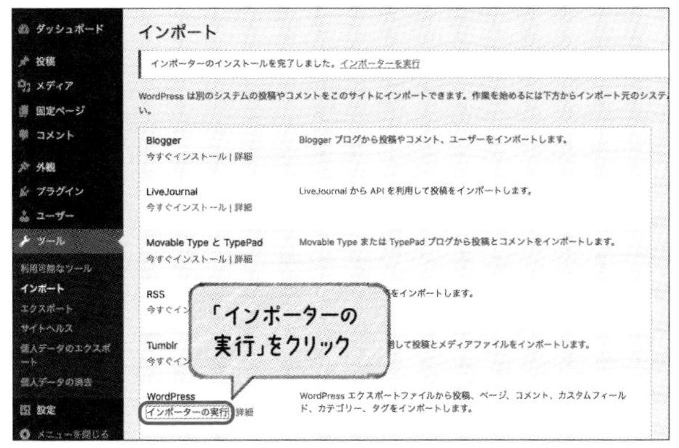

「WordPressのインポート」の画面が表示されたら、「ファイルを選択」ボタンをクリックして、サンプルデータの「コンテンツデータ」フォルダ内にある「import.xml」を選択します。「ファイルをアップロードしてインポート」ボタンをクリックしましょう。

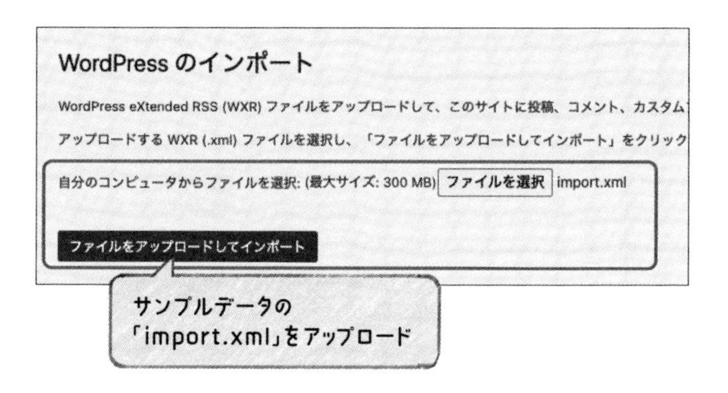

次に「投稿者の割り当て」の項目をドロップダウンリストから投稿ユーザー名に設定し、「実行」ボタンをクリックします。

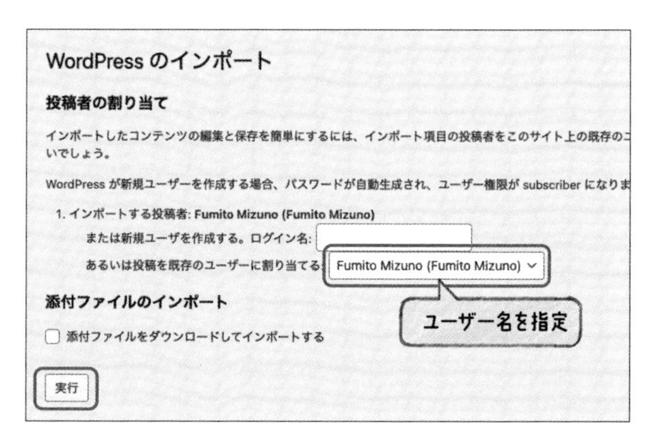

図のようなメッセージが表示されれば、コンテンツのインポートは成功です。管理画面の「投稿」や「固定ページ」にコンテンツが入っているか確認してみましょう。これで本書の解説を読み進めるための準備は終了です。

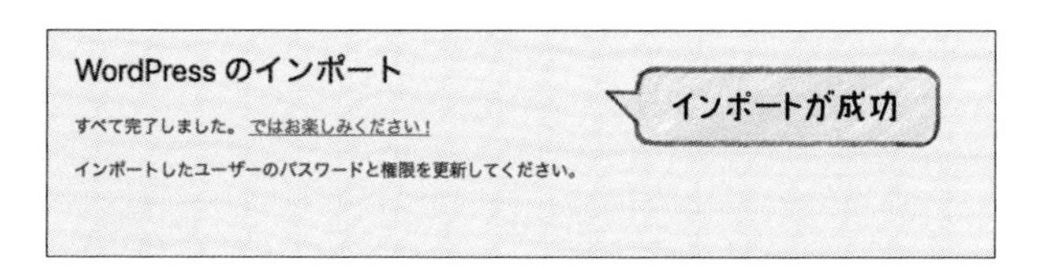

※ナビゲーションやウィジェットを設定しないと、本書の解説画面と同じ状態にはなりません。ナビゲーションの設定方法についてはP.146を、ウィジェットの設定方法についてはP.186をご覧ください。

※アイキャッチ画像については、管理画面で各投稿の編集画面を表示して、ダウンロードデータの「アップロード画像」フォルダの画像を設定してください(アイキャッチ画像は本書の解説を理解するための学習用途以外では使用しないでください)。

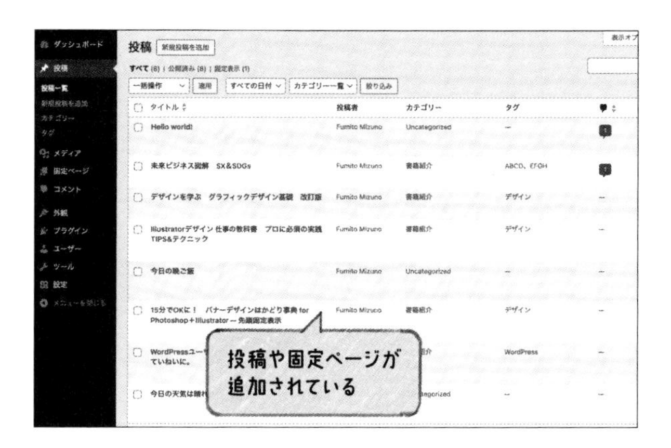

WordPress＋PHPの基礎知識

本書ではWordPressで使われているPHPのコードを理解できるようになるために解説を進めていきます。ですがまずその前に、WordPressがどのような仕組みで動作しているのか、WordPressで表示するページにはどのようなものがあるのか、テーマとはどのような役割を持っているのか、という基本を理解しておく必要があります。本章でこれらの基礎をおさらいしておきましょう。

LESSON 01 WordPressが動作する仕組み

WordPressで作成しているサイトには、静的なHTMLファイルは存在しません。PHPで動的にHTMLを生成してページを表示しています。

このレッスンでわかること

WordPressの仕組み ＋ データベースの仕組み ＋ WordPressのメリット

WordPressでページが表示される仕組み

まず、WordPressで作成されていない、通常のWebサイトが表示される仕組みをおさらいしてみましょう。

通常のWebページの場合

いわゆる静的なWebサイトの場合は、Webサーバー上にアップロードされたHTMLファイル、CSSファイル、JavaScriptファイル、画像ファイルなどでできています。

Webページの「http://○○.com/index.html」といったURLはファイルの位置を示しています。通常、Webブラウザから直接アクセスするのはWebサーバー上のHTMLファイルです。そのほかのファイルはHTMLからリンクを張ることで読み込まれます。仕組みとしては、Webサーバー上に用意されているファイルをそのまま送信しています。

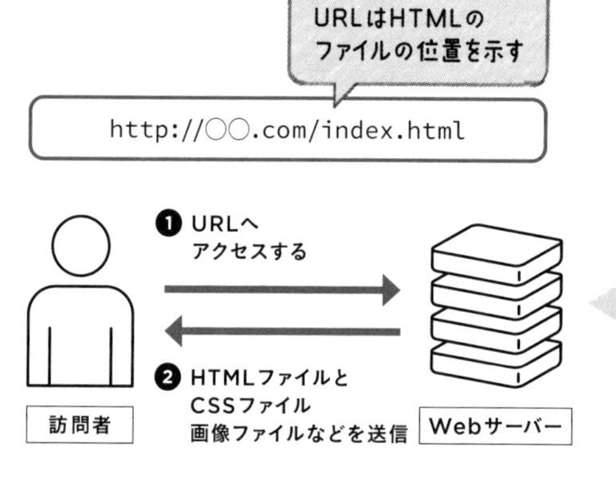

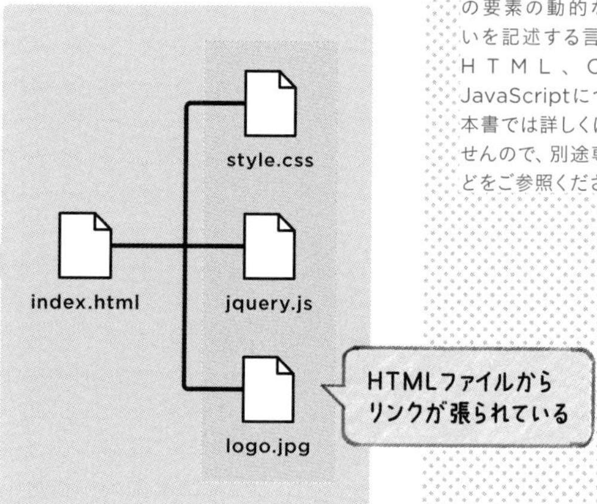

MEMO

HTMLファイルでは、Webページの文書構造をHTMLタグでマークアップして示します。CSSファイルには文字サイズやレイアウトといったWebページの装飾が記述されています。JavaScriptはHTMLの要素の動的なふるまいを記述する言語です。HTML、CSS、JavaScriptについては本書では詳しくは触れませんので、別途専門書などをご参照ください。

WordPressがページを表示する仕組み

WordPressで作成されたWebページの最大の違いは、CSSやJavaScript、画像のファイルは存在するものの、HTMLファイルが存在しない点です。

WordPressを利用している場合、ブラウザでアクセスするURLは実在するHTMLファイルの位置ではなく、「このコンテンツを表示してほしい」というリクエストです。たとえば、「http://○○.com/?cat=4」というURLの場合、『○○.comのWebサーバー内の「?cat=4」というファイルを表示する』という意味ではなく、『カテゴリーID4(cat=4)のアーカイブページを表示する』という意味になります。

このURLのリクエストに応じて、WordPressが適切なテンプレートファイルを選択し、ページに必要な情報をデータベースから取得します。その後、テンプレートファイルの内容に従ってHTMLデータを生成して返す仕組みです。

つまり、WordPressでは、HTMLファイルがない代わりに、テンプレートファイルで生成したHTMLをブラウザに渡すことになります。CSSなどの外部ファイルへのリンクもそのHTMLデータに埋め込まれます。

MEMO
「http://○○.com/」というURLの場合も、通常のサイトのようにトップにあるindex.htmlを表示するのではなく、「トップページのコンテンツを表示する」というリクエストとなります。

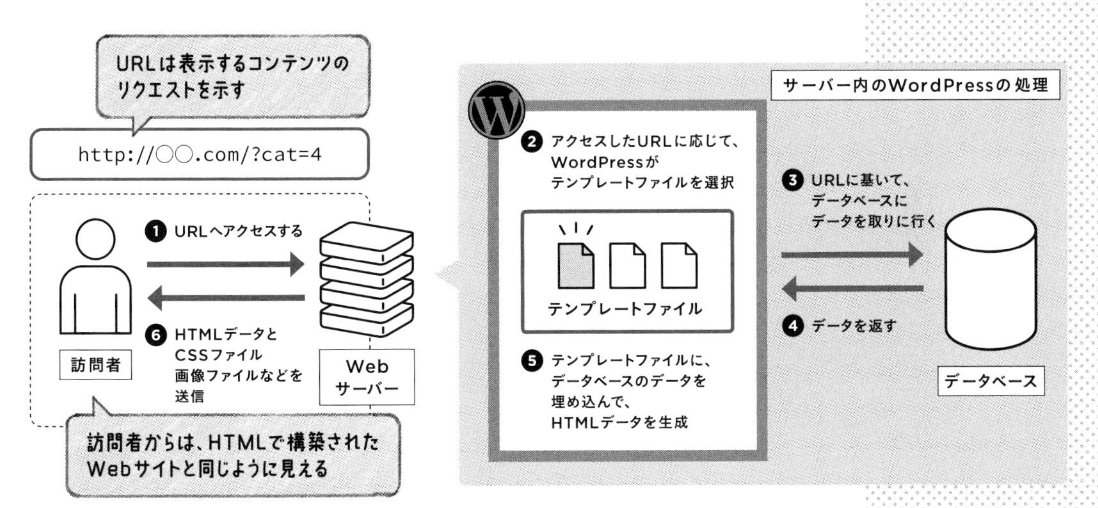

サーバー上の処理は複雑になりますが、訪問者にとっては通常の静的なWebページもWordPressのWebページも、「Webサーバーにアクセスしたら HTMLが返ってくる」という働き自体は同じです。

なお、URLやテンプレートファイルが決定される仕組みについては、P.098の「テーマテンプレートとテンプレート階層」で詳しく解説します。

データベースとは

さきほどデータベースという言葉が出てきました。データベースという言葉自体は聞いたことがあると思いますが、簡単に言うと「データを格納しておく場所」です。データベースにはいくつかの種類がありますが、WordPressではMySQLというデータベースにデータを格納しています。

MEMO
データベースには、MySQLのほか、MySQLから派生したMariaDBを使うこともできます。

たとえば投稿記事を投稿した際、その投稿を記したファイルはWordPress内のどこにも存在しません。投稿日時、投稿者、記事タイトル、パーマリンク（記事のURL）、記事本文、抜粋、カテゴリー情報、タグ情報、投稿IDといった情報がデータベースに書き込まれ、それをWordPressが呼び出す仕組みになっています。

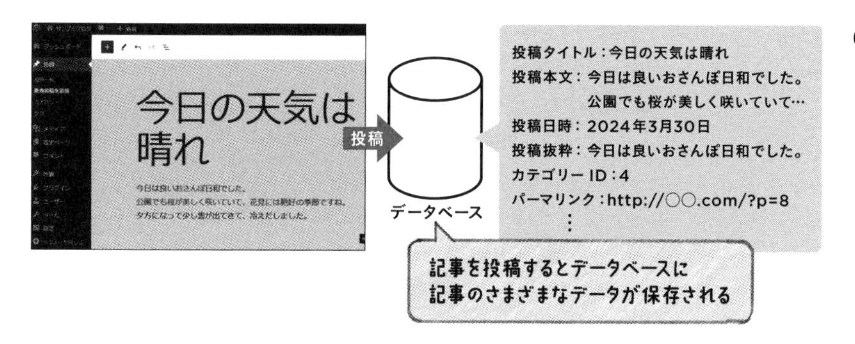

今日の天気は晴れ
今日は良いおさんぽ日和でした。
公園でも桜が美しく咲いていて、花見には絶好の季節ですね。
夕方になって少し雲が出てきて、冷えだしました。
投稿
データベース
投稿タイトル：今日の天気は晴れ
投稿本文：今日は良いおさんぽ日和でした。公園でも桜が美しく咲いていて…
投稿日時：2024年3月30日
投稿抜粋：今日は良いおさんぽ日和でした。
カテゴリーID：4
パーマリンク：http://〇〇.com/?p=8
記事を投稿するとデータベースに記事のさまざまなデータが保存される

MEMO

画像ファイルなどの場合は、実際のファイルはuploadフォルダにアップロードされ、データベースにはそのファイルのURLが保存されます。

固定ページも含め、管理画面から投稿するデータは、基本的にはすべてデータベース上に保存されます。

WordPressはアクセスされたURLに応じて、2024年3月の投稿記事一覧を取得したり、「日記」カテゴリーの投稿記事一覧を取得するといったように、さまざまな条件でデータベースからデータを取得できる仕組みを備えています。

WordPressのメリット

WordPressがこのような仕組みで動作しているメリットは、通常のサイトと違い、Webサイトの更新や修正の際にHTMLファイルを修正したり、FTPでアップロードしたりする手間がかからないという点です。データベース上の記事や固定ページのデータは管理画面で管理できるため、HTMLの知識のない人でも、ブラウザ上からWebサイトを手軽に更新できる点が最大の魅力です。

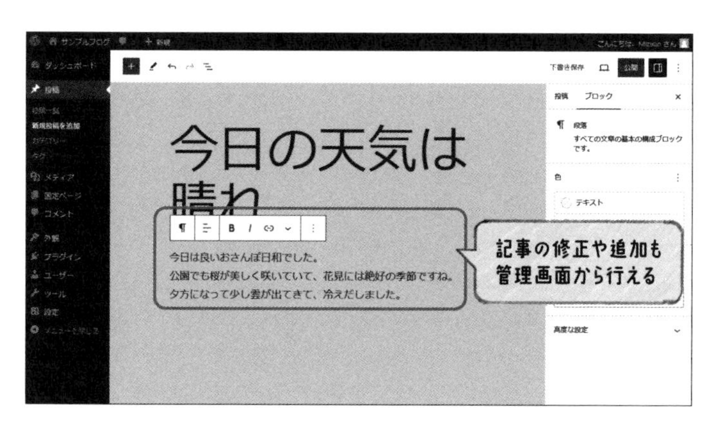

今日の天気は晴れ
今日は良いおさんぽ日和でした。
公園でも桜が美しく咲いていて、花見には絶好の季節ですね。
夕方になって少し雲が出てきて、冷えだしました。
記事の修正や追加も管理画面から行える

また、世界中で広く使われているため、たくさんのデザインのテーマが存在し、多彩なプラグインを利用してどんどん機能を拡張できるといったメリットもあります。これらについてはP.024「WordPressのテーマとは」で詳しく説明しましょう。

WordPressの投稿タイプと機能

ここでは本書を読み進めるうえで前提となる、WordPressの用語や機能についてひととおりおさらいしておきます。

このレッスンでわかること

投稿タイプと表示方法 ＋ カテゴリーとタグ ＋ パーマリンク

投稿

WordPressの管理画面から投稿できるコンテンツは、標準では「投稿」と「固定ページ」の２種類があります。これらを「投稿タイプ」といいます。まず、「投稿」について見てみましょう。

投稿は日常的に追加するコンテンツに利用します。管理画面の［投稿＞新規投稿を追加］で記事を追加することができます。また、後述する「カテゴリー」を利用して投稿を分類したり、「タグ」を付けて関連性の高い投稿を抽出したりすることができます。

> **TIPS**
> 投稿タイプには「投稿」と「固定ページ」のほかに、自分で作成する投稿タイプである「カスタム投稿タイプ」も存在します。カスタム投稿タイプについては、一般にテーマと分離してプラグイン（P.026）で設定するのが主流になっているため、本書では触れません。

サンプルブログ　＋ 新規　　こんにちは、Mizuno さん

ダッシュボード / 投稿 / 投稿一覧 / 新規投稿を追加 / カテゴリー / タグ / メディア / 固定ページ / コメント / 外観 / プラグイン / ユーザー / ツール / 設定 / メニューを閉じる

投稿　新規投稿を追加　　表示オプション ▼　ヘルプ ▼　投稿を検索

すべて (6) | 公開済み (5) | 固定表示 (1) | 下書き (1) | ゴミ箱 (5)

一括操作　適用　すべての日付　カテゴリー一覧　絞り込み　　6個の項目

タイトル	投稿者	カテゴリー	タグ	コメント	日付
	Mizuno	書籍紹介	ビジネス	1	公開済み 2024年2月7日 3:18 PM
…基礎	Mizuno	書籍紹介	デザイン	—	公開済み 2024年2月6日 3:18 PM
Illustratorデザイン 仕事の教科書　プロに必須の実践TIPS&テクニック	Mizuno	書籍紹介	デザイン	—	公開済み 2024年2月2日 3:17 PM
15分でOKに！　バナーデザインはかどり事典 for Photoshop＋Illustrator — 先頭固定表示	Mizuno	書籍紹介	デザイン	—	公開済み 2024年1月21日 3:15 PM
WordPressユーザーのためのPHP入門　はじめから、ていねいに。	Mizuno	書籍紹介	WordPress	—	公開済み 2024年1月18日 3:33 PM
今日の天気は晴れ — 下書き	Mizuno	未分類	—	—	最終更新日 2024年1月12日 10:00 AM
タイトル	投稿者	カテゴリー	タグ		日付

一括操作　適用　　6個の項目

［投稿＞新規投稿を追加］で投稿を追加する

WordPressで投稿を表示するページは、おもに２種類あります。「アーカイブページ」と「個別投稿ページ」です。まずはアーカイブページから見てみましょう。

アーカイブページ

Webでよく見かけるブログなどでは、カレンダーをクリックすると「2024年3月に投稿した記事一覧」を表示できたり、カテゴリーリストをクリックすると「日記のカテゴリーの記事一覧」を表示できたりします。これらのページが「アーカイブページ」です。「投稿一覧ページ」、「記事一覧ページ」などとも呼びます。

アーカイブページでは投稿記事のタイトルや本文の途中までを一覧表示することで、特定のカテゴリーや日時にどのような投稿記事が存在するかがわかりやすくなります。

基本のURLは「http://○○.com/?cat=4」（カテゴリーID4の投稿アーカイブページ）、「http://○○.com/?m=202403」（2024年3月の投稿アーカイブページ）といった形式になります。

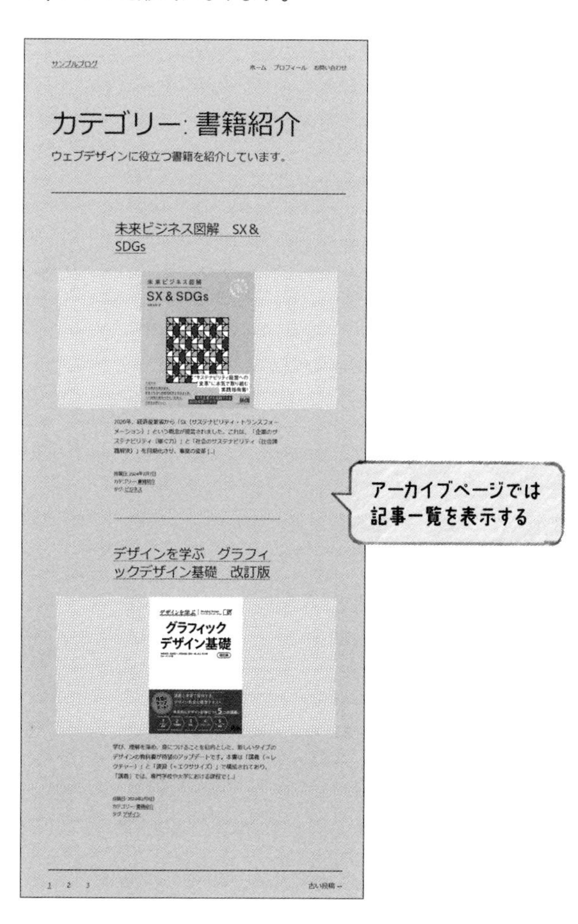

個別投稿ページ

個別投稿ページは、特定の記事の内容を表示するページです。一般的なアーカイブページと異なり、ひとつの記事を全文表示します。基本のURLは「http://○○.com/?p=4」（投稿ID4の個別投稿ページ）といった形式になります。

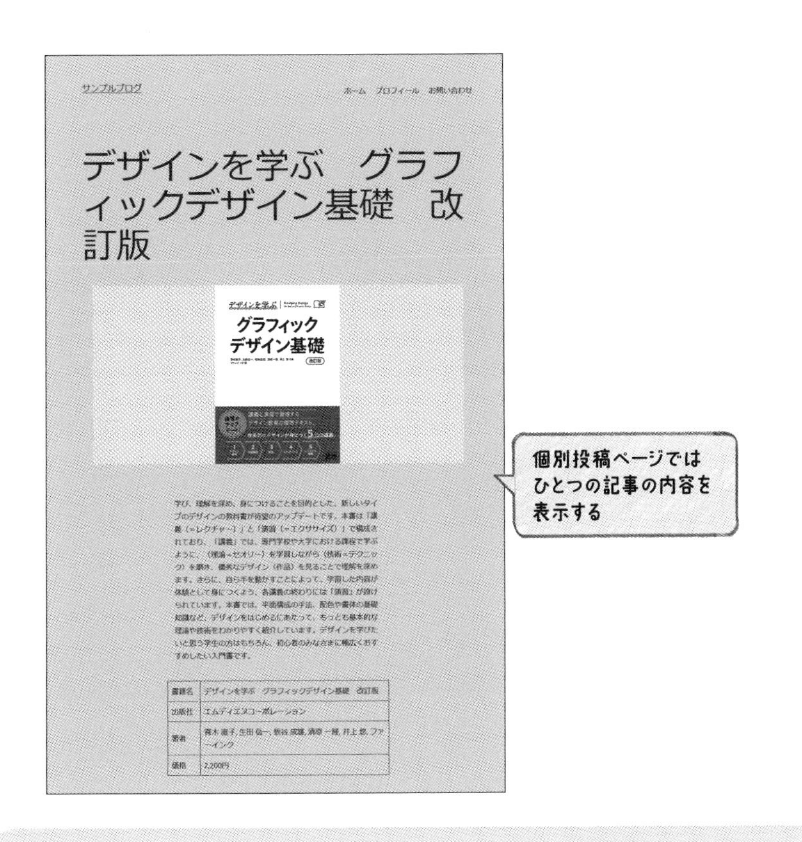

POINT　アーカイブでどこまで表示するのか

ご覧のように、個別投稿では本文が全文表示されています。一方、アーカイブでどこまで表示されるかは、テーマによって変わり、大きく2種類あります。

1つは『投稿の「抜粋」、抜粋がない場合は先頭から一定の文字数または「続きを読む」まで』を表示するテーマで、the_excerpt()関数（P.159）を使っています。もう1つは『「続きを読む」まで、それがない場合は全文』を表示するテーマで、the_content()関数（P.169）を使っています。

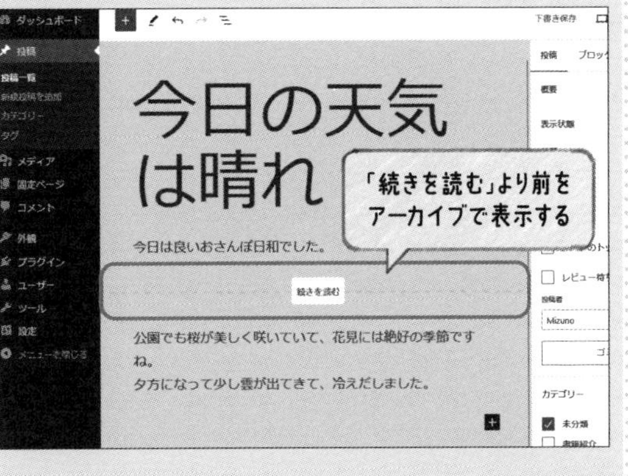

固定ページ

もうひとつの投稿タイプである「固定ページ」は、更新の頻度が少ないコンテンツに使用します。たとえば「このサイトについて」や「お問い合わせ」など、日常的に記事を追加していく必要のないページです。

管理画面の［固定ページ＞新規固定ページを追加］で新しい固定ページを作成することができます。

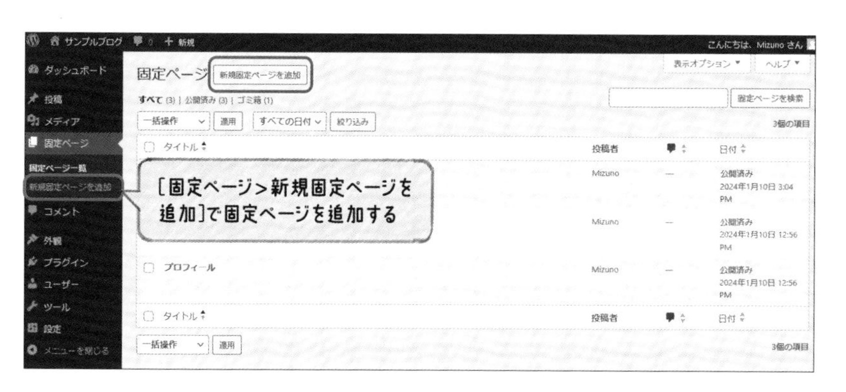

固定ページと投稿の違い

固定ページと投稿の最大の違いは、アーカイブ表示を行わない点です。カテゴリーによる分類やタグ付けもありません。

代わりに、ほかの固定ページを親に指定して階層関係を持たせることができます。基本のURLは「http://○○.com/?page_id=4」（ページID4の固定ページ）といった形式になります。

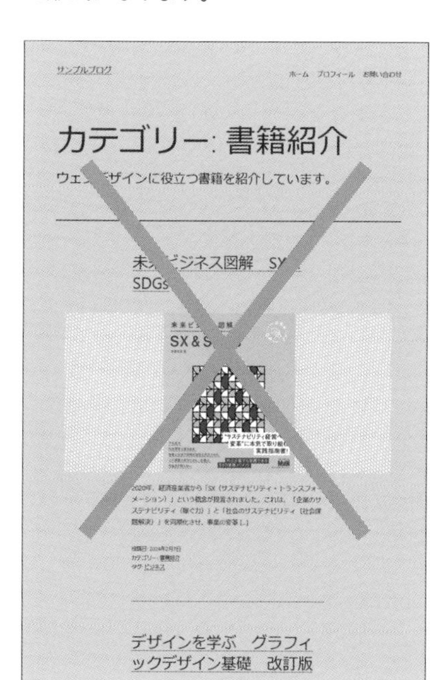

固定ページには
アーカイブ表示はない

フロントページ

WordPressでは、サイトやブログのフロントページ（トップページ）を設定することもできます。デフォルトでは最新の投稿10件を表示したページがフロントページとなりますが、固定ページをフロントページに設定したり、「front-page.php」や「home.php」を利用して別につくることもできます。

URLは「http://○○.com/」などのホームURLです。

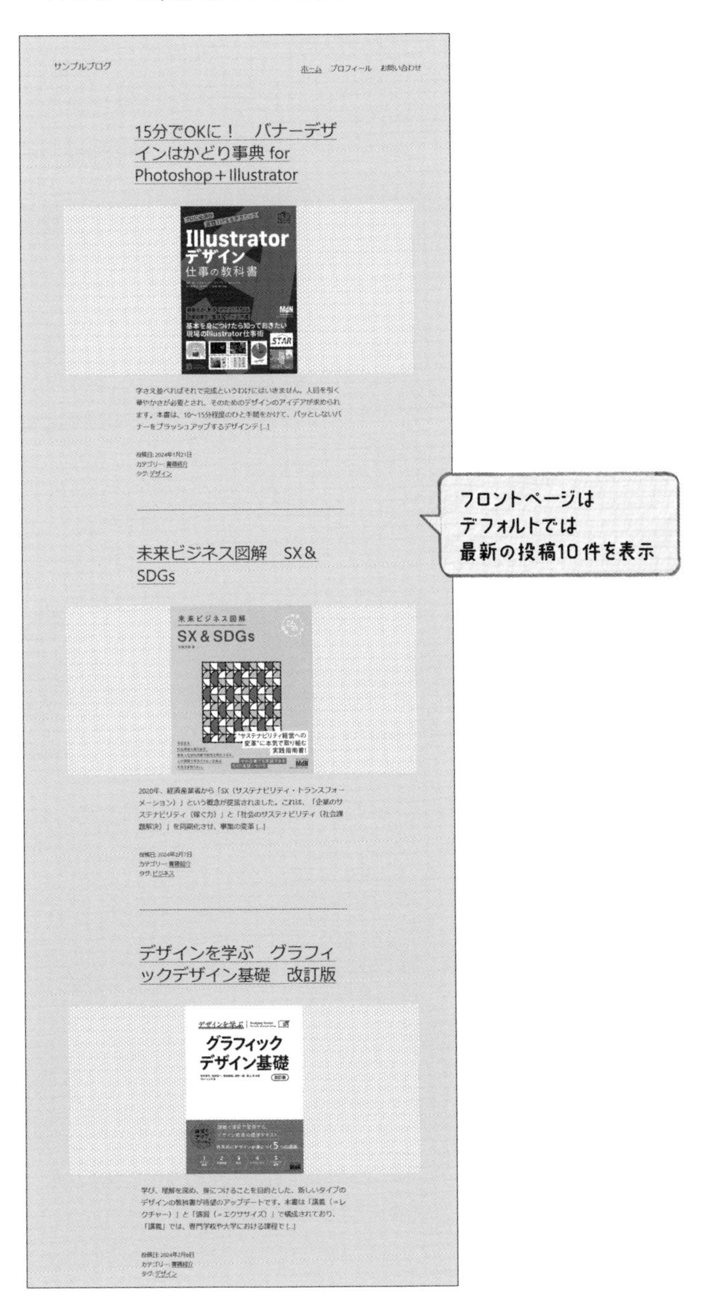

カテゴリーとタグ

投稿は固定ページのように親子関係をつくれない代わりに、カテゴリーとタグによって投稿同士を関連付けることができます。これらのカテゴリーやタグを「タクソノミー」といいます。

カテゴリーやタグを利用すれば、投稿をカテゴリーごとにまとめたり、タグをキーワードにして関連付けたりすることができます。

カテゴリーは管理画面の[投稿>カテゴリー]、タグは[投稿>タグ]で追加できます。

MEMO
「タクソノミー」(taxonomy)とは生物を分類する学問のことです。WordPressでは投稿を分類する意味で使われます。タグやカテゴリーはWordPressのデフォルトの分類です。

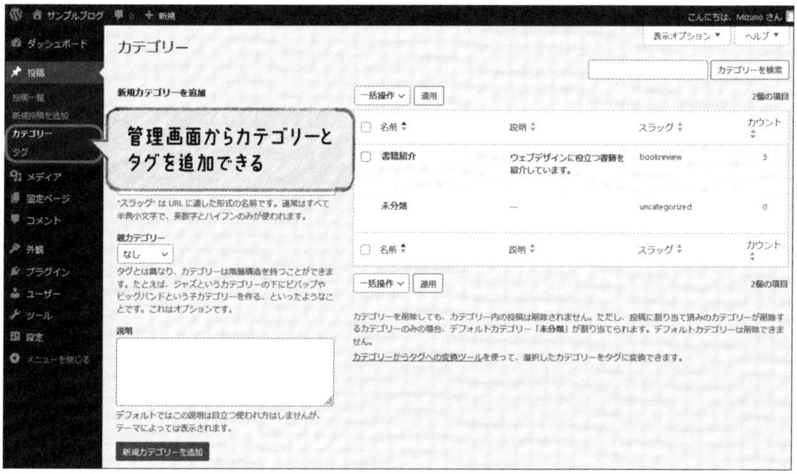

管理画面からカテゴリーとタグを追加できる

カテゴリーをクリックするとそのカテゴリーに属する投稿のアーカイブページ、タグをクリックするとそのタグの付いた投稿のアーカイブページが表示されるのが一般的です。カテゴリーとタグの最大の違いは、カテゴリーが階層構造を持てる点です。大きな分類にカテゴリーを使い、投稿記事のなかで出てきたキーワードをタグで関連付ける、といった使い分けをするとよいでしょう。

基本のURLはカテゴリーが「http://○○.com/?cat=4」(カテゴリーID4の投稿のアーカイブページ)、タグが「http://○○.com/?tag=bookreview」(bookreviewタグのついた投稿のアーカイブページ)といった形式になります。

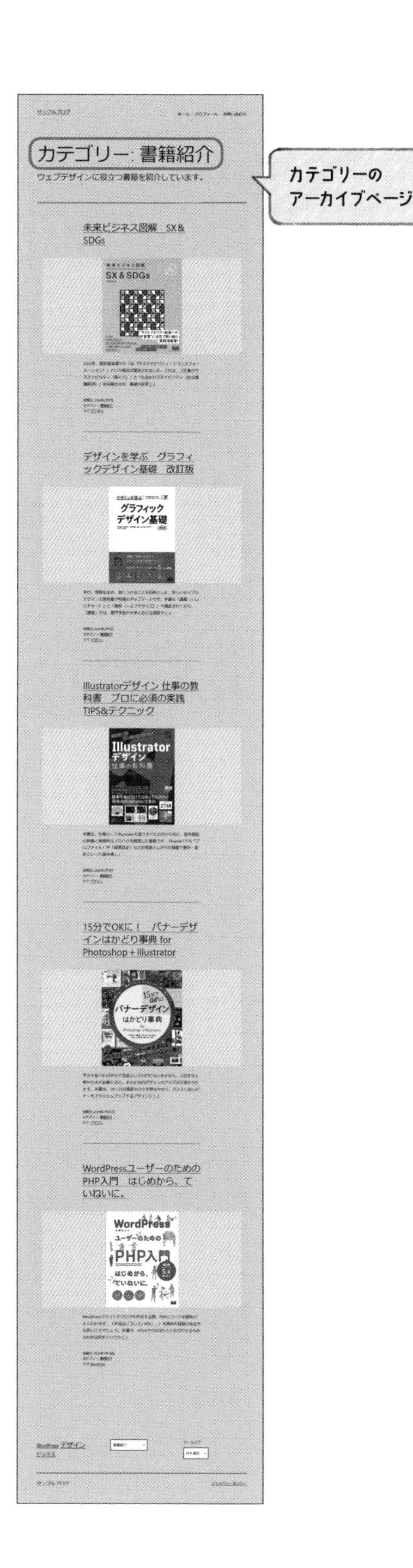

サンプルブログ
ホーム プロフィール お問い合わせ
カテゴリー: 書籍紹介
ウェブデザインに役立つ書籍を紹介しています。
カテゴリーの
アーカイブページ
未来ビジネス図解 SX&SDGs
デザインを学ぶ グラフィックデザイン基礎 改訂版
Illustratorデザイン 仕事の教科書 プロに必須の実践TIPS&テクニック
15分でOKに！ バナーデザインはかどり事典 for Photoshop＋Illustrator
WordPressユーザーのためのPHP入門 はじめから、ていねいに。

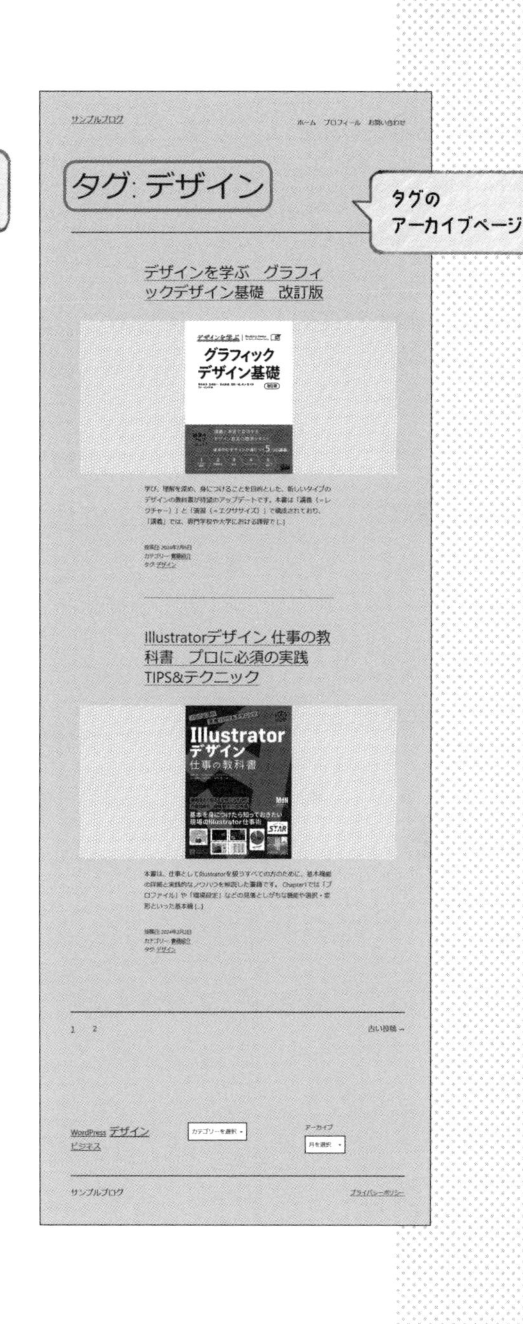

サンプルブログ
ホーム プロフィール お問い合わせ
タグ: デザイン
タグの
アーカイブページ
デザインを学ぶ グラフィックデザイン基礎 改訂版
Illustratorデザイン 仕事の教科書 プロに必須の実践TIPS&テクニック
1 2
古い投稿 →
WordPress デザイン
ビジネス
カテゴリーを選択
アーカイブ
月を選択
サンプルブログ
プライバシーポリシー

スラッグとパーマリンク機能

ここまで「?□□=△△」という形式のURLを紹介してきましたが、これはWordPressの基本のURLで、あまりわかりやすいURLとはいえません。WordPressでは、これらのURLを通常のサイトのように「http://○○.com/△△/」といった形に書き換える機能があります。これを「パーマリンク機能」といいます。

パーマリンク機能の説明をする前に、まず「スラッグ」について紹介しておきましょう。

スラッグ

カテゴリーやタグの「名前」の入力欄の下には、「スラッグ」という入力欄がありました。カテゴリーやタグの名前には日本語が入ることが多いですが、これをそのままURLに使用すると、「%E3%82%A6～」といった形でURLエンコードされてしまうため、URLが煩雑になります。このため、WordPressには英単語や数字などでURL用の別名をつける機能があります。これが「スラッグ」です。

スラッグは、カテゴリーやタグだけでなく、投稿記事や固定ページにも付けられます。WordPressの初期状態では、投稿や固定ページを作成後に「下書きとして保存」や「公開」を行うと、パーマリンクの「URLスラッグ」が設定できるようになります。

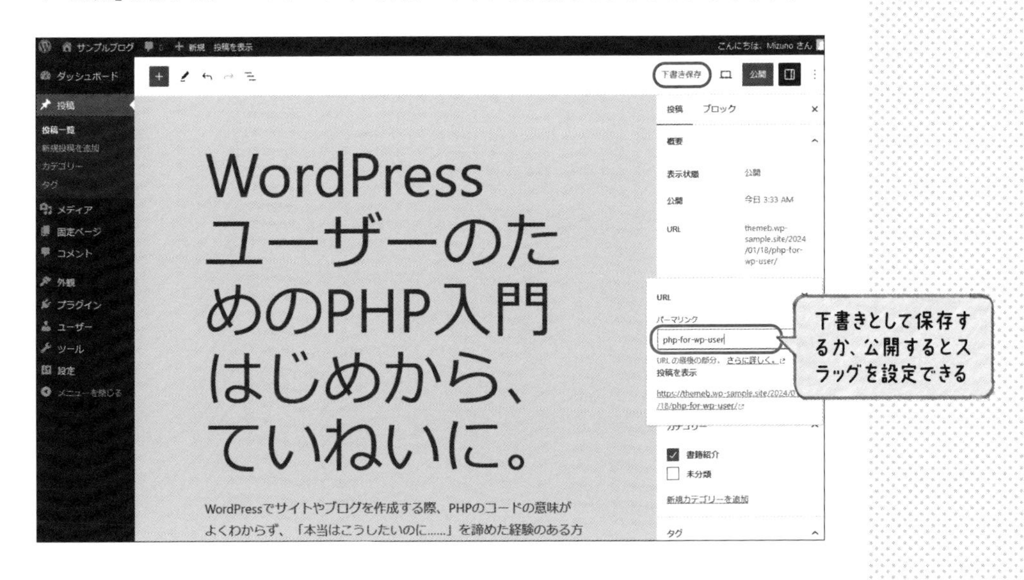

パーマリンク機能とスラッグ

先ほど触れたパーマリンク機能では、このスラッグを利用したURLが利用できます。管理画面の［設定＞パーマリンク設定］から設定でき、たとえば「投稿名」にすると、「http://○○.com/sample-post/」のように、URLが「http://○○.com/URLスラッグ/」で構成されます。

パーマリンク設定

WordPress ではパーマリンクやアーカイブにカスタム URL 構造を使うことができます。URL をカスタマイズすることで、リンクの美しさや使いやすさ、そして前方互換性を改善できます。利用できるタグはたくさんありますが、以下にいくつか試していただける例を用意しました。

共通設定

サイトのパーマリンク構造を選択してください。%postname% タグを含めるとリンクが理解しやすくなり、投稿が検索エンジンで上位に表示されるのに役立つ可能性があります。

パーマリンク構造
- 基本 https://example.com/?p=123
- 日付と投稿名 https://example.com/2024/01/12/sample-post/
- 月と投稿名 https://example.com/2024/01/sample-post/
- 数字ベース https://example.com/archives/123
- 投稿名 https://example.com/sample-post/
- カスタム構造 https://example.com /%postname%/

「投稿名」に設定すると…

このように設定すると、基本URLからカテゴリー、タグ、投稿記事、固定ページなどのスラッグが利用されたURLに書き換えられます。

このパーマリンク機能は、あくまでWordPress側での書き換え機能です。P.013「WordPressでページが表示される仕組み」でWordPressのURLが表示するコンテンツのリクエストであることを解説しましたが、「http://○○.com/about-this-site/」にアクセスがあった場合、内部的には「http://○○.com/?page_id=4」というリクエストであると読み替えて処理が進められます。

本書では、WordPressの仕組みをシンプルに理解していただけるように、このパーマリンク機能を設定していない基本の状態をもとに解説しています。実際にWeb上で公開されているブログやサイトの多くは、このパーマリンク機能を利用してURLが整えられている点を覚えておきましょう。

MEMO

WordPressをインストールした初期状態では、パーマリンク設定は「日付と投稿名」に設定されています。

LESSON 03

WordPressのテーマとは

WordPressでは、「テーマ」に従ってWebページを表示させています。ここではテーマの仕組みを見てみましょう。

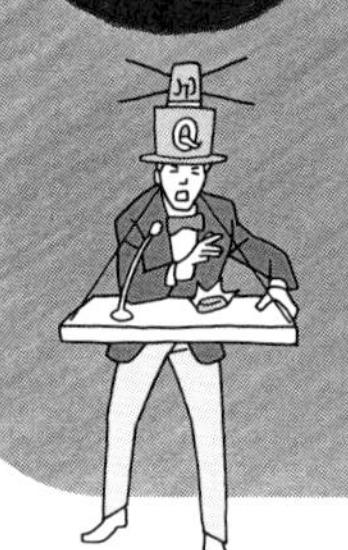

このレッスンでわかること

テーマとは ＋ テーマを利用するメリット ＋ テーマをつくるための基本知識

WordPressのテーマはWebページのひな形

HTMLでWebページをつくる場合、HTMLには「コンテンツ」と「論理構造をマークアップするタグ」が含まれています。たとえば、次のように書いたとします。

```
<h1>今日の晩ご飯</h1>
<p>今日の晩ご飯は肉じゃがでした。やわらかく煮込んだジャガイモに……</p>
```

ここではコンテンツとなるテキストに対して、「今日の晩ご飯」が大見出し、「今日の晩ご飯は～」が段落と、HTMLタグで論理構造を記述します。

HTMLはこのようにコンテンツと論理構造をひとつのファイルのなかで管理します。いったんつくったHTMLを頻繁に変更しないのであれば、この方式でまったく問題ありません。

HTMLで作成する場合の弱点

では、Webページの内容を日常的に追加していく場合はどうでしょうか。「記事のタイトルはh1タグで囲む」「本文はpタグで囲む」というルールを決めて、記事を書く人がそのルールに従って書けばよさそうに思えますね。

しかし、ルールを決めたとしても、コンテンツを書く人がh1タグを閉じ忘れるといった記述ミスをおかしてしまうかもしれません。

また、この方式で記事をたくさん書いたものの、途中で変更したくなった場合はどうしたらよいでしょうか？　たとえば「記事のタイトルはh1ではなくh2にしたい」「投稿日も表示したい」などです。この場合、たくさんのファイルをいちいち編集しなければなりませんね。

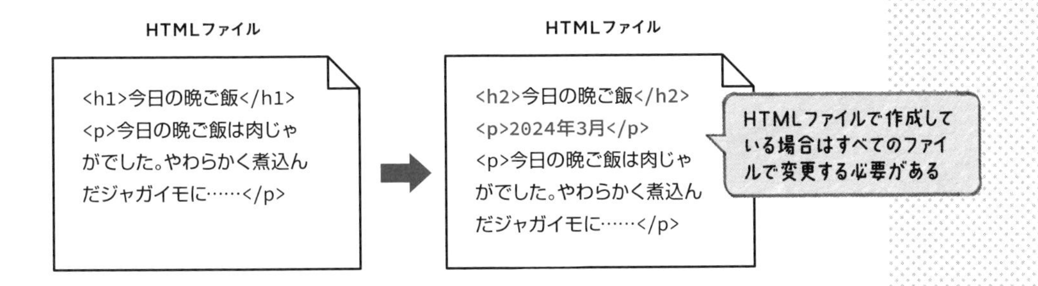
HTMLファイル
<h1>今日の晩ご飯</h1>
<p>今日の晩ご飯は肉じゃがでした。やわらかく煮込んだジャガイモに……</p>
HTMLファイル
<h2>今日の晩ご飯</h2>
<p>2024年3月</p>
<p>今日の晩ご飯は肉じゃがでした。やわらかく煮込んだジャガイモに……</p>
HTMLファイルで作成している場合はすべてのファイルで変更する必要がある

WordPressで作成する場合のメリット

WordPressではテーマを使用することで、このような問題を解決しています。たとえば最初のHTMLの場合、テーマのファイルには次のように書きます。

```
<h1><?php the_title(); ?></h1>
<?php the_content(); ?>
```

これで<h1>～</h1>の部分には記事のタイトルが埋め込まれます。本文には、WordPressが<p>～</p>を自動付加します。

テーマのファイルを「テンプレートファイル」ともいいますが、これらはテンプレートの文字どおり、HTMLのひな形です。一度ひな形をつくっておけば、そのひな形に従って定型的にコンテンツを埋め込めます。

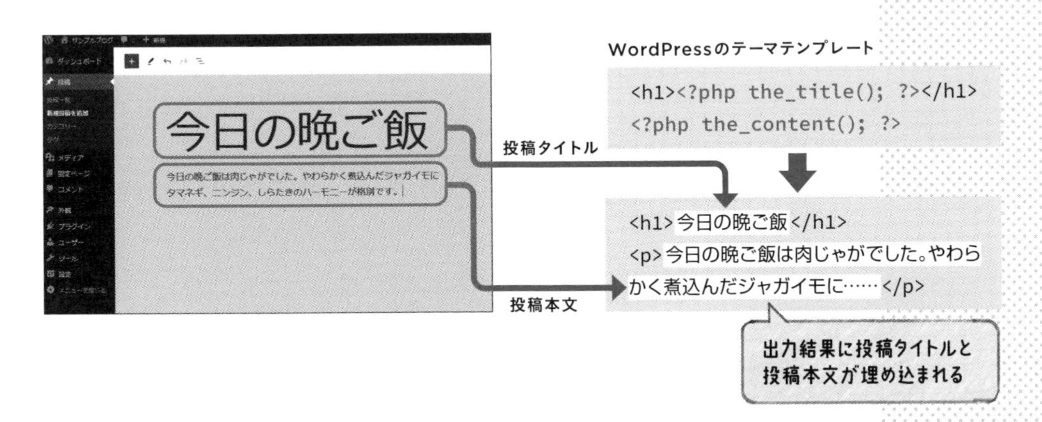
今日の晩ご飯
今日の晩ご飯は肉じゃがでした。やわらかく煮込んだジャガイモにタマネギ、ニンジン、しらたきのハーモニーが格別です。
投稿タイトル
投稿本文
WordPressのテーマテンプレート
<h1><?php the_title(); ?></h1>
<?php the_content(); ?>
<h1>今日の晩ご飯</h1>
<p>今日の晩ご飯は肉じゃがでした。やわらかく煮込んだジャガイモに……</p>
出力結果に投稿タイトルと投稿本文が埋め込まれる

このため、コンテンツを書くたびに「タイトルは<h1>～</h1>で囲まなくちゃ」と気にする必要がありません。コンテンツを書くときは、コンテンツだけに集中できます。

また、「記事のタイトルはh1ではなくh2にしたい」「投稿日も表示したい」といったときも、テンプレートファイルをひとつ書き換えるだけで済みます。記事を100個書いたあとでも、100個のHTMLファイルを書き換える必要はありません。

MEMO

the_title()は投稿のタイトルを埋め込む命令、the_content()は投稿の本文を埋め込む命令で、テンプレートタグといいます。これらの命令については、あとの章で説明していきますので、いまは覚えておく必要はありません。

```
<h2><?php the_title(); ?></h2>
<p><?php the_date(); ?></p>
<?php the_content(); ?>
```

<h2>に書き換える
投稿日を追加

このように、HTMLのテンプレートをつくり、そこに目的のコンテンツを埋め込んで出力するのがテーマの基本的な役割です。一度テンプレートをつくってしまえば、あとの更新時にはコンテンツの文章を追加するだけで動的にHTMLを出力できるのが最大のメリットです。

基本的に触るのはテーマ

WordPressには大きく分けて、「WordPress本体」、「データベース」、「テーマ」、「プラグイン」の4つのパートが存在します。それぞれのパートの役割は次のようになります。

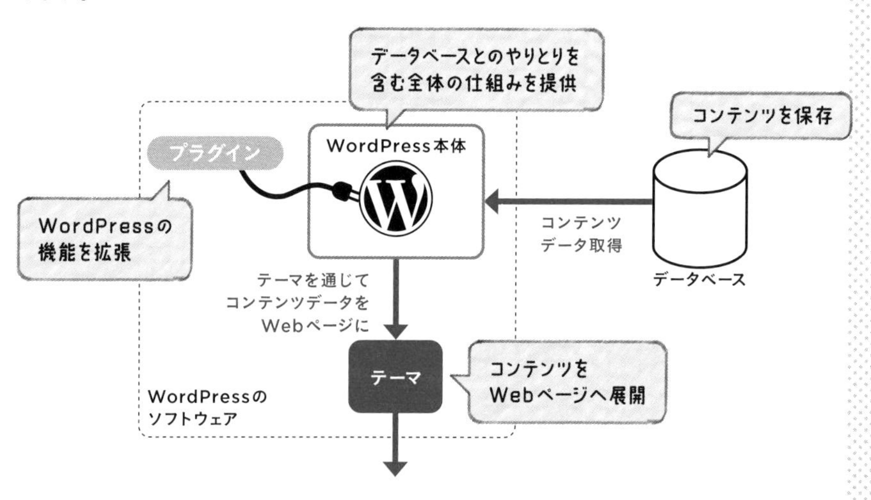

ごく大まかな仕組みとしては、データベース上のコンテンツデータから、テーマに従ってWebページをつくるのがWordPress本体の役割です。プラグインについては本書では詳しくは触れませんが、WordPressに「こんな機能を追加したい」というときに、テーマとは別にインストールするツールです。

本書で解説するのは「テーマ」に書くPHPコードです。基本的にWordPressの本体のファイルをユーザーが変更することはありません。テーマでデザインや表示を変えたり、プラグインで機能を追加することで自分の好みにあわせたWebページがつくれる仕組みになっています。

テーマは切り替えられる

管理画面で[外観>テーマ]を見てみると、WordPressのデフォルトのテーマがいくつかインストールされています(バージョン6.4の場合はTwenty Twenty-

MEMO

プラグインを自分でつくることもできますが、WordPressやプログラミング、セキュリティなどの高度な知識が必要になります。本書はWordPressとPHPの基本を習得していただくのが目的なので、プラグインのつくり方については触れません。

Four、Twenty Twenty-Three、Twenty Twenty-Twoの3つ)。これらのテーマは、管理画面で有効化することで切り替えられます。試しにテーマを変更してみましょう。見た目は変わりますが、サイトに投稿されているコンテンツ自体は変わっていないのがわかります。

Twenty Twenty-Three

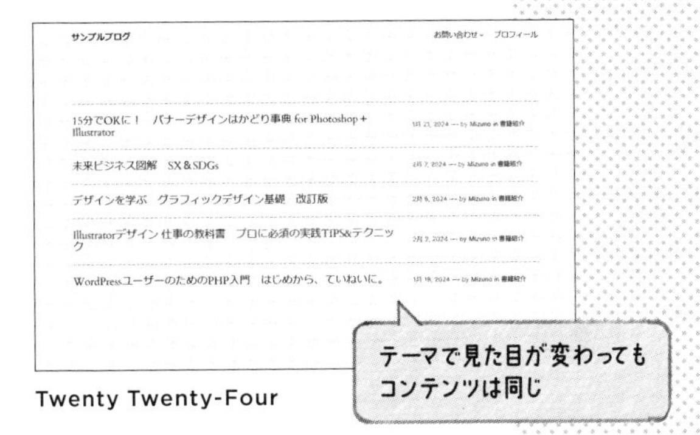

Twenty Twenty-Four

このようにWordPressでは、テーマとコンテンツが分離されているため、テーマを変えれば、コンテンツはそのままで見た目だけをがらりと変えることができます。

同じWordPressを利用しているサイトでも見た目が違うのはテーマが異なるためです。データベースに保存されたコンテンツをWebページとして表示させる役割を担っているのが「テーマ」であることを覚えておきましょう。

テーマをつくるのに必要な知識

WordPressのテーマファイルはPHPでつくります。拡張子も通常のHTMLファイルと違い、「.php」です。このためWordPressでWebサイトやブログをつくる際は、HTMLやCSSの知識に加え、PHPの基本も習得していないと、「ここの表示を変えたい」といったカスタマイズが行えません。

またWordPressには、WordPressのテーマをつくるための便利な関数や仕組みが数多く用意されています。これらを理解して使いこなすことで、データベースが絡んだ煩雑な作業を肩代わりしてくれますし、テーマに書くコードも簡潔なものになります。

WordPress特有のルール

- have_posts()はどういう意味？
- the_post()はどういう意味？
- the_title()はどういう意味？
- the_content()はどういう意味？
- このコードを書くとどうなるの？

テーマのコード

```
while ( have_posts() ) : the_post();
    the_title();
    the_content();
endwhile;
```

PHPの基本

- whileはなにをするの？
- :や;はどういう意味？
- endwhileって？

つまり、WordPressのテーマを作成したり、カスタマイズするためには、PHPの基本とWordPress特有のルールの両方の知識が必要です。本書ではこれらの知識をていねいに解説していきますので、ぜひ習得して、WordPressで思い通りのWebページをつくれるようになりましょう。

POINT WordPressのバージョン

最初のWordPressが公開されたのは2003年ですが、その後も機能追加や不具合修正などで、プログラムが継続的に更新されています。

ひとくちにWordPressといっても「いつ公開されたWordPressなのか」により機能は異なります。そのため、たんにWordPressと呼ぶだけでは不十分な場合は、WordPress 6.3.1やWordPress 6.4といったように番号を付けて区別しています。このような区切りをバージョンと呼び、付けられた番号をバージョン番号といいます。

メジャーバージョンとマイナーバージョン

WordPressの更新には、新機能が追加されるメジャーバージョンアップと、不具合修正を行うマイナーバージョンアップがあります。

バージョン番号のうち、先頭2つがメジャーバージョンを示す番号で、3つ目がマイナーバージョンを示す番号です。最初のリリースではマイナーバージョンはありません。

6 . 4 . 2

メジャーバージョン番号　　マイナーバージョン番号（最初のリリースでは存在しない）

・6.4 → メジャーバージョンは6.4、マイナーバージョンはなし

・6.4.2 → メジャーバージョンは6.4、マイナーバージョンは2

メジャーバージョンアップに決まったサイクルはありませんが、ここ数年はおよそ4ヶ月ごとにリリースされることが多いようです。

マイナーバージョンアップは、不具合が修正されるたびにリリースされます。最新のメジャーバージョンのほか、少し前のメジャーバージョンについても、マイナーバージョンアップで不具合が修正されます。

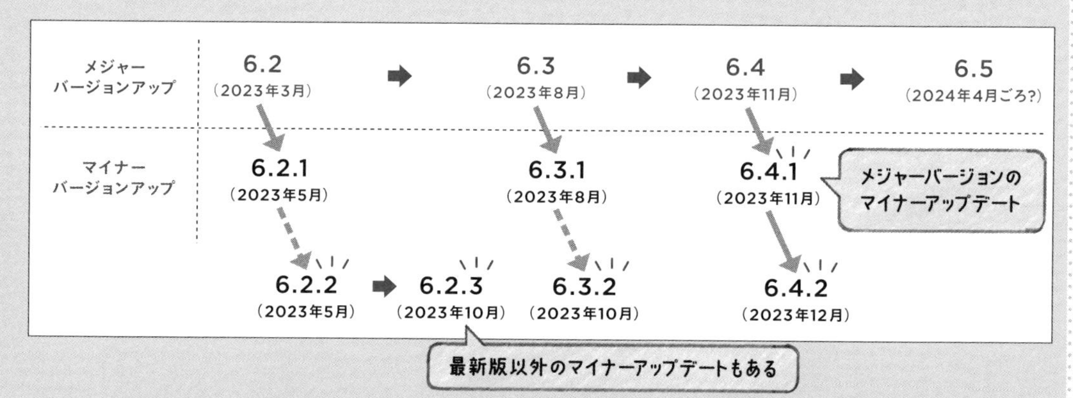

バージョンアップ時の対応

マイナーバージョンアップは、基本的に不具合修正ですので、リリースされたら即座に反映します。WordPressでは、マイナーバージョンアップがあった場合、自動更新されるようになっています（利用サーバーによっては、自動更新されないこともある）。

メジャーバージョンアップは機能の追加や仕様変更などが行われるため、リリース直後はテーマが対応しておらず、不具合を起こす可能性もあります。新バージョンの検証環境を準備して、問題がないか確認してから、バージョンアップすることを推奨します。

CHAPTER 2

PHPの基本

「プログラム」と聞くと身構えてしまう方も多いことでしょう。といってもWordPressのテーマを作成する範囲であれば、面倒な部分はWordPressが肩代わりしてくれますから、じつはそれほど高度なプログラムの技術は必要ありません。本章で解説している基礎をしっかりと身につければ、複雑に見えるコードも「なにをやっているのか」が理解できるようになるはずです。

2 LESSON 01

PHPのコードを書く際のルール

これからPHPの学習をはじめていきます。まずはPHPのコードの書き方、コメントの書き方について学びましょう。

このレッスンでわかること

PHPの書き方 ＋ コードを見やすくするためのルール ＋ コメントの書き方

PHPのコードは「<?php」～「?>」で囲む

前章でも簡単に紹介しましたが、PHPはWebページを動的に表示させる言語で、基本的にHTMLのコードの中にPHPのコードを埋め込んでいく形となります。そのため、どこがPHPとして処理してほしいコードで、どこがHTMLのコードかを識別できるように、PHPのコードは「<?php」ではじめ、「?>」で終えるルールになっています。

単純な例を見てみましょう。

```
<html>
<head></head>
<body>
Hello,
<?php echo 'World!'; ?>
</body>
</html>
```

PHPのコード

PHPのコードがHTMLのコード中に埋め込まれていますが、「<?php」と「?>」で囲まれた部分、「echo 'World!';」がPHPの命令です。echoは直後の記述（ここでは「'World!'」）を画面に出力する命令ですので、結果としてWebページには「Hello, World!」と表示されます。「Hello,」の部分がHTML、「World!」の部分がPHPで表示される文字です。

```
Hello, World!
```

MEMO
「<」や「?」など、記号を使うときは半角で記述します。

MEMO
P.049「シングルクォートとダブルクォート」で詳しく説明しますが、echoのあとの'World!'の「'」（シングルクォート）は、囲んだ文字を（PHPの命令でなく）文字として処理するということを表しています。
「'」そのものは区切りのための記号なので、実行結果のHTMLには「'」は表示されません。

命令は「;」で終える

「;」(セミコロン)はPHPの命令の区切りを示します。つまり、セミコロンまでがひとかたまりのPHPコードとなります。先の例では命令が一個だけなので、実はセミコロンがなくても動作しますが、命令の終わりには必ず書く習慣をつけておきましょう。

空白や改行を入れられる

PHPでは、コードを見やすくするために複数の空白(半角スペースやタブ)や改行を入れることができます。たとえば、次のように書くことも可能です。

```
<?php
echo
    'Hello, World!' ;
?>
```

半角スペースあるいはタブ

このような場合、「echo」のあとの改行や半角スペース、タブはないものとして扱われ、「;」が出てきた時点でそこまでがひと区切りと判断されます。

たとえばCSSでは、

```
ul { list-style: none; }
```

と書くこともできるし、

```
ul {
    list-style: none;
}
```

と書くこともできますね。PHPでもこれと同様の書き方ができます。

単語の途中には空白は入れない

echoのように空白なしで記述している部分に、余計な空白を入れてしまうと、正常に動作しません。NGな例は

```
<?php ec ho 'World!'; ?>
```

NG!

のようなものです。こう記述すると、echoという命令ではなく、ecとhoという2つの命令を行おうとします(エラーになります)。コードを適切に書かないと、エラー

MEMO
CSSの文法と同様、セミコロンは命令と命令の区切りを示す記号なので、命令がひとつしかない場合は省略できます。また、命令が複数ある場合でも、最後に記述した命令(「?>」の直前に書かれた命令)であればセミコロンは省略可能です。ただし、あとから命令を追加する場合に、以前の命令の最後にセミコロンを追加し忘れるとエラーが発生します。チェックの手間を軽減するためにも、セミコロンは必ず書く習慣をつけましょう。

TIPS
行頭に空白を入れることで複雑なコードでも構造がわかりやすくなります。これをインデントといいます。また、このインデントだけでなく、コードを見やすくする際のスペース文字は、タブか半角スペースのみを使用します。全角スペースを使うとエラーになりますので注意しましょう。

MEMO
エラーについてはP.260「エラー対処法」で解説します。

メッセージが表示されるか、あるいは画面が真っ白になる、という状態になりますので注意しましょう。

 コメントを記述する

HTMLでは、「<!--」で始まり「-->」で終わる部分をコメントとみなします。たとえば、次のように記述してみます。

```
<html>
<head></head>
<body>
Hello,
<!-- World! -->
</body>
</html>
```


この場合、HTMLソースコードでは「<!-- World! -->」という記述を確認できますが、ブラウザで閲覧すると表示されません。

PHPでも、HTML同様にコメント機能が用意されています。

行末までの記述をコメントアウトする

行の途中から最後までの記述をコメントにしたい場合は、「#」または「//」を書きます。WordPressでは「//」の書き方がよく使われるので、本書でも「//」を使います。

```
<?php
# ここはコメント
echo 'Hello,'; // ここはコメント echo 'World';
?>
```


と記述した場合、プログラムとして実行されるのは「echo 'Hello,';」の部分のみです。

```
Hello,
```

コメントとPHPコードの関係

「#」や「//」のあとは行末までコメントになるのが標準ですが、「?>」を書くとそこでPHPコードの終わりとなるため、以降はコメントではないと判断されます。

たとえば次のように書いてみましょう。この場合、行の途中に「//」が含まれていますが、「?>」以降は通常のHTMLと見なされます。

```
<?php echo 'World!'; // ここはコメント ?>ここからは普通のテキスト
```

?>以降は通常のHTML

World!ここからは普通のテキスト

なお、次の例では行の途中に「//」が含まれています。

```
<?php echo ' // World!'; ?>
```

しかし、これはコメントの開始とはみなされません。「'」と「'」の間にあるため、通常の文字列とみなされます。

// World!

処理を細かく追っていくと図のようになっています。

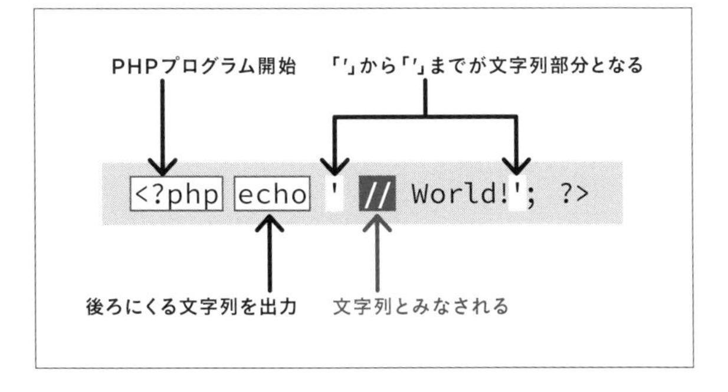
PHPプログラム開始
「'」から「'」までが文字列部分となる
<?php echo ' // World!'; ?>
後ろにくる文字列を出力
文字列とみなされる

「'」で囲まれた部分はPHPのコードとは解釈されず、文字列となる点を覚えておきましょう。

MEMO

区切り記号として利用できるのは、シングルクォートのほかにも、ダブルクォートがあります（P.049「シングルクォートとダブルクォート」参照）。

複数行のコメントを書く

「//」はその行をコメントにする記号でしたが、コメントが長いときは複数行にしたいこともあります。この場合は「/*」と「*/」で囲みます。CSSと同じですね。複数行のコメントでよく使いますが、もちろん1行のコメントに使用してもかまいません。

```
<?php
/*
 * 複数行のコメント
 */
echo 'World!';
?>
```

「/*」と「*/」で囲む

```
<?php
/* 1行のコメントでもOK */
echo 'World!';
?>
```

PHPコードの書き方、コメントの書き方は、これから学習を進めるにあたって必要な基礎ですので、しっかりマスターしておきましょう。

POINT コメントは重要

コメントはおもにプログラムの説明や覚え書きなどに使われます。はじめてプログラミングをする人は実感できないかもしれませんが、コメントを書くのはとても重要です。プログラムを書いている最中はどのようなプログラムか覚えていますから、わざわざコメントに書くのは面倒に感じるかもしれません。

しかし、プログラムは1回書いたらおしまい、というものではありません。あとでプログラムを書き直すこともあります。また新しくプログラムを書くときでも、昔書いたプログラムを参考にすることがあります。

そのようなときにコメントがないと、ソースを1行1行確認しなければなりません。コメントが書いてあれば、どんなプログラムだったかがわかりやすくなります。共同作業でプログラムを書き進めるような場合にも役立ちます。

LESSON 02 変数ってなに？

ここからは、プログラムを用いて表示する内容を動的に変化させる方法を学びましょう。もっとも基本となる概念が「変数」です。

このレッスンで わかること：変数の書き方 ＋ 変数の使い方 ＋ 定数の定義

 変数とは

「変数」とは、プログラム処理に利用するデータを格納しておく器（入れ物）を言います。格納されるデータは、プログラマが設定した値のほか、フォームから入力されたデータ、データベースから引き出したデータなど、さまざまです。

たとえば、次のように書いたとします。

```
echo '今日の晩ご飯';
```

こうすると「今日の晩ご飯」と出力されます。これを変数を使ってこう書き換えてみます。変数は先頭に「$」がつきます。

```
$supper = '今日の晩ご飯';
echo $supper;
```

変数は先頭に「$」がつく

$supperという変数に「今日の晩ご飯」というデータを格納しているため、出力結果は同じです。

器（入れ物）の名前が$supperで、その中身が「今日の晩ご飯」と考えると理解しやすいでしょう。

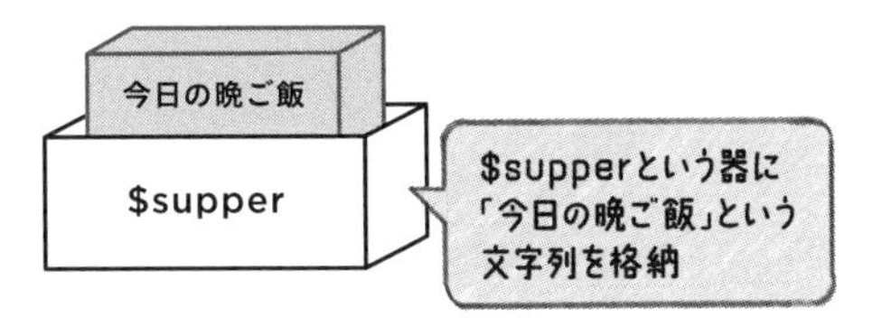

変数の書き方

変数は「$」で始まります。書き方は次のとおりです。

```
$変数名 = 値;
```

PHPでは、「$」の後ろの変数名にはアルファベットとアンダースコア「_」と数字が利用できます。日本語や全角文字は使えないので注意しましょう。さらに、「$」の直後の文字はアルファベットかアンダースコアにする必要があります。$user_1はOKですが、$1_userはNGです。

また、変数は大文字小文字を区別します。$title、$Title、$TITLEの3つの変数は、すべて別の変数とみなされます。

MEMO
同じWeb系の言語でも、JavaScriptでは変数の前に「$」をつけません。PHPでは「$」がつくので、JavaScriptに慣れている人は注意しましょう。

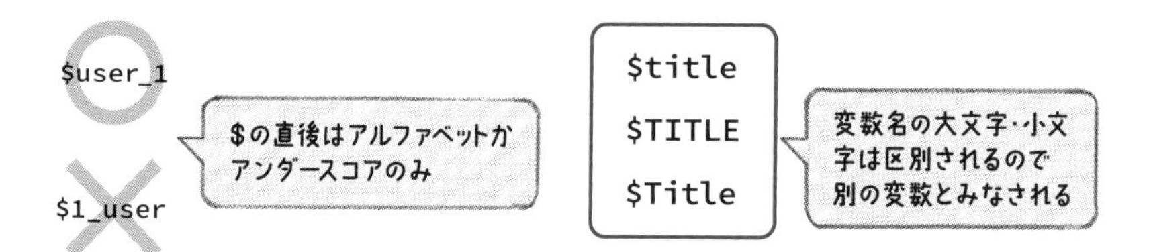

また、変数に値を格納するときには「=」(イコール)を1つ書きますが、この1つのイコールは数学でいう「等しい」という意味ではありません。「$title = '今日の晩ご飯';」であれば、「変数$titleに『今日の晩ご飯』というデータを『格納する』」という意味になります。この場合のイコールを「代入演算子」といいます。

TIPS
「=」の前後は、半角スペースを入れても入れなくてもかまいません。WordPressでは慣習的に前後に半角スペースを入れています。

変数は繰り返し利用できる

ここまでの例だと、わざわざ変数を使うメリットが理解しにくいかもしれません。では、次のようなHTMLではどうでしょうか。「今日の晩ご飯」が2回出てきています。

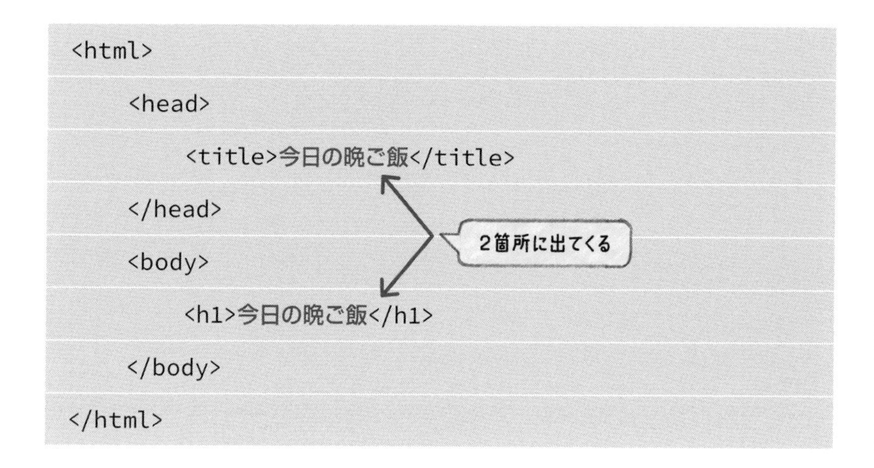


```
<html>
    <head>
        <title>今日の晩ご飯</title>
    </head>
    <body>
        <h1>今日の晩ご飯</h1>
    </body>
</html>
```

このようなHTMLファイルを作成して、今後も変更しないというのであれば問題はないでしょう。ですが、あとでタイトルを書き換えることになった場合、titleタグとh1タグの2箇所を変更する必要があります。これをPHPの変数を使って書き換えてみましょう。

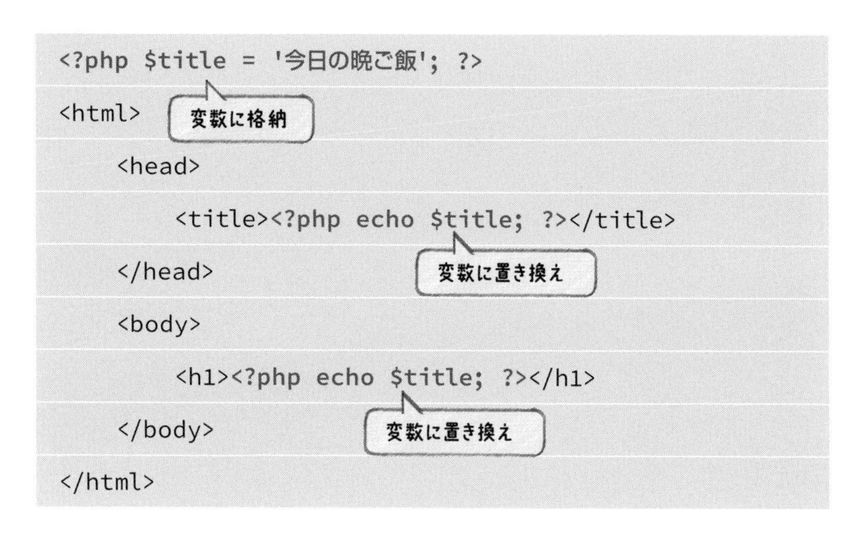

```
<?php $title = '今日の晩ご飯'; ?>
<html>
    <head>
        <title><?php echo $title; ?></title>
    </head>
    <body>
        <h1><?php echo $title; ?></h1>
    </body>
</html>
```


PHPを利用した場合、変数$titleの中身を1箇所で指定しておけば、HTML表示では2箇所に反映されます。

たとえば「今日の晩ご飯」を「今日の朝ご飯」に変更する場合も、変数に格納している部分だけを変更すれば済みます。片方だけ変更して片方を変更し忘れる、といったミスを防ぐこともできます。

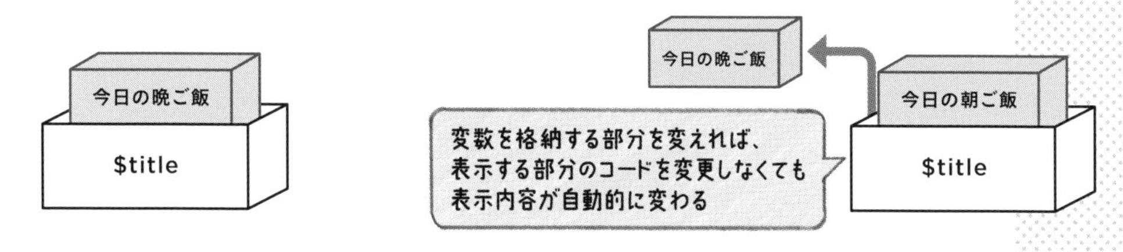


```
$title = '今日の晩ご飯';

<title><?php echo $title; ?></title>
↓
<title>今日の晩ご飯</title>

<h1><?php echo $title; ?></h1>
↓
<h1>今日の晩ご飯</h1>
```

```
$title = '今日の朝ご飯';

<title><?php echo $title; ?></title>
↓
<title>今日の朝ご飯</title>

<h1><?php echo $title; ?></h1>
```

```
<h1>今日の朝ご飯</h1>
```

変数の値は変更できる

変数のもうひとつのメリットは、プログラムの途中で値を変更することができる点です。たとえば、次のように書いたとします。

```
<?php
$title = '今日の晩ご飯';
$title = '『' . $title . '』';
?>
```

「.」は文字列をつなぐ命令

この場合、まず$titleに「今日の晩ご飯」を格納します。次の行では、その前後に「『』」を追加する、といった処理を行っています。「.」(ドット記号)は、文字列をつなぐ命令です。

この場合、「'『' . $title . '』'」は、「『」と「今日の晩ご飯」と「』」をつなげるので、$titleの内容は「『今日の晩ご飯』」となります。

TIPS
この場合の「.」(ドット記号)を文字列演算子といいます。

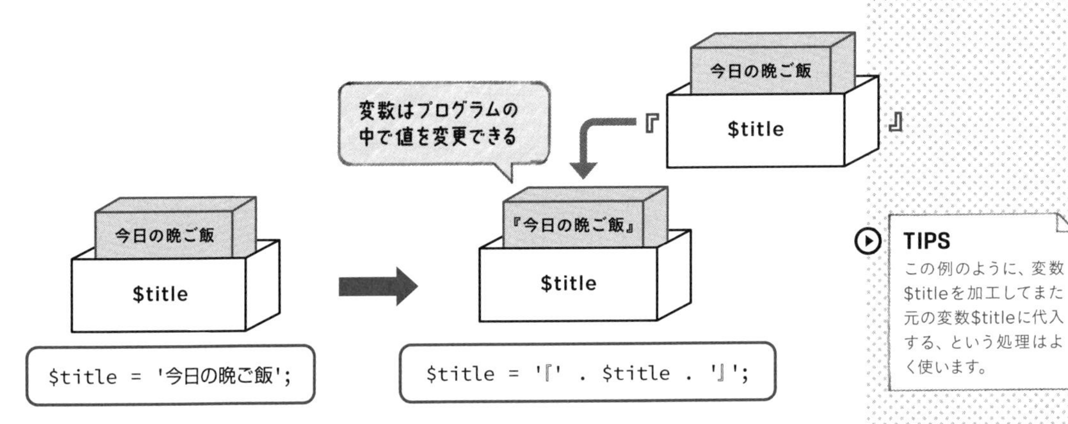

TIPS
この例のように、変数$titleを加工してまた元の変数$titleに代入する、という処理はよく使います。

変数を利用することで、データが格段に扱いやすくなります。プログラムではよく使いますので、考え方をきちんと理解しておきましょう。

POINT 定数とは

変数と似た使い方をするものに「定数」があります。定数も変数と同じく、データを格納することができます。しかし、変数は格納されているデータをプログラムの途中で変更できますが、定数は最初にデータを設定したあとは変更されません。

つまり定数は、いったん値を設定したらその後は変更しない場合に使います。定数を定義するときは、次のように書きます。

```
define(定数名, 値);
```

定数の場合は定数名の前に「$」はつきません。また値の代入ではなく、定義（define）となるため、「=」も使いません。WordPressで使われる定数の代表例は、wp-config.php内でのデータベースへの接続情報の定義です。

WordPressのフォルダに入っているwp-config-sample.phpを見ると、次のように書かれています。

```
define( 'DB_NAME', 'database_name_here' );
```

手動でWordPressをインストールする場合、この「database_name_here」の箇所をデータベース名に書き換えます。たとえばデータベース名が「wpdb」であれば、次のようになります。

```
define( 'DB_NAME', 'wpdb' );
```

これで定数DB_NAMEにwpdbという値が設定されます。WordPressのインストールやロードにはデータベース名の情報が必要なので、プログラムの複数の箇所で定数DB_NAMEとして呼び出されていますが、ユーザーはwp-config.phpの1箇所で定義しておくだけで済むようになっています。データベース名は基本的にはプログラム中で変更しないので、ここでは変数ではなく、定数が使われているわけです。

LESSON 03 配列ってなに？

配列は、変数と同様にデータを格納できます。変数との違いは、複数のデータを格納できる点です。関連するデータは、配列にまとめて格納したほうがわかりやすくなります。

このレッスンでわかること

配列の書き方 ＋ 連想配列 ＋ WordPressでの使用例

 配列とは

前節で解説したとおり、変数を利用すればデータを柔軟に扱えるようになりますが、変数が多くなるほど処理は煩雑になります。たとえば、曜日の文字を変数に格納する場合は次のようになります。

```
<?php
$sunday= '日';
$monday = '月';
$tuesday = '火';
$wednesday = '水';
$thursday = '木';
$friday = '金';
$saturday = '土';
?>
```

この場合、変数を7つ用意しなければなりません。また、同じ曜日の文字列を示すデータでありながら、別の変数に分かれてしまいます。

このようなときに役立つのが配列です。曜日の場合であれば、

```
<?php
$week = array('日', '月', '火', '水', '木', '金', '土');
?>
```

と書けば$weekに曜日の文字をまとめて格納できます。このように配列を利用すると、関連のある複数のデータをまとめて格納できます。

変数が「データを1つ入れることができる箱」だとすれば、配列は「箱の中に仕切りがあって、複数のデータを入れることができる箱」というイメージです。なお、配列に格納されているデータを「要素」と呼びます。先ほどの例で言えば、「$weekは7つの要素を持つ配列です」という言い方になります。

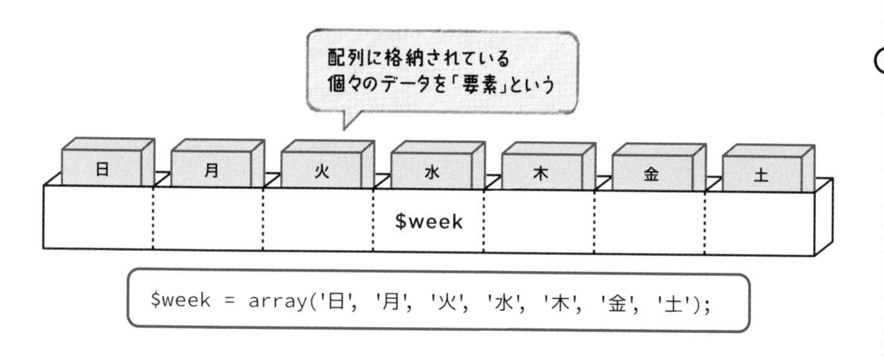

> **TIPS**
> 配列は、次のように書くこともできます。
> $week = ['日', '月', '火', '水', '木', '金', '土'];
> WordPressでは、本文で解説したarray()が一般に用いられますので、本書ではarray()を使っています。

配列の書き方

配列は、変数と同じく「$」で始まる名前を付けます。配列をつくるには「array(　)」を用います。「array(　)」の中に複数の値を記述していきますが、その際は各要素をカンマで区切ります。

```
$配列名 = array('値1', '値2', '値3', ...);
```

配列をつくるにはarray(　)を用いる

次の例では、1つの配列に画像のURL、幅、高さを格納しています。

```
<?php
$img = array('http://example.com/wp-content/uploads/
sample.jpg', '640', '480');
?>
```

> **MEMO**
> 後述しますが、この例ではWordPressのwp_get_attachment_image_src()関数の戻り値を参考にしています。

配列$imgに「http://example.com/wp-content/uploads/sample.jpg」「640」「480」の3つのデータが格納されます。画像のURL・幅・高さという、関連するデータを1つの配列にまとめることで、個別に変数に格納するよりも、プログラムの見通しがよくなります。

配列の要素ごとに改行して書くこともできます。

```
<?php
$img = array(
    'http://example.com/wp-content/uploads/sample.jpg',
    '640',
    '480'
);
?>
```

値が長かったり、数が多かったりする場合はこう書いたほうが見やすいでしょう。

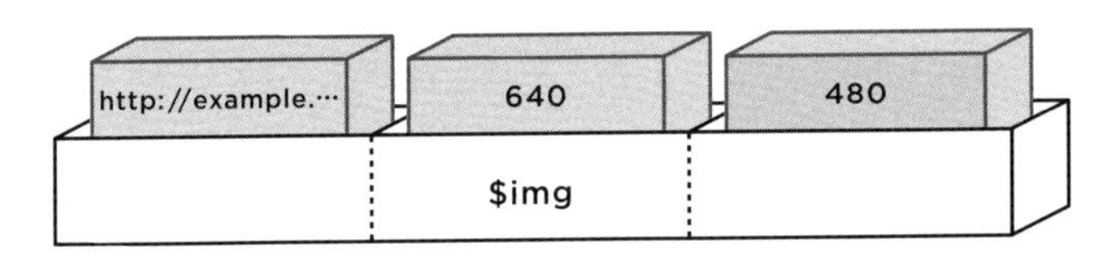


```
$img = array(
    'http://example.com/wp-content/uploads/sample.jpg',
    '640',
    '480'
);
```

配列の要素ごとに改行

配列の値の呼び出し方

変数の場合は「$img」と変数名を記述すれば値を呼び出せましたが、配列の場合は複数のデータが格納されているので、$imgのどの要素のデータを呼び出すかも指定しなくてはなりません。配列のデータを取得するときは、$img[0]、$img[1]と、配列名と要素の番号を数字で指定します。

```
$配列名[数字]
```

TIPS
この数字を「添字」、または「キー」といいます。この呼び方は後述する連想配列でも同様です。

たとえば、先ほどの例でimg要素に画像のURL、画像の幅、画像の高さを出力する場合は次のようになります。

```
<img src="<?php echo $img[0]; ?>" width="<?php echo
$img[1]; ?>" height="<?php echo $img[2]; ?>">
```

出力結果は次のようになります。

```
<img src="http://example.com/wp-content/uploads/
sample.jpg" width="640" height="480">
```

注意が必要なのは、要素の番号の数字は0からはじまる点です。配列の1番目の要素が[0]、2番目の要素が[1]、3番目の要素が[2]と、日常的な数え方から1つずれる点に注意しましょう。

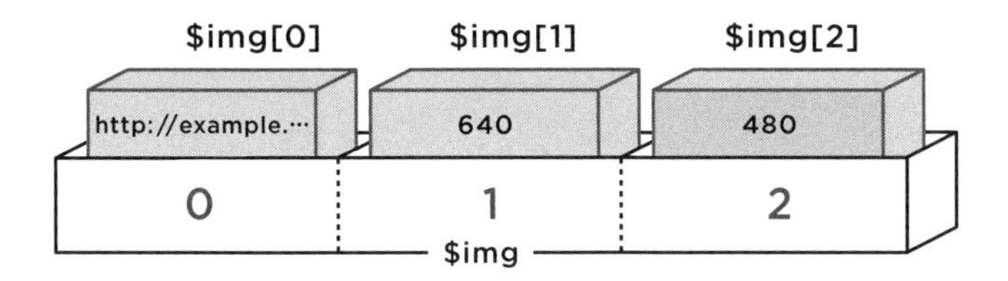

連想配列とは

先ほどの配列は、$img[0]がURL、$img[1]が幅、$img[2]が高さと格納しているデータが決まっていました。しかし、0、1、2と単純に数字で管理すると、どの数字のデータが何を示しているのかわかりにくいですよね。たとえば、URLを取り出す際、$img[0]とするよりも、$img['url']と指定できれば、URLが配列の何番目に格納されているかをいちいち確認する必要がなくなります。

このように、配列では各要素に名前を付けて値を管理することもできます。このような配列を「連想配列」といいます。

連想配列の書き方

連想配列を書くときは「要素名 => 値」のペアをつくり、それを並べていきます。ペアとペアの間の区切りは「,」です。

```
array(
	要素名1 => 値1,
	要素名2 => 値2,
	...
);
```

先ほどの画像のURL、幅、高さの配列を連想配列に書き換えると次のようになります。

TIPS
「=>」は「ダブルアロー」といいます。連想配列に要素名（「キー」ともいいます）と値を設定するときに使用します。後述する比較演算子の「<=」や「>=」、アロー演算子の「->」とは異なりますので注意しましょう。

```
<?php
$img = array(
    'url' => 'http://example.com/wp-content/uploads/
    sample.jpg',
    'width' => '640',
    'height' => '480'
);
?>
```

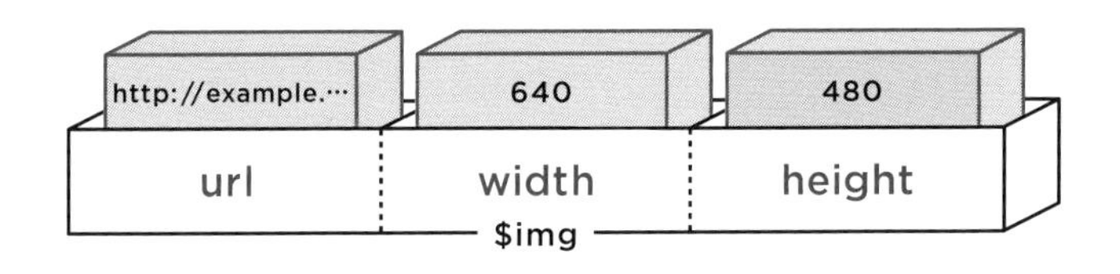


```
$img = array(
    'url' => 'http://example.com/wp-content/uploads/sample.jpg',
    'width' => '640',
    'height' => '480'
);
```

連想配列の値の呼び出し方

連想配列のデータを取得するには、次のように配列名と要素名を記述します。

```
$配列名['要素名']
```

要素名は文字列の扱いになるため、P.030のMEMOでも解説したように「'」(シングルクォート)で囲む必要がある点に注意しましょう。img要素に画像のURL、画像の幅、画像の高さを出力する場合は次のようになります。

```
<img src="<?php echo $img['url']; ?>" width="<?php echo
$img['width']; ?>" height="<?php echo $img['height'];
?>">
```

出力結果は先ほどと同様です。

TIPS

通常の配列と同様、この要素名も「添字」、または「キー」といいます。添字(キー)が「数値」のものが通常の配列、「文字列」のものが連想配列ともいえます。

```
<img src="http://example.com/wp-content/uploads/
sample.jpg" width="640" height="480">
```

連想配列は、配列からどのようなデータを取り出すかが理解しやすくなります。通常の配列との違いは、順序でデータを管理するか、ラベルをつけてデータを管理するかの違いと考えるとわかりやすいでしょう。連想配列だけで済むように感じるかもしれませんが、実際には順序でデータを管理したほうが都合のよい処理もあるので、適宜使い分けます。

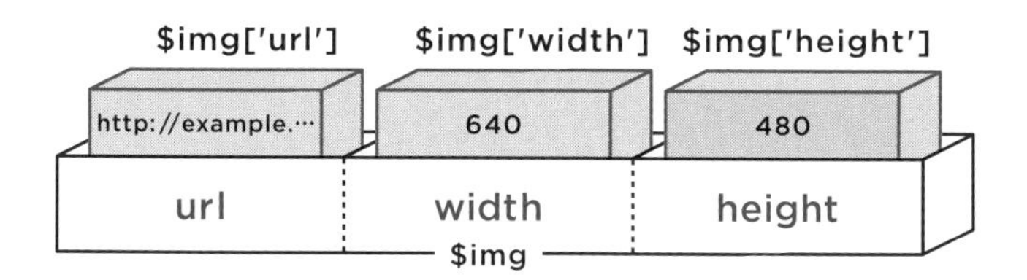

配列に要素を追加する

配列を新しくつくるのではなく、すでに存在する配列に要素を追加するケースもあります。たとえば、

```
$img = array(
    'url' => 'http://example.com/wp-content/uploads/
    sample.jpg',
);
```

という連想配列がすでに定義されていて、ここにwidthやheightを追加したい、というような場面です。この場合はどうすればよいでしょうか。

配列$imgのwidth要素は、$img['width']で呼び出すことができましたね。配列に要素を追加する場合も、この書き方が使えます。

```
$img['width'] = 640;
```

とすれば、$imgの連想配列に「'width' => 640」の要素を追加できます。heightも同様に、

```
$img['height'] = 480;
```

とすればOKです。

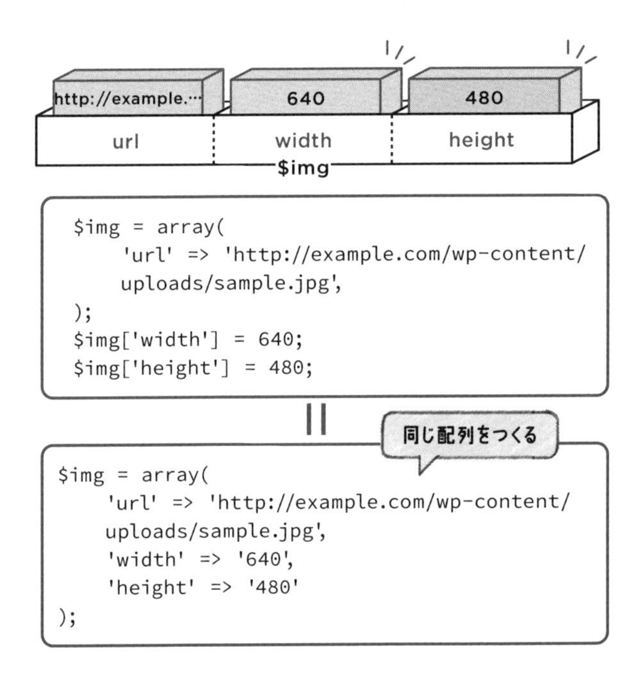

http://example.…
640
480
url
width
height
$img
$img = array(
'url' => 'http://example.com/wp-content/uploads/sample.jpg',
);
$img['width'] = 640;
$img['height'] = 480;
同じ配列をつくる
$img = array(
'url' => 'http://example.com/wp-content/uploads/sample.jpg',
'width' => '640',
'height' => '480'
);

通常の配列での要素の追加

連想配列ではない通常の配列の場合は、次のように要素を追加します。

```
$img[] = '480';
```

配列名の後ろに「[]」をつけた形にです。「[]」の中は何も記述しません。通常の配列の場合は、要素の番号は0から順に割り振られるので、自分で指定する必要はありません。配列の最後に480の値が追加されます。

$img[0]　$img[1]　$img[2]

http://example.…　640　480

0　1　2

$img

```
$img = array(
    'http://example.com/wp-content/uploads/
    sample.jpg',
    '640',
);
$img[] = '480';
```

同じ配列をつくる

```
$img = array(
    'http://example.com/wp-content/uploads/
    sample.jpg',
    '640',
    '480'
);
```

配列の末尾ではなく、先頭や途中に要素を追加したい場合は、P.065で解説する「関数」を使う必要があります。配列の最初に追加するときはarray_unshift()、途中に追加するときはarray_splice()です。WordPressではあまり使わないので解説は割愛しますが、関数を使わずに、たとえば「$img[0]='480';」とした場合、先頭に480が追加されるのではなく、先頭の要素だった「'http://example.com/～'」が「'480'」に上書きされてしまう点は覚えておきましょう。

WordPressでの配列の使用例

WordPressでは、配列を自分で作成してプログラムのなかで使うこともありますが、画像や記事の情報を配列で取得して使用するといった場合もよくあります。

たとえば、画像の添付IDを指定してその画像を表示させるような場合、まず、指定したIDの画像の情報を配列で取得できるWordPressの関数wp_get_attachment_image_src()を使用します。

指定したIDの画像の情報を配列で取得

```
<?php
$img = wp_get_attachment_image_src( 3 );
?>
```

MEMO

関数についてはP.065「関数を使う」で詳しく紹介します。ここでは、WordPressではこのような形で配列を使うことが多いという点を大まかにご理解いただければかまいません。

こう記述すると、投稿ID「3」の画像の情報の配列が$imgに格納されます。配列の要素は4つで、最初の要素の[0]が画像のURL、[1]が画像の幅、[2]が画像の高さ、[3]がリサイズの有無です。ここまでの解説で見てきた配列とほぼ同様の配列なので、

```
<img src="<?php echo $img[0]; ?>" width="<?php echo
$img[1]; ?>" height="<?php echo $img[2]; ?>">
```

と記述してimg要素に各値を出力すれば、画像を表示できます。

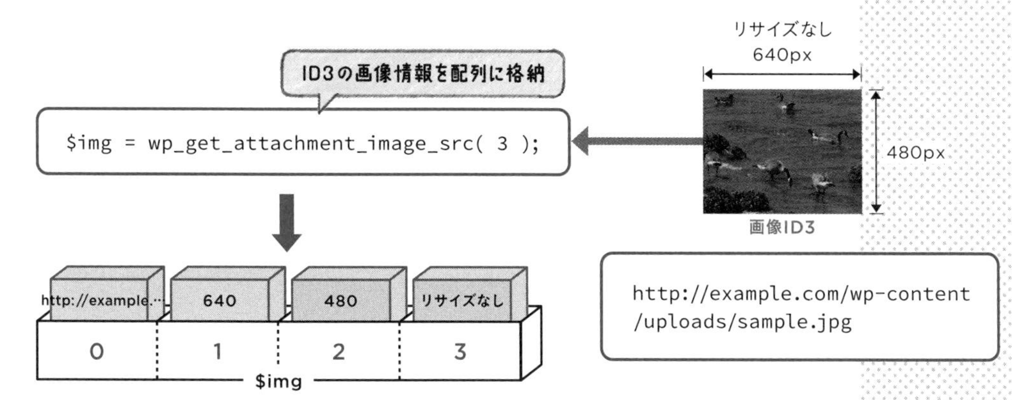

WordPressでの連想配列の使用例

連想配列の場合は、ここまでで紹介した使用方法のほかに、WordPressの関数にパラメータを指定する際にもよく使われます。たとえば、WordPressで投稿を表示する際、get_posts()という関数を利用する場合があります。get_posts()関数では、どのような投稿を表示するかを連想配列で指定できます。

```
$args = array(
    'posts_per_page'   => 5,
    'category_name'    => 'news',
    'orderby'          => 'date',
);

$posts_array = get_posts( $args );
```

MEMO
'news'のような文字列はクォートで囲む必要があります。5のような数値はクォートで囲む必要はありません。

ここでの連想配列$argsのキーは3種類ありますが、get_posts()の仕様で決められたもので、「'posts_per_page'」は表示件数で「5」、「'category_name'」はカテゴリー名で「news」、「'orderby'」は表示順序で「投稿日時」を指定する連想配列にしています。get_posts($args)と、get_posts()の引数に与えることで、$posts_arrayに最新の「news」カテゴリーの投稿5件のデータが取り出されます。

このように、WordPressではいろいろなところで配列が非常によく使われますので、考え方をきちんと理解しておきましょう。

MEMO
get_posts()の引数はこの3つだけではありません。詳しく知りたい方はWordPressドキュメントで調べるとよいでしょう。get_posts()の使い方はP.190でも詳しく解説します。

最新の「news」カテゴリーの投稿5件のデータ取得する

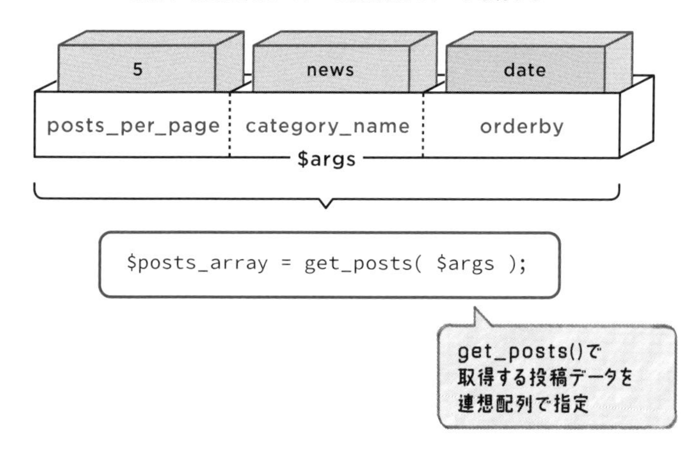

POINT　シングルクォートとダブルクォート

変数に文字列を指定する場合や、echoで文字列を出力する場合、今まではシングルクォートを使用してきました。区切り記号として利用できるのは、シングルクォートのほかにもダブルクォート「″〜″」があります。

```
<?php
$title = '今日の晩ご飯';
echo '<h1>' . $title . '</h1>';
?>
```

文字列をシングルクォートで囲む

```
<?php
$title = "今日の晩ご飯";
echo "<h1>" . $title . "</h1>";
?>
```

文字列をダブルクォートで囲む

クォート内の $○○ を変数として扱うかどうか

シングルクォートとダブルクォートは働きは似ていますが、中身の変数の扱いに違いがあります。ダブルクォートの場合、クォート内の$○○は変数として扱われるため、格納されているデータに置き換えられます。

```
<?php
$title = "今日の晩ご飯";
echo "<h1>$title</h1>";
?>
```

ダブルクォート内の変数

次のように出力されます。

```
<h1>今日の晩ご飯</h1>
```

一方、シングルクォートの場合は$○○は文字列として扱われます。

```
<?php
$title = '今日の晩ご飯';
echo '<h1>$title</h1>';
?>
```

シングルクォート内は文字列

この場合の出力結果は次のようになります。

```
<h1>$title</h1>
```

変数が値に置き換わらない場合などは確認してみましょう。

2 LESSON 04

ifを利用した条件判定

たとえば「○○のときは△△する」といったように、条件に応じて処理を変えたい場合があります。このようなときに利用するのが条件判定です。

このレッスンで わかること

if文の書き方 ＋ :を使ったif文の表記方法 ＋ WordPressでの使用例

単純な条件判定 ― if文

プログラムは書かれている順に命令を処理していきますが、この命令は特定の場合のみ実行したいということがよくあります。

たとえば、「傘をさす」という命令を書いたとします。この命令を実行したいのは「雨が降っている場合」です。晴れている場合は傘は必要ないので、「傘をさす」の命令を実行する必要はありません。

このようなときに使用するのがifです。ifであらかじめ条件を設定しておくことで、その条件を満たす場合と、満たさない場合とで、その後の動作を変えることができます。

まずは一番単純な形を見てみましょう。条件を設定し、条件を満たす場合に何かする（満たさない場合は何もしない）というものです。次のように記述します。

```
if (条件) {
    条件を満たす場合の処理
}
```

条件をくくる括弧には()を、条件を満たしたときの処理をくくる括弧は{ }を使います。先ほどの例でいうと、

```
if (雨が降っている) {
    傘をさす
}
```

というような形になります。

それでは、具体的なコード例を見てみましょう。たとえば、次のように記述したとします。

現在時刻を変数に格納

```
$hour = date( 'G' );
if ( $hour < 10 ) {
    echo 'おはようございます。';
}
```

条件

条件に当てはまった場合の処理

「$hour = date('G')」は$hourに現在時刻を格納する命令です。このif文の条件は「$hour < 10」で、この条件は「現在時刻$hourが10より小さい場合」という意味になります。

条件を満たす場合の処理は「echo 'おはようございます。';」です。これは「『おはようございます。』と表示する」という意味ですね。

したがって、このif文は現在時刻が午前10時より前であれば「おはようございます。」と表示し、午前10時以降は何も表示しない、という処理になります。処理の流れを図で示すと次のようになります。

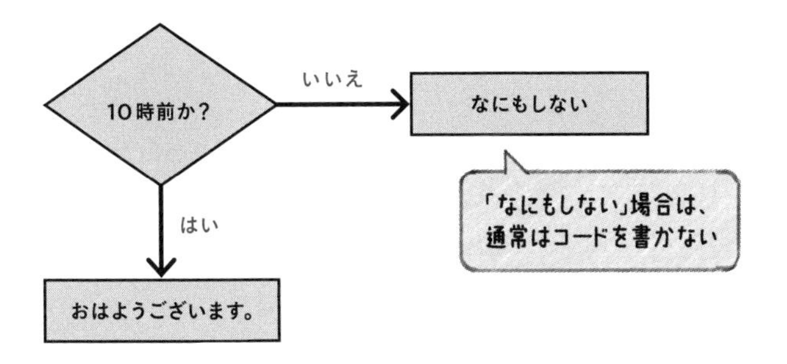

if文を使うメリット

ひとまずif文の使い方を理解したところで、条件判定を使うメリットについて改めて考えてみましょう。条件判定を使わない場合、前述のように時間帯によって表示するメッセージを変えるにはどうすればよいでしょうか？

たとえば、「おはようございます。」と表示するHTMLを設置しておき、午前10時に「おはようございます。」を表示しないHTMLファイルに書き換えるという方法があります。しかし、これでは正確に10時に書き換えなければなりませんし、毎日更新する手間もかかります。条件判定のPHPスクリプトを記述しておけば、

- ファイルが1つで済む
- 10時ちょうどに自動的に表示を変更できる
- 一度作業すればよい（毎日作業しなくてもよい）

というメリットがあるわけです。

TIPS

date('G')は現在時を0～23の文字列で取得するPHPの関数です。関数についてはP.065「関数を使う」で詳しく解説します。
ここではPHPのdate()関数を使っていますが、WordPressでは、wp_date関数が用意されており、wp_dateを使うと、時刻や書式が、WordPress管理画面で指定したものになります。

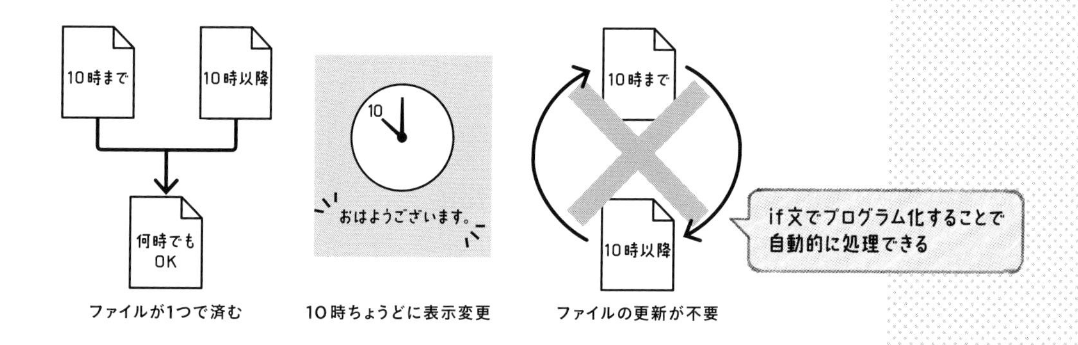

 複雑な条件分岐 — if~else文

さて、ここまでの例では、条件判定が1つだけでした。if文では、「elseif」を続けて書くことで、複数の条件分岐を記述することもできます。書き方は次のとおりです。

```
if (条件1) {
    条件1を満たす場合の処理
} elseif (条件2) {
    条件1を満たさないで、条件2を満たす場合の処理
} elseif (条件3) {
    条件1と2を満たさないで、条件3を満たす場合の処理
} else {
    どの条件も満たさなかった場合の処理
}
```

elseif部分は、必要に応じて何度でも書くことができます。最後のelse部分は、どの条件も満たさなかった場合の処理を書きます。傘の例でいうと、次のようになります。

```
if (雨が降っている) {
    傘をさす
} elseif (曇っている) {
    傘を持っていく
} else {
    傘を持たない
}
```

MEMO

elseは1回だけ書くことができます。また「どの条件も満たさなかった場合の処理」がない場合は、elseを書く必要はありません。

それでは、具体的なコード例を見てみましょう。たとえば、次のように記述したとします。

```
$hour = date( 'G' );
if ( $hour < 10 ) {
    echo 'おはようございます。';
} elseif ( $hour < 16 ) {
    echo 'こんにちは。';
} elseif ( $hour < 20 ) {
    echo 'こんばんは。';
} else {
    echo 'おやすみなさい。';
}
```

$hourが10以上16未満なら「こんにちは」を出力

先ほどの例と同様、「$hour = date('G')」で現在時を取得したあとに、if～elseif文で複数の条件判定を行っています。先ほどは「現在時が10時前かどうか」しか判定していませんでしたが、今回は「16時」「20時」「それ以外(20～23時台まで)」という3つの条件判定を追加することで、時間帯によって挨拶を変えています。午前9時にアクセスすれば「おはようございます。」、午後3時なら「こんにちは。」、午後7時なら「こんばんは。」、午後10時なら「おやすみなさい。」と表示されます。処理の流れは図のようになります。

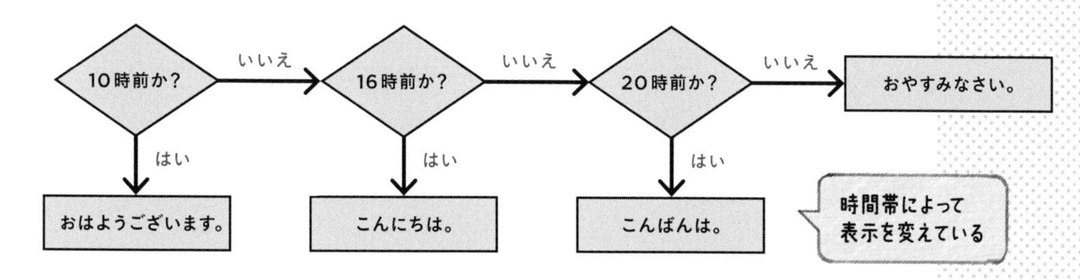

複数の条件判定で気をつけたいこと

ひとつ注意したいのは、条件分岐は上から順(記述した順)に判定を行い、条件を満たしたらそれ以降のelseifやelseは判定されないという点です。

例文の場合、たとえば午前9時にアクセスすると、最初の条件「$hour < 10」が真となるので「おはようございます。」を表示します。この時点でこのif文のブロックの処理は終わりです。

$hourには9が格納されていますから、その後の条件「$hour < 16」、「$hour < 20」も条件判定をすれば真になりますが、これらは条件判定自体が行われません。そ

のため、「おはようございます。こんにちは。こんばんは。」と表示されることはありません。

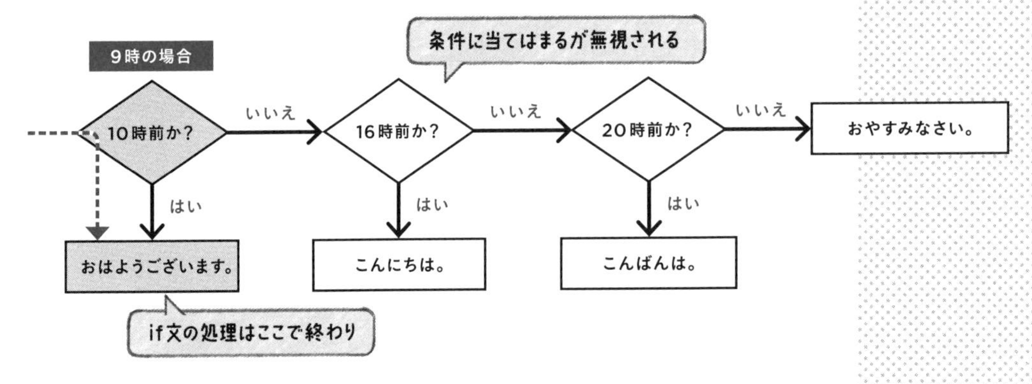

「:」を使ったif文の表記方法

ここまではifを用いる際、中括弧{ }で処理の範囲を指定していました。PHPでは、条件に対する処理を記述する際、中括弧でくくらず、「:」(コロン)を使う表記もよく使われます。「:」を使った場合は次のような書き方になります。

```
if ( 条件1 ) :
    条件1を満たす場合の処理
elseif ( 条件2 ) :
    条件1を満たさないで、条件2を満たす場合の処理
else :
    どの条件も満たさない場合の処理
endif ;
```

先ほどの例文をこの書き方にすると次のようになります。

```
$hour = date( 'G' );
if ( $hour < 10 ) :
    echo 'おはようございます。';
elseif ( $hour < 16 ) :
    echo 'こんにちは。';
elseif ( $hour < 20 ) :
    echo 'こんばんは。';
```

中括弧でくくらず、「:」(コロン)を使う

```
else :
    echo 'おやすみなさい。';
endif ;
```

中括弧を用いない場合、このように「:」と「;」を使います。処理の内容はまったく変わりません。

構文の途中の区切りは「:」です。構文の最後の区切りは「endif;」と、「endif」に「;」を記述する形になります。

条件を満たす場合の処理が長い場合は、「:」を利用した書き方のほうが構文の開始部分との対応が確認しやすいことが多いため、WordPressでもこの書き方がよく使われます。

WordPressでのif文の使用例

では、WordPressでif文が実際にどのように使用されているか見てみましょう。Twenty Twenty-One (ver.2.0)テーマの「template-parts/content/content.php」の16行目以降に、次のようなコードが記述されています。

```
if ( is_singular() ) :
    the_title( '<h1 class="entry-title default-max-width">', '</h1>' );
else :
    the_title( sprintf( '<h2 class="entry-title default-max-width">
    <a href="%s">', esc_url( get_permalink() ) ), '</a></h2>' );
endif;
```

このif～else文は、個別投稿ページの場合は記事タイトルをh1見出しにしてリンクを付けず、それ以外では記事タイトルをh2見出しにしてリンクを付けるという条件分岐になります。

詳しく見てみましょう。is_singular()は「個別投稿かそうでないか」を判定するWordPressの条件分岐タグ（P.096）で、個別投稿の場合は条件を満たしたと判断されます。

the_title()は「投稿のタイトル」を表示するWordPressのテンプレートタグ（P.084）で、()内にタイトルを囲むHTMLタグを指定できます。get_permalink()は「投稿のパーマリンク」を表示します。esc_url()はURLとして不適切なデータが出力されないように加工する関数で、セキュリティ上必要です。

MEMO
紙面では<?php ～ ?>タグは省略しています。

MEMO
the_title()についてはP.156、get_permalink()についてはP.157、esc_url()についてはP.123で詳しく説明しています。

sprintf()はphpの関数で、所定の書式の中に、文字列を挿入します。

> **MEMO**
> sprintfを使わないで、文字列を連結することで「'<a href="'.esc_url(get_permalink()) . '">'」と書くこともできます。本書のサンプルテーマではsprintf()を使用しています（P.156）。

書式の%sが、埋め込む文字列に置きかえられ、「<a href="http://〜">」という文字列をつくります。

この条件判定により、個別投稿の場合は、最初の処理である

```
the_title( '<h1 class="entry-title default-max-width">', '</h1>' );
```

が実行されます。個別投稿でない場合は、elseの処理である

```
the_title( sprintf( '<h2 class="entry-title default-max-width">
<a href="%s">', esc_url( get_permalink() ) ), '</a></h2>' );
```

が実行されます。

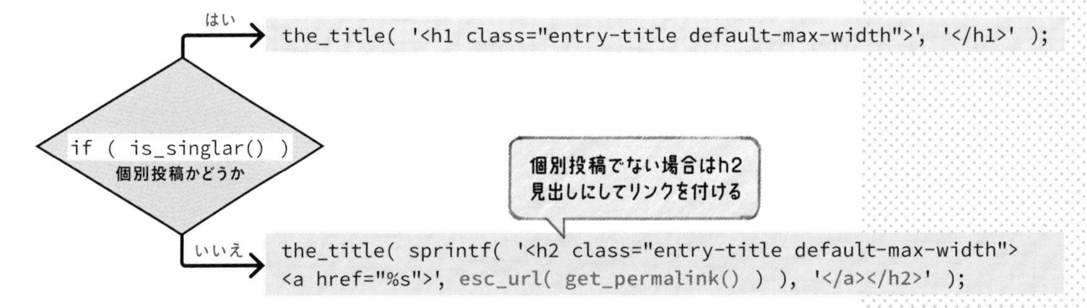

個別投稿でない場合、つまりアーカイブページなどの場合は、投稿へのリンクを表示することで、タイトルをクリックして、個別投稿ページへ移動できます。個別投稿の場合は、すでに見ているページなのでリンクを付けなくてもよい、という処理です。また、アーカイブページなどでは複数の記事タイトルが並ぶので、h1見出しではなくh2見出しにしています。

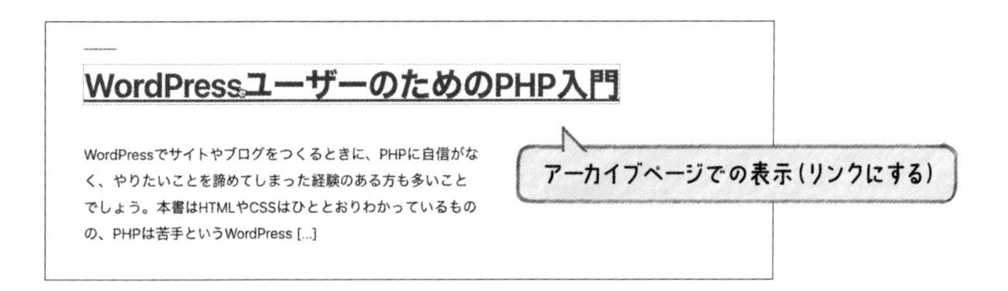

WordPressユーザーのためのPHP入門

Fumito Mizuno　2024年2月24日　コメント

WordPressでサイトやブログをつくるときに、PHPに自信がなく、やりたいことを諦めてしまった経験のある方も多いこと

個別投稿ページでの表示（リンクにしない）

このように条件判定を行うことで、個別投稿の場合でも、個別投稿でない場合でも同じコードで処理できるというメリットがあります。WordPressでは頻繁に行われる処理ですので、しっかり理解しておきましょう。

POINT 比較演算子

プログラミングでは、条件分岐の条件判定のときに、2つの値を比較して、その結果に応じて処理を分けることがあります。そのようなときに使うのが、比較演算子です。比較演算子では、次のような値の比較を行えます。

比較演算子	説明
X == Y	等しい
X != Y	等しくない
X > Y	XがYより大きい
X >= Y	XがYより大きいまたは等しい
X < Y	XがYより小さい
X <= Y	XがYより小さいまたは等しい

XやYには変数や数値が入ります。左右は反転してもかまいません。つまり、

```
<?php
if ( $month == 1 ) {
  ...
}
?>
```

でも、

```
<?php
if ( 1 == $month ) {
  ...
}
?>
```

でも同じです。WordPressの慣例では、後者の書き方、「1 == $month」を使うことになっています。WordPressのコードを読むときは、おそらくこちらの形を見かけるでしょう。

whileを利用した繰り返し処理

プログラムを書いていると、同じ処理や似たような処理を何度も行いたいという場合があります。このようなときに利用するのが繰り返しです。

このレッスンでわかること

while文の書き方 + 「:」を使ったwhileの表記方法 + WordPressでの使用例

 繰り返し — while文

前項ではif文を利用して、条件に応じて処理を変える方法を学びました。もうひとつ処理の流れを変える重要な手法として挙げられるのが「繰り返し」(または「ループ」)です。条件判定では、条件に合致している場合と条件に合致していない場合で処理を分けていました。たとえば「ふらふら歩いている子どもがいたら、お菓子をあげて、座らせる」という処理であれば、次のようになります。

```
if(歩いている子どもがいる){
    お菓子をあげる;
    座らせる;
}
```

では、「歩いている子どもが何人いるかわからないけれど、みんなにお菓子をあげて座らせたい」という場合はどうなるでしょう？

```
if(歩いている子どもがいる){
    お菓子をあげる;
    座らせる;
}
if(歩いている子どもがいる){
    お菓子をあげる;
    座らせる;
}
if(歩いている子どもがいる){
    お菓子をあげる;
    座らせる;
}
   :
```

と、子どもの人数分if文を書く必要がありますし、そもそも子どもが何人いるかわからないので、if文をいくつ書けばよいかもわかりません。このようなときに利用するのが「繰り返し」です。

繰り返しは「条件が合致している間はその処理を繰り返す」という構文で、ifではなく、whileを使います。

```
while(歩いている子どもがいる){
  お菓子をあげる;
  座らせる;
}
```

と書くと、「歩いている子どもがいる間は、お菓子をあげて座らせ続ける」という処理になります。英語でも、ifは「もし〜だったら」という意味、whileは「〜の間は」という意味ですね。

while文の書き方

whileの実際の書き方は次のようになります。

```
while (条件式) {
    条件を満たす場合の動作
    条件判定が最終的に偽になる変更を入れる
}
```

これだけでは少し意味がわかりにくいと思いますので、具体的なコードを見てみましょう。

```
$month = 1;
while ( $month <= 12 ) {
    echo $month . '月';
    $month++;
}
```

条件の記述：$monthが12以下の間は処理を行う

処理の記述：「1月」「2月」…「12月」を出力

条件判定に影響する変更：$monthの値を1増やす

```
1月2月3月4月5月6月7月8月9月10月11月12月
```

MEMO

「$month.'月'」の「.」（ドット記号）は文字列をつなぐ演算子です（P.038参照）。

TIPS

「$month++;」は、変数$monthの値を1増やす命令です。「インクリメント」ともいいます。逆に「$month--;」と、「--」を書くと変数$monthの値を1減らします。これは「デクリメント」といいます。いずれも繰り返しのなかでよく出てくる書き方です。

このコードでは、「1月2月……12月」と文字列を出力していきます。条件式は「$monthが12以下」、条件を満たす場合の動作は「『$month.'月'』の文字列の出力」です。条件式に影響する変更は「$monthの数値を1増やす」となります。

最初に$monthに1を代入していますから、まず「1月」と出力し、次に$monthに1を足して2にします。12以下なので条件式はまだ真ですから、「2月」と出力し、$monthに1を足して3にします……と処理を繰り返していき、$monthが13になった時点で条件式が偽になるので処理を終了します。

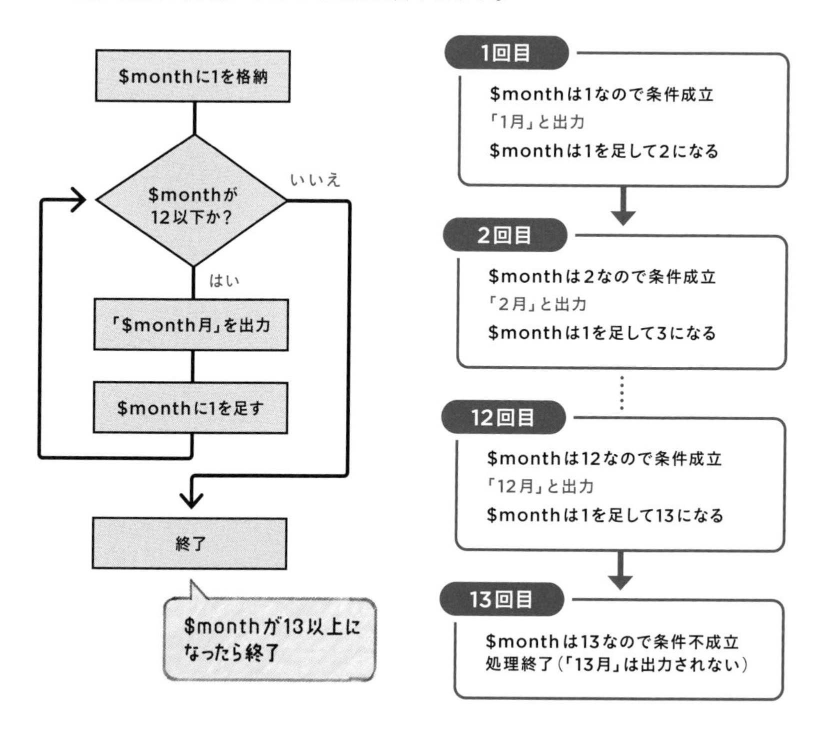

$monthに1を格納
$monthが
12以下か？
いいえ
はい
「$month月」を出力
$monthに1を足す
終了
$monthが13以上に
なったら終了
1回目
$monthは1なので条件成立
「1月」と出力
$monthは1を足して2になる
2回目
$monthは2なので条件成立
「2月」と出力
$monthは1を足して3になる
12回目
$monthは12なので条件成立
「12月」と出力
$monthは1を足して13になる
13回目
$monthは13なので条件不成立
処理終了（「13月」は出力されない）

無限ループに注意

whileを使うときは、いわゆる「無限ループ」に注意しなくてはなりません。whileで繰り返しを行う場合は、次の3つの要素が必要になります。

❶ 繰り返し処理を行う条件を記述する
❷ 繰り返し行う処理を記述する
❸ 繰り返し処理の条件が最終的に必ず偽になるようにする

❶は( )内に記述、❷は{ }内に記述と、whileの文法のなかで明確になっています。❸は文法のなかに含まれていませんが、とても重要です。先ほどの例では「$month++;」によって条件が偽になるようにしています。この記述がない場合を考えてみましょう。

```
$month = 1 ;
while ( $month <= 12 ) {
    echo $month . '月';
}
```

$monthは1なので成立

「1月」を出力

この場合、$monthが「1」のまま次の条件判定を行いますので、「$month <= 12」の条件がずっと真になってしまい、「1月1月1月1月……」と永遠に出力し続けます。このような状態を「無限ループ」といいます。無限ループになると、プログラムを停止するには外部から強制終了するしかなくなりますので注意が必要です。

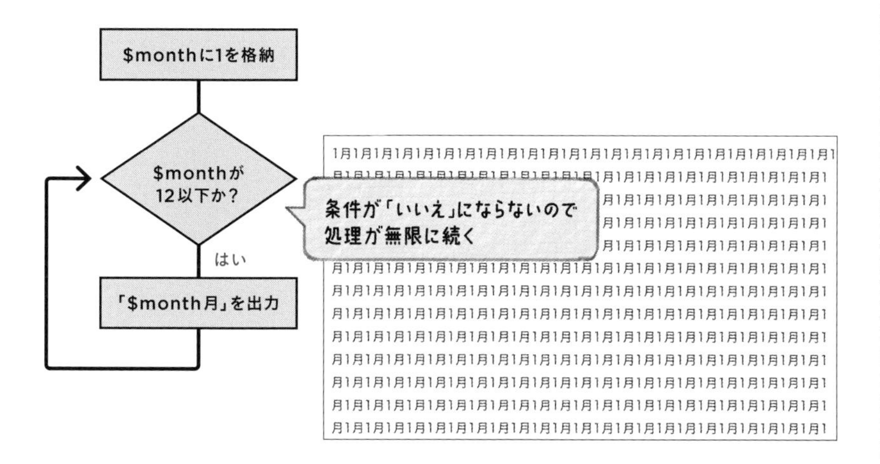

「:」を使ったwhileの表記方法

if文と同様、whileにも「:」を利用した表記方法があります。

```
while (条件式) :
    条件を満たす場合の動作
    条件判定が最終的に偽になる変更を入れる
endwhile;
```

先ほどの例文であれば、次のようになります。

```
$month = 1 ;
while ( $month <= 12 ) :
    echo $month . '月';
    $month++;
endwhile;
```

処理の内容はまったく変わりません。構文の途中の区切りは「:」です。構文の最後の区切りは「endwhile;」と、「endwhile」に「;」を記述する形になります。{～}はwhile以外にもよく使われる記号なので、とくに複雑なコードの場合は「:～endwhile;」と書くことで文の構造がわかりやすくなります。

whileの条件を柔軟に設定する

先ほどの例では、1から12まで12回処理繰り返すというように、繰り返しの数があらかじめ決まっていました。whileの条件の書き方に変数を活用することで、状況にあわせてより柔軟な処理を行うことができます。たとえば、先ほどの例文を次のように書き換えてみます。

```
$month = 1 ;
$end = date( 'n' );
while ( $month <= $end ) {
    echo $month . '月';
    $month++;
}
```

現在の月を取得

条件の記述：$monthが「現在の月」以下の間は処理を行う

処理の記述：「1月」「2月」…を出力

条件判定に影響する変更：$monthの値を1増やす

```
1月2月3月4月5月6月7月8月
```

8月に実行した場合の表示

この場合は「1月」から出力していき、プログラム実行時の現在月（8月1日に実行すれば「8月」、11月10日なら「11月」）で出力を終了します。条件を「12」から現在の月を代入した「$end」へ変更することで、$monthと「現在の月」を比較できるため、同じプログラムでも実行時の状況にあわせて表示が変えられます。実際にはこのような処理のほうが多いので、頭に入れておきましょう。

WordPressでのwhileの使用例

では、WordPressで実際にwhileが使用されている箇所を見てみましょう。一般的なプログラミング用語では、繰り返し処理のことを「ループ」ともいいますが、WordPressで「ループ」という言葉を使う場合、とくに次のようなwhileの構文を指します。

```
while ( have_posts() ) :      p060の❶
    the_post();               p060の❸
    the_title();       }
    the_content();     }      p060の❷
endwhile;
```

これは、WordPressの記事を取得し、記事タイトルと本文を表示するというループの代表的な使い方です。詳しく見てみましょう。

このwhileの条件となっているhave_posts()はWordPressの関数です。「表示する投稿を抽出したデータ内に、残りの投稿があるかどうか」を判定し、投稿があればtrue、なければfalseを返します。つまりhave_posts()と書くだけで「投稿があるかどうか」を判定する条件となるわけです。

処理内容の最初はthe_post()です。WordPressの関数で、「投稿をまとめたデータから最初の投稿を取り出し、元のデータからその投稿を取り除く」という処理を行います。the_title()は記事タイトルを、the_content()は本文を表示するWordPressの関数です。

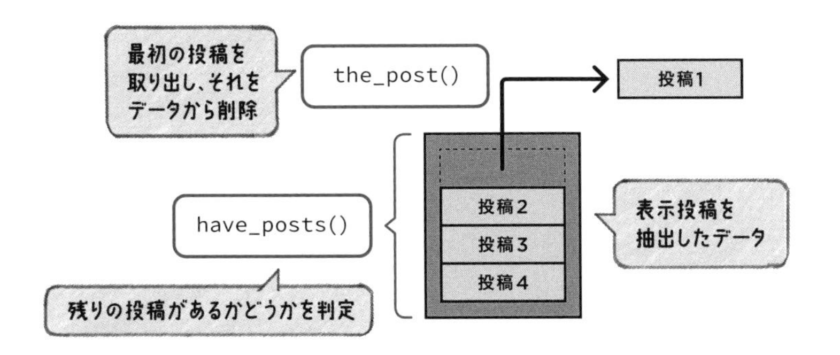

無限ループを防いでいるのはthe_post()です。the_post()を実行するたびに、投稿を取り出すと同時に元のデータからその投稿を取り除きます。繰り返すことで次々とあとにつづく投稿を出力していき、投稿をまとめたデータを使い切るとhave_posts()がfalseとなってこの繰り返しが終了するという仕組みです。

MEMO
have_posts()についてはP.090「WordPressのループ」で詳しく解説します。

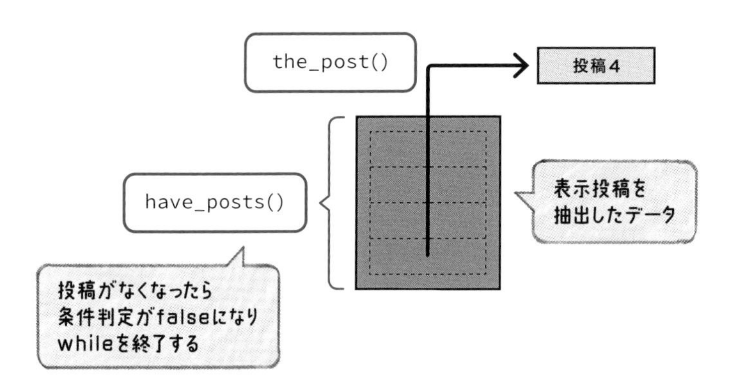

書評—蜘蛛の糸

投稿1

「蜘蛛の糸」（くものいと）は、芥川龍之介の短編小説。1918年（大正7年）に鈴木三重吉により創刊された児童向文芸誌「赤い鳥」創刊号に発表された。芥川龍之介が手がけたはじめての児童文学作品で、肉筆原稿には鈴木三重吉による朱筆がある。

書評—銀河鉄道の夜

投稿2

『銀河鉄道の夜』（ぎんがてつどうのよる）は、宮沢賢治の童話作品。孤独な少年ジョバンニが、友人カムパネルラと銀河鉄道の旅をする物語で、宮沢賢治童話の代表作のひとつとされている。

書評—走れメロス

投稿3

『走れメロス』（はしれメロス）は、太宰治による短編小説である。初出は1940年（昭和15年）5月発行の雑誌『新潮』。処刑されるのを承知の上で、命をかけて友情を守ったメロスが、人の心を信じられない王に信頼する事の尊さを悟らせる物語。

書評—吾輩は猫である

投稿4

『吾輩は猫である』は、夏目漱石による長編小説で、1905年に初版が発行されている。
1905年は明治38年にあたり、当時の風情がいきいきと描写されているが、それが人間の視点からではなく、猫の視点から描き出されている点が秀逸だ。

投稿がなくなると終了

MEMO

このコードではタイトルを<h1>で囲むなどの適切なマークアップを行っていないため、タイトルと本文がテキストとしてそのまま出力されています。

このように、繰り返しは同じ処理を何度か行う場合に使われます。WordPressでは、whileは投稿記事や固定ページなど、データベースに保存されているデータを読み出す際に必ず使われる構文です。ループについてはP.090「WordPressのループ」で詳しく説明しますので、ここではwhileの仕組みをしっかり理解しておきましょう。

2 LESSON 06

関数を使う

PHPやWordPressには汎用的な処理を手軽に行える、関数という仕組みがあります。関数はPHPやWordPressで用意されたもののほかに、自分で作成することもできます。

このレッスンでわかること

関数の書き方 ＋ 関数と引数の関係 ＋ 独自の関数の作成方法

 関数とは

関数を簡単に表現すると、「何らかの処理をして、返り値を返すもの」です。これだけではわかりにくいので、ここでは「現在の日付を表示したい」という場合を考えてみましょう。

「2024年2月1日」のように表示したいわけですが、アクセスされたタイミングによって日付けは異なるため、プログラムを使って表示することになります。

このようなときは、PHPに用意されているdate()関数を使用します。この関数は日時を返してくれる関数で、次のように書きます。

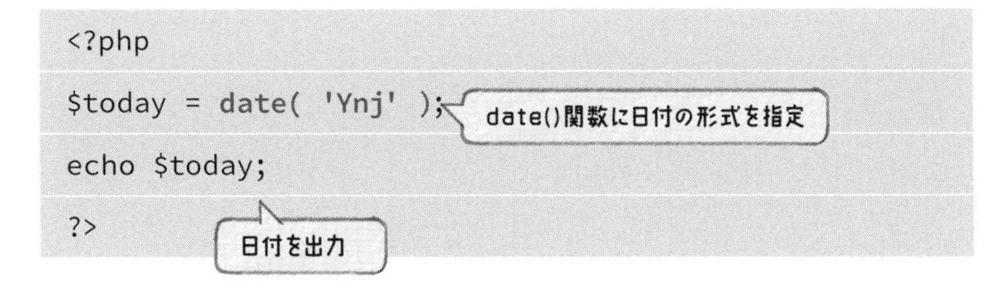

```
<?php
$today = date( 'Ynj' );
echo $today;
?>
```


```
202421
```

2024年2月1日に実行した場合の表示

date()関数の括弧の中には、出力する日付の形式を指定します。「Ynj」と指定した場合は「Y＝4桁数字の年」「n＝数字の月（1～12）」「j＝数字の日（1～31）」となります。このような括弧内で渡すデータを「引数」（ひきすう）といいます。関数を使うときは、次のように記述します。

```
関数名(引数)
```

「2024年2月1日」と表示したい場合は、次のように引数を指定します。

MEMO

WordPress上でdate()関数を使用した場合、取得される日付や時刻はUTC（協定世界時）です。日本時間で取得したいときは、date_default_timezone_set('Asia/Tokyo');を記述する必要があります。本書付属のCode Learning Themeではheader.phpに記載してあります。また、P.051で触れたwp_date()関数を使うと、WordPress管理画面で指定したタイムゾーンでの時刻になります。

```
<?php
$today = date( 'Y年n月j日' );
echo $today;
?>
```

日付の文字に日本語を追加

日付を出力

2024年2月1日

2024年2月1日に実行した場合の表示

もしdate()関数がなかったとしたら、プログラム実行時にサーバーに現在日を取りに行き、取得した値を適切な文字列に変換するといった処理を自分でいちいち書かなくてはなりません。PHPにはこのようなよく使う処理があらかじめ関数として用意されているため、短いコードでさまざまなことが行えるようになっています。

date ('Ynj')

❶ サーバーに日付を問い合わせる
❷ 日付を取得する
❸ 日付を適切な文字列にする

date()と引数を書くだけでこれだけの処理を自動的に行える

引数と関数の関係

関数について理解を深めるために、引数について少し詳しく見てみましょう。

引数は1つとは限らない

date()関数の引数では、日時の出力形式のほか、第2引数として日時も指定できます。この場合、第2引数で指定した日時を、第1引数で指定した形式で返してくれます。日時は1970年1月1日午前0時からの経過時間(秒単位)で指定します。

```
echo date( 'Y年n月j日', 765158400 );
```

第2引数に日時を指定して出力

1994年4月1日

いつ実行しても1994年4月1日が表示される

date()関数では第2引数は指定しても指定しなくてもよく、指定しなかった場合は「現在の日時」となります。最初の例では、この仕様を利用して現在の日時を出力しています。

TIPS

date()関数は引数を指定することで、さまざまな形式で日付を表示できます。たとえばdate('F j, Y')とすれば「February 1, 2024」となります。なお、この引数で使われる日時の出力形式の指定方法は、WordPress管理画面の[設定>一般]の「日付形式」でカスタム設定する場合にも使われています。

MEMO

echoは文字列を画面に出力する命令です。関数と使い方は似ていますが、厳密には関数ではありません。

表示する日時を指定（省略すると現在時）

date（第1引数，第2引数）

日付のフォーマットを指定（必ず指定）

関数で複数の引数を記述するときは、次のように「,」（カンマ）でつないで記述します。

```
関数名(引数1, 引数2, …)
```

引数がない場合もある

多くの関数が引数を必要としますが、引数がない関数もあります。たとえば、phpversion()という関数は現在使用しているPHPのバージョンを返します。

```
<?php
$version = phpversion();
echo $version;
?>
```

PHPのバージョンを出力

```
8.2.8
```

このサーバーには8.2.8がインストールされている

phpversionの場合は、バージョンは「現在のPHPのバージョン」と決まっており、出力形式は「数値をピリオドで区切ったもの」と決められています。このため引数の指定がありません。

多くの関数に引数がある理由

関数は、前述のとおり何らかの処理をして返り値を返しますが、大まかな処理は関数ごとに決まっています。関数によっては、引数を取らず、関数名だけで処理が決まるものもあります。たとえば前述のphpversionなら、関数名だけでほしいもの（PHPのバージョン）が得られます。

date()関数の場合は2つの引数がありました。「出力形式の指定」と「日時の指定」です。これらの引数の目的は次のように分類できます。

❶ 出力形式の指定 ➡ 処理方法の詳細の指定

❷ 日時の指定 ➡ 処理のもととなるデータの指定

❶ 出力形式（○○年△月□日）の指定　❷ 日時（1994年4月1日）の指定

```
date（'Y年n月j日',765158400）
```

処理方法の詳細の指定　処理のもととなるデータの指定

❶の日付の出力形式はさまざまです。日付の出力形式ごとに関数をつくることもできますが、date_Ymd()、date_FjY()……と関数がどんどん増えていくため煩雑になってしまいます。

このため、「日付の形式を加工する」という大まかな処理を実行するdate()関数を1つ用意しておき、詳細な設定は引数で指定する、という方式がとられています。

また、何月何日を表示したいかは状況によって変わりますし、処理のもととして日付を指定してあげる必要があります。

このように、関数の引数は「処理のもととなるデータを指定するもの」と「処理方法の詳細を指定するもの」の２種類に大別できます。

逆にいえば、関数に目的の処理を行ってもらうためには「処理のもとになるデータ」と「処理方法の詳細」が必要で、それらの情報を関数に渡すのが「引数」の役割です。

日付を任意の書式で取得する

date（**どの書式で取得するか**,**いつの日付を取得するか**）

目的のデータ取得するために、
関数に材料を渡すのが引数の役割

PHPの関数だけでなく、WordPressの関数の引数もほとんどの場合はいずれかに分類できます。

TIPS

WordPressの関数の場合、処理のもととなるデータは引数で指定するのではなく、データベースから取得する形をとるものも多くあります。WordPressの関数については、詳しくはP.084「テンプレートタグとは」で解説します。

POINT WordPressでよく使われるPHPの関数

WordPressで使える関数には、PHP側で用意されている関数（ビルトイン関数）と、WordPress側で用意されている関数（詳しくはP.084「テンプレートタグとは」以降で説明します）があります。PHP側で用意されているビルトイン関数は1,000個以上存在しますが、WordPressのテーマで使われるビルトイン関数は、実はそれほど多くありません。

WordPressのテーマ作成時によく使うPHPの関数を以下の表にしてみました。これらはおもに文字列の挿入、配列の操作、データのチェックなど、データを直接扱う処理に利用されています。

基本的にWordPressのテーマ作成などでよく行われる処理は、WordPressの仕様や用途にあったより使いやすい関数が用意されていることが多いので、そちらを利用するのが一般的です。

たとえば、WordPressの関数にthe_date()があります。PHPのdate()関数はYnjなどの表示形式を必ず指定する必要がありますが、WordPressのthe_date()は、表示形式が未指定の場合、管理画面で設定した形式に従うようになっています。WordPressをカレーとすると、PHPの関数はニンジンやタマネギといった食材そのもの、WordPressの関数はそれらを適度な大きさに切って下ごしらえをしてあるもの、といったイメージで考えると理解しやすいかもしれませんね。

なお、このほかのPHPのビルトイン関数については、「PHP: 関数リファレンス - Manual」(https://php.net/manual/ja/funcref.php)にリファレンスがありますので、「こんな関数はないかな？」と思ったときは調べてみるとよいでしょう。

関数	用途
printf / sprintf	sprintf('View all posts by %s', $author)のように、所定の書式に文字列を差し込む。printfはecho(画面に表示)し、sprintfはechoしない
function_exists	function_exists ('関数名')で、関数が存在するかどうかをチェックする
isset / empty	値があるかどうかをチェックする。issetは変数がセットされていればtrueになる。emptyは変数がセットされていない場合、0や空文字列の場合にtrueになる
in_array	in_array(値,配列)で、配列内に値があるかをチェックする
count	配列の要素の数を返す
array_shift	配列から要素を1つずつ取り出す
implode	implode(', ', $array)のように、配列を文字列に展開する。
var_dump	変数や配列に格納されているデータを出力する。制作途中での確認で使う（var_dump自体は完成物には出てこない）
array_key_exists	array_key_exists(添字,連想配列)と指定すると、連想配列に添字（キー）があるかチェックできる
str_contains	str_contains(文字列,検索語)で、「文字列」内に「検索語」があるかチェックする
str_starts_with	str_starts_with(文字列,検索語)で、「文字列」が「検索語」で始まるかチェックする

自分で関数を作成する

前述したphpversion()関数やdate()関数は、PHPの標準で用意されている関数です。これらの関数を活用するだけでもさまざまな処理を行えますが、関数は自分で作成することもできます。

とくに繰り返し行う定型的な処理などは、関数化しておけばコーディングが簡潔になり、あとから読んだときにも理解しやすくなります。

関数を自分で作成するときは、次のように記述します。

```
function 関数名(引数名) {
    実際の処理をここに記入
    処理のもとになる引数は上記の引数名を利用して記述する
}
```

functionは、「これから関数を定義します」という宣言です。

ここでは一例として、画像のURLを引数に指定してimg要素で表示させる関数をつくってみましょう。関数名はoutput_img_link、引数は$imgです。関数の定義は次のようになります。

```
function output_img_link( $img ) {    関数名と引数の定義
    echo '<img src="';    img要素の先頭部分を出力
    echo $img;    引数のURLを出力
    echo '">';
}    img要素の末尾部分を出力
```

この関数を次のように引数を指定して実行してみます。

```
output_img_link( 'http://example.com/wp-content/
uploads/sample.jpg' )
```

こうすると、関数の定義の{ }の中の部分に記述した3つの処理、

```
echo '<img src="';
echo 'http://example.com/wp-content/uploads/sample.jpg';
echo '">';
```

MEMO
ここでは短い関数名にしています。関数名のつけ方 は、P.073のPOINTを参照してください。

が実行されます。$imgの値は、関数を実行する際に引数で指定した「http://example.com/wp-content/uploads/sample.jpg」に置き換わります。最終的には次のようなimg要素が出力されます。

```
<img src="http://example.com/wp-content/uploads/sample.jpg">
```

なお、関数の処理の中に引数名が含まれていない場合は、関数を実行する際に引数をつけても無視されます。

```
output_img_link( 'http://example.com/wp-content/uploads/sample.jpg' )
```

引数を指定して関数を実行

```
function output_img_link( $img ) {
    echo '<img src="';
    echo $img;
    echo '">';
}
```

引数を処理内で利用

出力されるimg要素

```
<img src="http://example.com/wp-content/uploads/sample.jpg">
```

関数にするメリット

ここで、処理を関数化するメリットを改めて見てみましょう。output_img_link()関数の処理ではechoを3回実行しています。関数にすることで、この処理をoutput_img_link(～)と書くだけでまとめて呼び出すことができます。

画像を出力するのが1回だけなら、関数を定義するよりもechoを3回書くほうが楽です。しかし関数にしておけば、画像を何度も出力する可能性がある場合にも対応できます。画像の出力時にoutput_img_link($img)と書くだけで済むので、コードも読みやすくなります。定型的に何度も行う処理の場合は関数化しておくとよいでしょう。

```
echo '<img src="';
echo $img1;
echo '">';
echo '<img src="';
echo $img2;
echo '">';
echo '<img src="';
echo $img3;
echo '">';
```

```
function output_img_link( $img ) {
    echo '<img src="';
    echo $img;
    echo '">';
}
output_img_link( $img1 );
output_img_link( $img2 );
output_img_link( $img3 );
```

一度関数化しておけば、何度でも利用できる

関数の呼び出し部分のコードが簡潔になる

TIPS

WordPressのテーマのfunctions.php（P.112）でも、関数を定義していることがよくあります。「function…の箇所は関数を定義している」と覚えておくと、WordPressのテーマのfunctions.phpを読むときに役立つでしょう。

MEMO

このLESSONで紹介しているコードは、関数の考え方を中心に解説しているため、実際のWordPressに必要なセキュリティ処理を省いています。セキュリティに関してはP.119「セキュリティに注意する」を参照してください。

POINT 引数は配列の場合もある

ここまでの例では引数は変数でしたが、関数の引数には配列を利用することもできます。少し書き換えてみたのが次の例です。この関数は「画像のURL」、「画像の幅」、「画像の高さ」を配列で渡して、画像をimg要素で出力する関数です。

```
function output_img_link_from_array( $img ) {
    echo '<img src="';
    echo $img[0];
    echo '" width="';
    echo $img[1];
    echo '" height="';
    echo $img[2];
    echo '">';
}
```

関数名の後の引数は$imgで、見た目はoutput_img_link()関数と同じです。では、次のように引数を配列にして実行してみましょう。

```
$img = array('http://example.com/wp-content/uploads/sample.jpg',
'640','480');
output_img_link_from_array( $img );
```

この場合、処理内容の引数が次のように置き換わります。

```
echo '<img src="';
echo 'http://example.com/wp-content/uploads/sample.jpg';
echo '" width="';
echo '640';
echo '" height="';
echo '480';
echo '">';
```

最終的には次のようなimg要素が出力されます。

```
<img src="http://example.com/wp-content/uploads/sample.jpg"
width="640" height="480">
```

もちろん配列を利用せず、第1引数をURL、第2引数を画像幅、第3引数を画像の高さとしても同じ処理は可能ですが、そうすると引数の指定が複雑になりがちです。配列にすることで引数を簡潔にまとめられますし、WordPressではいろいろなデータの受け渡しに配列が利用されることも多いので、ぜひ覚えておきましょう。

関数を定義する場所

関数を定義する場所は、関数を呼び出す場所と離れていてもかまいません。別ファイルに分かれていても大丈夫です。また、順序も自由で、次のように関数の定義の前に呼び出していてもきちんと動作します。

```
output_img_link( 'http://example.com/wp-content/uploads/
sample.jpg' );

function output_img_link( $img ) {
    echo '<img src="';
    echo $img;
    echo '">';
}
```

WordPressでは自分で関数をつくる際、関数の定義はテーマのfunctions.phpというファイルで行い、テンプレートファイルで関数を呼び出す形をとることがよくあります。functions.phpについてはP.112「functions.phpの役割」でも改めて取り上げます。

WordPressでは何らかの処理を実行するとき、必ずといってよいほど関数を使います。また、よく利用する処理を関数化することで、コード記述が簡潔になります。関数の考え方はしっかりと理解しておきましょう。

POINT WordPressでの関数名の付け方

関数名は自分で好きな名前がつけられます。ただし、すでに存在する関数と同じ名前をつけることはできません。もし名前が重複するとエラーになり、WordPressが正しく動作しなくなります。

たとえば、自分でoutput_img_link関数を定義した場合、もしoutput_img_linkという関数がWordPressで定義されていたらエラーになります（5章P.264）。

WordPressで定義されていなければエラーにはなりませんが、output_img_linkという名前では、WordPressの関数なのか自作の関数なのか、ぱっと見ただけではわかりにくいですよね。このためWordPressでは、自分で関数名をつけるとき、mdn_output_img_linkといった自分専用の識別子（この場合は「mdn_」）をつけることが好ましいとされています。

2 LESSON 07

オブジェクトとは

オブジェクトとは、データとデータ処理方法をまとめて記述したものです。すべてを理解するのはたいへんなので、ここではWordPressに必要な範囲に絞って解説します。

このレッスンでわかること

オブジェクトの知識 + オブジェクトの記述方法 + オブジェクトからデータを取り出す方法

WordPressを使う際に必要なオブジェクトの知識

「オブジェクト」は、PHPでの「オブジェクト指向プログラミング」において大切な考え方ですが、WordPressのテーマを作成したり、カスタマイズしたりする限りでは、実はそれほど細かく知っておく必要はありません。

必要になるのは、たとえばWordPressの投稿データを取得した際に、使用する関数によってはデータがオブジェクトとして取得される場合などです。この際、配列や連想配列とオブジェクトではデータの取り出し方が異なるため、オブジェクトであることを意識してコードを記述しなくてはなりません。

これからオブジェクトの仕組みについて解説していきますが、プログラムに慣れていない人には少しむずかしい話になってしまうかもしれません。はじめのうちは、WordPressドキュメントなどでコードを調べる際に困らないように、「オブジェクト」、「クラス」、「プロパティ」、「メソッド」といった用語の大まかな意味と、データの取り出し方が配列や連想配列と異なる点を理解していただければ十分です。

オブジェクトとは

では、オブジェクトについて解説していきましょう。オブジェクトは、データとデータの処理方法をまとめて記述したものです。

ここまでの解説では、データ（変数）と処理方法（関数）が個別に存在していました。

たとえば「商品定価を表示する」というケースを考えてみます。2024年2月1日より定価が1200円から1240円に変わるという設定です。

```
function return_price() {      ← 関数の宣言
    global $date;              ← 関数の外にある変数$dateを使用する宣言
    if( $date >= 20240201 ) {
        $price = 1240;
```

TIPS
通常、関数の中では、関数の中の変数のみ利用できます。
変数名の前に globalと付けると、関数の外にある変数が使用できます。

```
    } else {
        $price = 1200;
    }
    return $price;
}
$date = date( 'Ymd' );
$price = return_price();
echo $price;
```

日付に応じた$priceの値を返す

今日の日付を$dateに格納

return_price関数を実行

処理結果を出力

このコードでも動作はしますが、return_price()関数、$date変数、$price変数をバラバラに扱わなくてはなりません。しかし、これらの関数と変数は商品定価を出すときに一緒に使うものです。であれば、まとめて扱えたほうがなにかと便利です。

同様の処理をオブジェクトを使って書くと次のようになります。

```
class Price {
    protected $price;
    public $date;

    public function return_price() {
        if( $this->date >= 20240201 ) {
            $this->price = 1240;
        } else {
            $this->price = 1200;
        }
        return $this->price;
    }
}
$price = new Price;
$price->date = date( 'Ymd' );
echo $price->return_price();
```

「class クラス名」でクラスを定義

プロパティ(クラスで使う変数)を宣言

メソッド(クラスで使う関数)を定義

日付に応じた$this->priceの値を返す

Priceクラスのオブジェクトをつくって$priceに格納

今日の日付を$price->dateに格納

return_priceメソッドの処理結果を出力

まず「class Price」の部分について説明しましょう。

```
class Price {
    protected $price;
    public $date;

    public function return_price() {
        …中略…
    }
}
```

これはクラスの定義部分です。クラスはいわばオブジェクトの設計図のようなもので、このクラス定義に基いてオブジェクトがつくられます。どのような変数と関数が使用されるかが記述されており、オブジェクトでの変数は「プロパティ」、関数は「メソッド」と表現されます。ここでは$price、$dateのプロパティが2つ、return_price()のメソッドが1つ定義されていることになります。

次はオブジェクトを生成している部分です。

```
$price = new Price;
```

クラスはあくまで設計図なので、そのままでは使えません。家の設計図があっても、そこに住めないのと同じです。「new クラス名」とすることで、クラスに基づいてオブジェクトを生成します。オブジェクトを生成する際は変数に格納するのが基本です。ここでは$priceにPriceクラスのオブジェクトを格納しています。

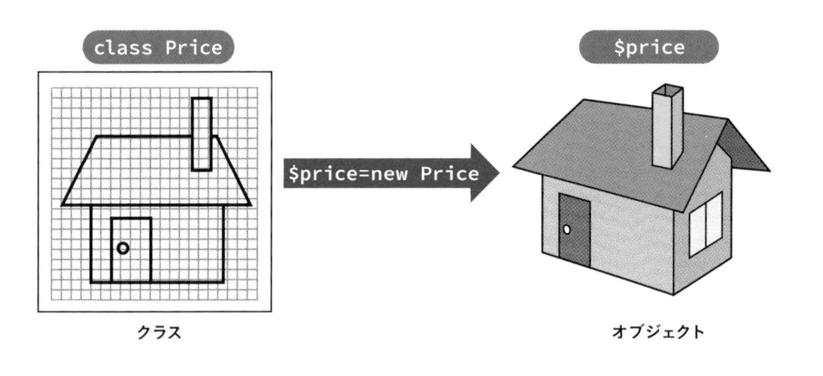

MEMO
メソッドの定義の場合はfunctionのキーワードが付きます。

TIPS
プロパティとメソッドの前に「protected」や「public」といったキーワードがついていますが、これはアクセス権を指定しています。「public」はクラス外から呼び出し可能です。「protected」はクラス内、およびこのクラスを継承したクラスから呼び出し可能です。「private」はクラス内でのみ呼び出し可能になります。

次に実際にオブジェクトのメソッドとプロパティを使用している箇所です。

```
$price->date = date( 'Ymd' );
echo $price->return_price();
```

「->」はアロー演算子

1行目は、$priceオブジェクトのdateプロパティにdate()関数で取得した今日の日付を格納しています。

「->」はアロー演算子と呼ばれるもので、「-」「>」をつなげて書きます。オブジェクトのメソッドやプロパティを参照するときに使用する演算子で、WordPressでオブジェクトを扱うときによく使うので覚えておきましょう。

2行目でreturn_price()メソッドの実行結果をechoで出力することで、適切な商品定価を表示しています。このように変数、関数をバラバラに使用する場合と違い、オブジェクトを利用すると関連する変数・関数をまとめて扱えます。

> **MEMO**
> 「プロパティ」は、「メンバー変数」、「属性」、「フィールド」といった呼び方をすることもあります。本書では「プロパティ」と表現します。

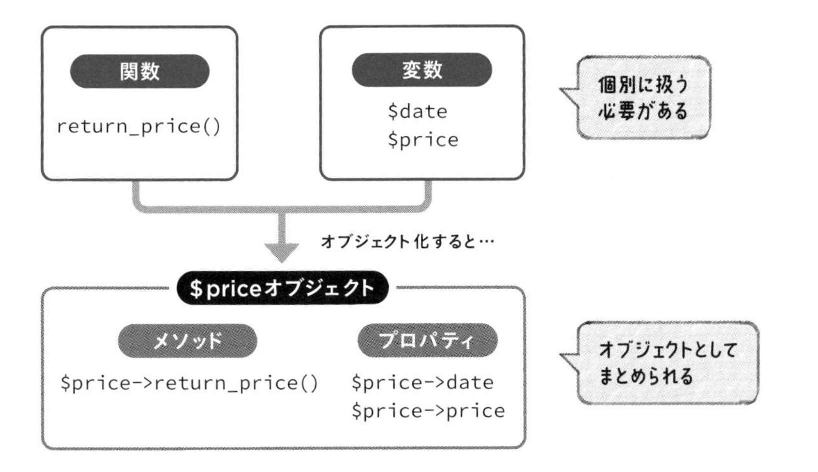

オブジェクトからデータを取り出す

WordPressでテーマを作成する際、自分でクラスを定義して利用することはほとんどありません。WordPressの関数を利用して投稿データを取得する際に、返り値がオブジェクトとして返ってくるものがあるので、そのオブジェクトからデータを取り出して表示するというのが基本的な使い方となります。P.047「WordPressでの配列の使用例」で、返り値が配列の場合に値を取り出す方法について触れましたが、オブジェクトの場合は少しコードが違いますので注意しましょう。

たとえば、投稿IDを指定して投稿データを取得する場合は、get_post()という関数を利用します。get_post()を実行して返ってくるのが、WP_Postクラスのオブジェクトです。

たとえば、

```
$postdata = get_post( 3 );
```

投稿IDを指定して投稿データを取得

とすると、$postdataに投稿ID「3」の投稿データが、WP_Postクラスのオブジェクトとして返ってきます。

WP_Postクラスのオブジェクトは次のようなプロパティを持っています。

プロパティ	内容
ID	投稿ID
post_author	作成者ID
post_date	投稿日時
post_content	本文
post_title	タイトル
post_excerpt	抜粋
post_status	公開ステータス
comment_status	コメントステータス
ping_status	ピンバック/トラックバックステータス

プロパティ	内容
post_password	閲覧パスワード
post_name	スラッグ
post_modified	更新日時
post_parent	親ID
guid	投稿へのリンクの書式になっている識別子
menu_order	固定ページの表示順序
post_type	投稿タイプ
post_mime_type	添付ファイルのときMIMEタイプ
comment_count	コメント数

※表はおもなプロパティの抜粋です。

ですので、次のようにアロー演算子「->」でプロパティを指定すれば、投稿ID3の記事タイトルと投稿日時を表示できます。

```
$postdata = get_post( 3 );
echo $postdata->post_title;
echo $postdata->post_date;
```

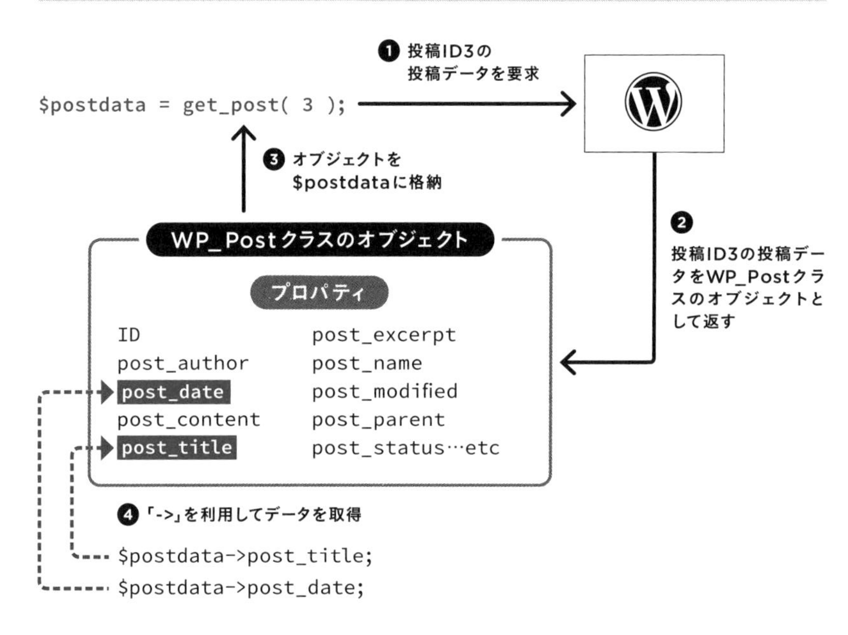

2

07 オブジェクトとは

オブジェクトの配列からデータを取り出す

もうひとつ、WordPressでオブジェクトを扱う際に覚えておきたいのが、関数の返り値がたんなるオブジェクトではなく、オブジェクトの配列として返ってくる場合がある点です。

たとえば、個別記事を表示するときに、その記事のカテゴリーを取得して表示する場合はget_the_category()関数を利用します。返ってくるカテゴリーオブジェクトは次のようなプロパティを持っています。

プロパティ	内容
cat_ID	記事のカテゴリー ID
cat_name	記事のカテゴリー名
category_nicename	記事のカテゴリースラッグ
category_description	記事のカテゴリー説明文
category_parent	親記事のカテゴリーのID
category_count	カテゴリーが使われている回数

ただし、get_the_category()で実際に返ってくるのはオブジェクトそのものではなく、オブジェクトの配列です。たとえば、

```
$cat = get_the_category( 3 );
```

とすると、投稿ID3の記事のカテゴリーが、カテゴリーオブジェクトの配列として返ってきます。これをget_postと同様に

```
$cat = get_the_category( 3 );
echo $cat->cat_name;
```

としても、$catは配列になっているため、cat_name（カテゴリー名）を取得できません。

```
$cat = get_the_category( 3 );
echo $cat[0]->cat_name;
```

と、カテゴリー名を取り出すオブジェクトを配列のなかから指定する必要があります。

TIPS
get_the_category()で取得するカテゴリーオブジェクトは、stdClassのクラスオブジェクトです。stdClassはPHPで標準で用意されているクラスで、クラス定義なしでオブジェクトを生成したり、配列や変数からオブジェクトに変換した場合が該当します。

$cat[0]が1つ目のカテゴリー、$cat[1]が2つ目のカテゴリー……となります（P.042）。

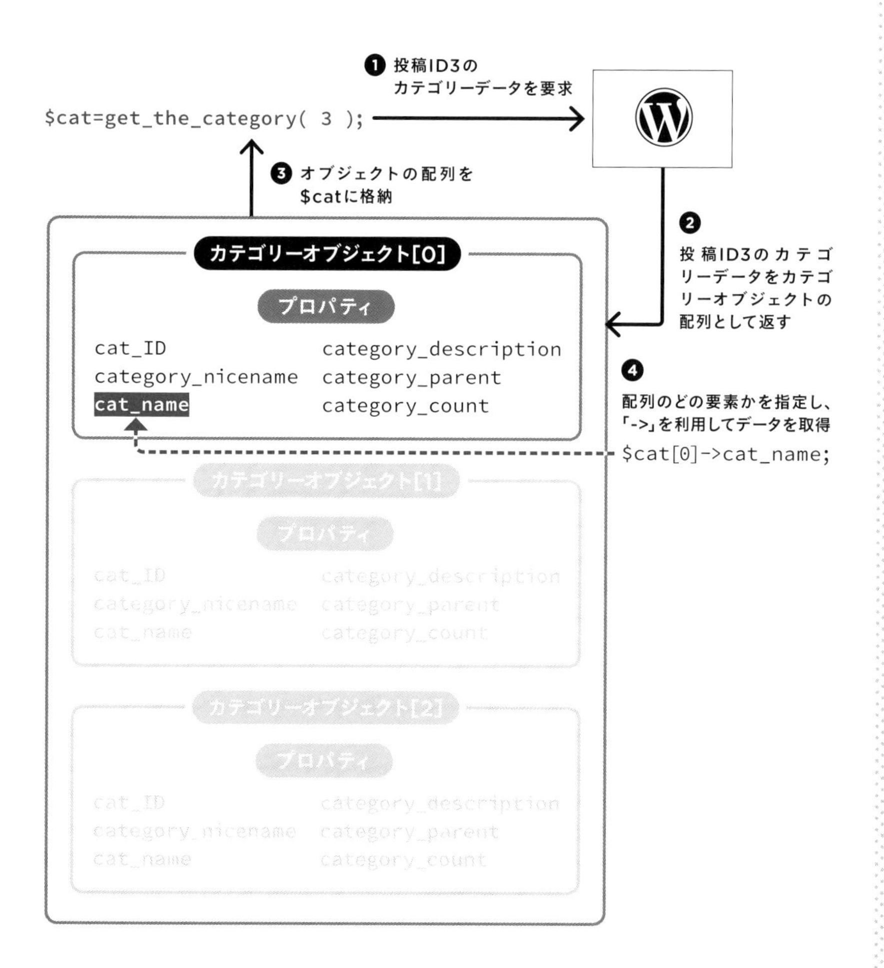

このように、WordPressの関数を利用して値を取り出す際は、おおまかに配列、オブジェクト、オブジェクトの配列の3種類に分かれます。それぞれのデータの扱い方の違いを理解しておきましょう。

MEMO

WordPressは、もともとはオブジェクトを使わないでコードが書かれていました。しかし、バージョンが上がるにつれ、WordPressでもオブジェクトを使ったコードが増えています。古い関数はデータを配列として取得し、より新しい関数はデータをオブジェクトとして取得する傾向があります。

POINT 型と変換

これまでは「変数」とひとくくりにしてきました。厳密には、変数には型(種類)がいくつかあります。文字列、整数、浮動小数点数、論理値などです。意識しないでプログラミングできるケースも多いですが、数値を比較する場合には区別するのが好ましいでしょう。

変数の型も等しいかどうかを調べるには、「===」と、イコール3つを使用します。

```
<?php
$int_data = 1;
$str_data = '1';

if ( $int_data === $str_data ) {
  echo "yes";
} else {
  echo "no";
}
?>
```


と===で比較すると、「整数の1」と「文字列の1」を変数の型も含めて比較するため、noと出力されます。

イコール2つの場合、たとえば

```
<?php
$int_data = 1;
$str_data = '1';

if ( $int_data == $str_data ) {
  echo "yes";
} else {
  echo "no";
}
?>
```


だと、「整数の1」と「文字列の1」を比較しますが、変数の型が一致しなくても等しいと判断するため、yesと出力されます。

型を変換する

変数の型は、たいていの場合、PHPが適切なものを割り当ててくれます。このため、気にしなくてもよいケースもあります。

しかし、必ず適切な型を割り当ててくれるとは限りません。プログラムで型を決めたい場合、明示的に型を指定することができます。

たとえば、「(int)」を使うと、明示的に「整数」になります。

```
<?php
$year = (int) $_GET['y'];
?>
```

このコードでは、年($year)は整数以外の値を取ることは考えにくいので、(int)で整数に指定しています。なお$_GET はURLの末尾についているデータが格納される連想配列です。詳細は3章P.120をご覧ください。

型を変換するときは、表のような型名を指定します。

型名	意味
int (integer)	整数
float	浮動小数点
string	文字列
bool (boolean)	論理値 (true／false・真偽値と呼ぶこともある)

なお、booleanの真偽値はifやwhileの条件判定で利用されます。条件判定には比較式以外に変数や配列も指定できますが、たとえば変数を指定した場合、変数の内容が整数の0、浮動小数点の0.0、文字列の0、空の文字列「''」、要素数が0の配列の場合はfalse、そのほかの値はtrueへと自動的に変換されます(実際の使い方はP.174をご覧ください)。

WordPress 特有のルール

WordPressを使いこなすためには、PHPの知識だけでなく、WordPressで使われる関数や記事を表示する仕組み、テーマを構成するファイルの役割といったWordPress自体の機能も理解しておく必要があります。本章ではこのようなWordPressでブログやWebサイトを制作する際のルールや作法について詳しく解説していきます。

テンプレートタグとは

WordPressでは、テーマを作成する際によく使われるWordPress関数を「テンプレートタグ」といいます。テンプレートタグの基本的なしくみと使い方を見ていきましょう。

このレッスンでわかること

テンプレートタグの書き方 + テンプレートタグの引数 + テンプレートタグの役割

 テンプレートタグとは

WordPressでは、ユーザーが定型的な処理を手軽に行えるようにするために、さまざまな関数が定義されています。非常にたくさんの関数が存在するため、関数がいくつかのカテゴリーに分類されています。なかでもテーマファイルでよく使われる関数を特に「テンプレートタグ」と呼びます。

公式ドキュメントでは、WordPressが定義する関数は https://developer.wordpress.org/reference/ に掲載されています。

そのうちテンプレートタグは、
https://developer.wordpress.org/themes/references/list-of-template-tags/
に一覧が掲載されています。

ただし、テンプレートタグ以外の関数であってもテーマファイルに書き込むことができますので、「使いたい関数がテンプレートタグかどうか?」という点はあまり気にする必要はありません。

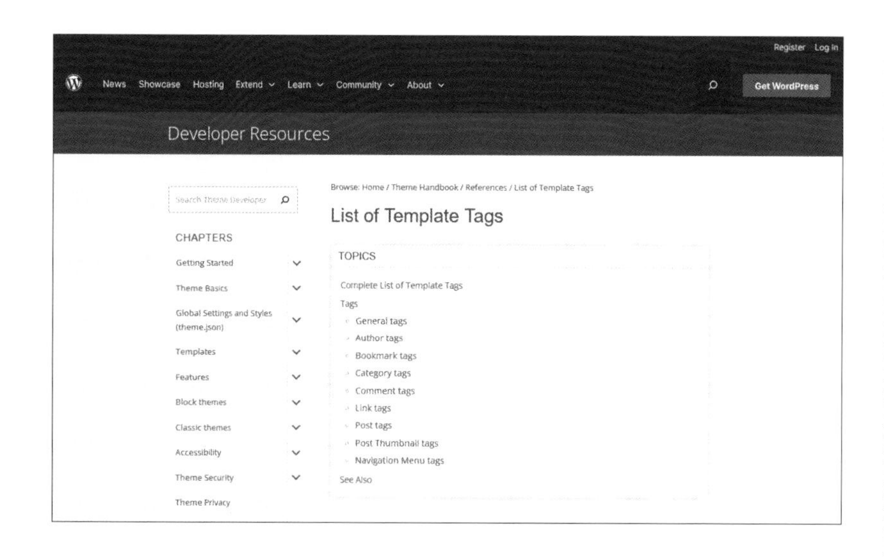

テンプレートタグはPHP部分に書く

では、テンプレートタグの使い方を見ていきましょう。テンプレートタグはPHPの関数として定義されています。なので、PHPを記述する部分、つまり「<?php～?>」のあいだに書きます。

たとえば、標準テーマのひとつ「Twenty Twenty-One」のheader.phpには次のような記述があります。

```
<meta charset="<?php bloginfo( 'charset' ); ?>" />
```

「<meta charset="」と「" />」の部分は普通のHTMLです。「bloginfo()」がテンプレートタグで、ブログの情報を出力します。ここではbloginfo()の引数にcharsetを指定しているので、ブログの文字エンコーディングを出力します。実際に出力されるHTMLは次のようになります。

```
<meta charset="UTF-8" />
```

このようにHTMLのなかにテンプレートタグを埋め込んでいくことで、データを動的に表示していく、というのが基本です。

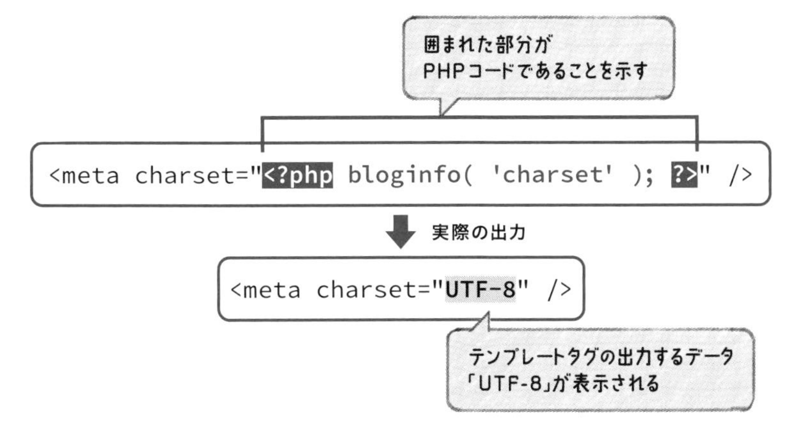

ついやりがちなのが次のように書いてしまうミスです。

```
<meta charset="bloginfo( 'charset' );" />
```

こう書いてしまうと「bloginfo()」の部分がPHPの関数として認識されません。出力結果もそのまま

```
<meta charset="bloginfo( 'charset' );" />
```

となってしまいます。文字エンコーディングの指定が不適切になり、ブラウザで表示した際に文字化けする可能性があります。テンプレートタグはPHP部分に書く、という点を覚えておきましょう。

テンプレートタグの引数

PHPの関数には引数がありましたね。テンプレートタグも同じです。多くのテンプレートタグが引数を持っています。

たとえば先ほどのbloginfo()はブログの情報を出力するテンプレートタグですが、引数を指定してどの情報を出力するかを指定できます。先ほどは引数に「charset」を指定しましたが、このほかにも次のような引数を指定できます（抜粋）。

```
bloginfo( 'name' );          サイトのタイトルを表示
bloginfo( 'description' );   サイトのキャッチフレーズを表示
bloginfo( 'language' );      サイトの言語を表示
```

テンプレートタグごとに引数は異なります。個々のテンプレートタグの引数や使用例は、公式ドキュメント（https://developer.wordpress.org/themes/references/list-of-template-tags/）から調べることができます。bloginfoの場合は「https://developer.wordpress.org/reference/functions/bloginfo/」で調べられます。

テンプレートタグを使う場合は、公式ドキュメントで使い方を確認してから使うようにしましょう。

テンプレートタグの役割の違い

さらに詳しくテンプレートタグについて見ていきましょう。テンプレートタグで取得したデータは、Webページを適切に表示するために取得したわけですから、最終的にはHTMLの出力へと反映させることになります。

ただしここで注意したいのは、テンプレートタグには「データを取得して出力するもの」と「データを取得するだけのもの」の2種類がある点です。

the_category()とget_the_category()の違い

実際の例を見てみましょう。the_category()関数は「投稿の属するカテゴリーを取得して、そのカテゴリーへのリンクをブラウザに出力する」という処理を行います。つまり「データを取得し、さらにHTMLとして出力する」という処理をしています。たとえば「書評」のカテゴリーの投稿記事の表示時に、the_category()を記述してみます。

```
<?php the_category(); ?>
```

こう記述するだけで、自動的に次のようなリンク付きのHTMLが出力されます。

```
<ul class="post-categories">
    <li><a href="http://○○.com/category/shohyou/"
    rel="category tag">書評</a></li></ul>
```

いっぽうで、取得したデータがそのままHTMLで表示されると困る場合もあります。カテゴリーであれば「投稿の属するカテゴリーを取得する」までは一緒でも、その後リンクとして出力するのではなく、「カテゴリー名をファイル名にした画像を表示する」といった場合もあるはずです。

このようなときは「データを取得するが、出力はしない」タイプの関数を使用します。カテゴリーの取得の場合ならget_the_category()関数です。

P.074「オブジェクトとは」でも少し触れた関数ですが、カテゴリー名を取得して、「カテゴリー名.jpg」の画像を表示するときは次のように書きます。

```
<?php
$cat = get_the_category();
$cat = $cat[0];
echo '<img src="http://○○.com/images/' .
$cat->category_nicename . '.jpg" />';
?>
```

出力されるHTMLは次のようになります。

```
<img src="http://○○.com/images/shohyou.jpg" />
```

書評　画像を出力

まとめると、ul要素のリンクリストとしてカテゴリー名を出力する場合はthe_category()、そのほかの使い方をしたい場合はget_the_category()を利用することになります。

TIPS

投稿が複数のカテゴリーに属することがあるため、get_the_categoryの返り値から、ひとつめのカテゴリーを取得しています。

MEMO

このページの例は、説明簡略化のため、セキュリティ処理を省略しています。セキュリティ対策については、P.119「セキュリティに注意する」をご覧ください。

テンプレートタグの使い方はWordPressドキュメントで調べる

データの出力という観点からテンプレートタグを分類すると、次のようになります。

❶ データの取得のみを行うもの（出力にはechoが必要）
❷ データを取得して文字列を出力するもの（出力にはecho不要）
❸ データを取得してHTMLで出力するもの（出力にはecho不要）

get_the_category()が❶、bloginfo()が❷、the_category()が❸のタイプです。

このように、テンプレートタグによって、データの出力の有無（echoをつけない／つける）、HTML出力の有無（HTML要素ごと出力する／文字列のみを出力する）などが異なります。また、同じ関数でも、引数に「true／false」を指定することで、「出力する／しない」を使い分けるものもあります。

WordPressドキュメントには関数をどう呼び出すか、どのような情報が取得されるか、取得した情報はどうやって出力するかなどの説明が例文つきで掲載されていますので、テンプレートタグを使用する場合は必ず目を通しましょう。

MEMO

引数のtrueは「真」、falseは「偽」の意味です。WordPressの関数では引数にtrue／falseで指定するものがよくありますが、これらのtrue／falseは通常の文字列と違い、「論理値」や「真偽値」または「ブール値」と呼ばれる特別な値です。引数に真偽値を指定する場合は、true／falseのほか、1と0で指定することもあります。

POINT データを出力する関数／出力しない関数の傾向

ごくおおまかにテンプレートタグを分類すると、次のような傾向があります。

- the_○○○関数……HTML要素を含めて出力する
- get_○○○関数……出力しない

ただし、すべてこのパターンに当てはまるとは限りませんので、WordPressドキュメントできちんと確認しましょう。実際のWordPressテーマでテンプレートタグを使用する際は、HTMLまで出力する関数を原則として使用します。get_the_category()のように、データを取得する関数を使ってHTML出力する場合は、テーマ作成者の責任でセキュリティ対策（→P.119「セキュリティに注意する」）を行う必要があるので注意してください。

POINT WordPressの公式ドキュメント

WordPressを使用するときに役立つドキュメント

WordPressの公式ドキュメントは、https://ja.wordpress.org/support/ で公開されています。インストール方法、基本的な使い方、メンテナンス、セキュリティなど、さまざまな情報を閲覧できます。

公式ドキュメントを読んでも解決しなかった場合には、サポートフォーラム https://ja.wordpress.org/support/forums/ で質問できます。サポートフォーラムは有志が回答しているため、必ず回答や解決につながるわけではありませんが、大きな助けとなるでしょう。

WordPressをカスタマイズするときに役立つドキュメント

英語のページになりますが、開発者向けドキュメント https://developer.wordpress.org/ が用意されています。テーマをつくる、プラグインをつくる、独自ブロックをつくる、といった場合には、こちらのドキュメントを参照するとよいでしょう。

動画で学びたいときは

動画での情報は https://wordpress.tv/ にあります。英語の動画が多いですが、日本語の動画もあります。https://wordpress.tv/language/japanese日本語/ で日本語の動画の一覧が表示されます。

WordPressのループ

WordPressで投稿や固定ページを表示する際には、「ループ」と呼ばれるコードを使います。WordPressのコードの中心となる構文なので、きちんと理解しておきましょう。

このレッスンでわかること

WordPressにおける「ループ」 + have_posts()とthe_post()の働き + ループ中で使うテンプレートタグ

WordPressにおける「ループ」とは

一般にプログラミングでいう「ループ」は、whileなどを利用した繰り返し処理や構文全般を指します。しかしWordPressで使われる「ループ」という言葉は、P.058「whileを利用した繰り返し処理」でも触れましたが、「投稿を表示する」という特定の役割を持つ繰り返しを指します。たとえばTwenty Twenty-Oneのsingle.phpでは、次のwhile～endwhileの箇所が「ループ」と呼ばれる部分です。

```
while ( have_posts() ) :
    the_post();
    …中略…
endwhile;
```

WordPressのテーマでは、投稿を表示する場合に、この

```
while ( have_posts() ) :
    the_post();
```

ではじまり、

```
endwhile;
```

で終わる繰り返しをよく使います。まずはこの形を覚えましょう。

> **MEMO**
> ここではthe_post();の前で改行しています。改行しないで、while (have_posts()) : the_post(); を1行にする書き方もあります。

ループの構造を詳しく見てみる

では、このループの構造を詳しく見てみます。P.063「WordPressでのwhileの使用例」でも触れていますが、ここではさらにWordPress全体の仕組みを交えながらより詳細に解説していきましょう。

まず、WordPressがWebページを表示するプロセスのおさらいです。WordPressではアクセスされたURLから、どのデータを表示すればよいかを判断します。たとえば

```
http://○○.com/
```

であればトップページ、

```
http://○○.com/?cat=1
```

であればカテゴリーIDが1の投稿のアーカイブページといった仕組みです。「?△△=」の部分でどのデータを表示するか指定していることになります。

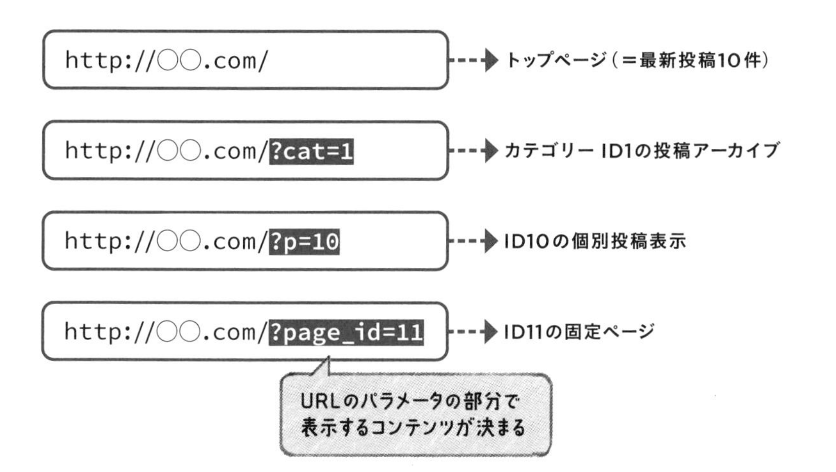

このURLのパラメータで取得される内容を「メインクエリ」または「WordPressクエリ」といいます。

> **MEMO**
> 管理画面の［設定>パーマリンク設定］でパーマリンクを設定している場合はURLが別のものになりますが、この場合はWordPress側の処理でパラメータに応じたURLに書き換えられています。

have_posts()とthe_post()の働き

ここまでの知識をもとに、ループを1文ずつ見ていきましょう。ここではP.063でも例に挙げたシンプルなコードで見ていきます。

```
while ( have_posts() ) :
    the_post();
    the_title();
    the_content();
endwhile;
```

WordPressではURLのパラメータに従ってデータベースにデータを取得しにいき、取得したデータは$wp_queryに保存されます。この$wp_queryからデータを取り出して、表示させるのがループのコードの役割です。

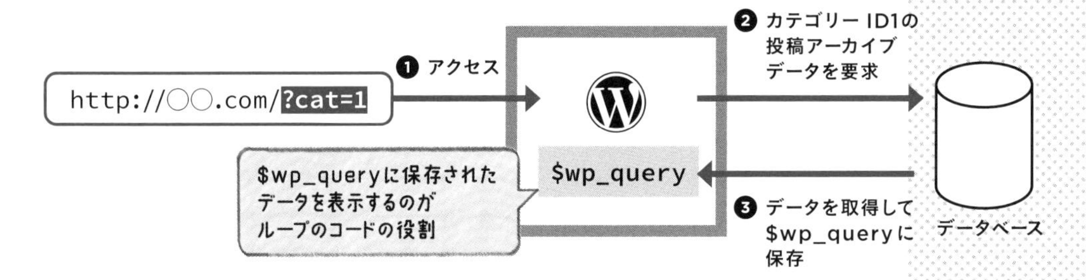

まずはhave_posts()です。

```
while ( have_posts() ) :
```

have_posts()はこの$wp_queryに表示するべきデータが存在するかどうかを確かめる関数です。whileの繰り返し条件として「have_posts()」を指定することで、「表示すべきデータが存在する間は処理を続ける」という条件を設定しています。

次にthe_post()です。

```
the_post();
```

the_postは$wp_queryから順にデータを取り出していく関数です。$wp_queryには複数の投稿データが格納されていますが、投稿データ1件分を$postへ格納し、$wp_queryの次のデータへ進みます。

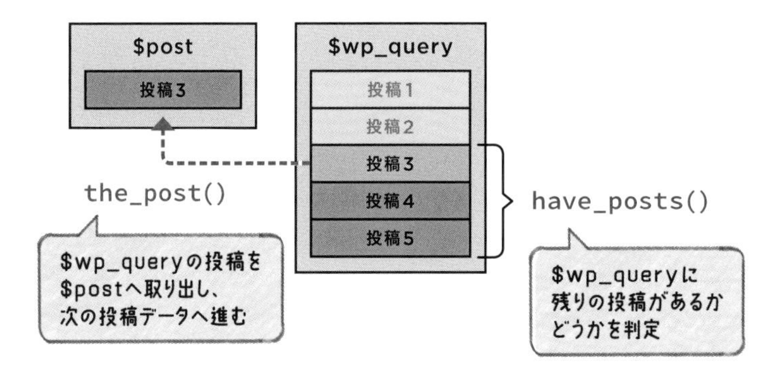

なお、$postには格納されるのは次のような投稿ID、投稿日時、投稿本文、投稿タイトルなどがまとまったデータです。

```
object(WP_Post)#325 (24) {
  ["ID"]=> int(49)
  ["post_author"]=> string(1) "1"
  ["post_date"]=> string(19) "2024-01-24 19:09:38"
  ["post_date_gmt"]=> string(19) "2024-01-24 10:09:38"
  ["post_content"]=> string(1169) "1918年に芥川龍之介が…中略…"
  ["post_title"]=> string(24) "書評——蜘蛛の糸"
  …以下略…
}
```

次は投稿タイトルと投稿本文を表示するテンプレートタグです。

```
    the_title();
    the_content();
```

the_title()は$postのデータからタイトル部分を抽出して出力します。上に掲載したデータ中の「post_title」のデータですね。同様にthe_content()は$postから「post_content」のデータを出力します。

これでこのコードのデータ1件分の表示が終了です。

次に表示するべき投稿があれば、have_posts()はtrueのままですから、the_post()で次の投稿データを$wp_queryから$postへ格納し、the_title()でタイトルを、the_content()で投稿本文を表示する……という流れになります。$wp_queryから表示すべき投稿データがなくなれば、have_posts()がfalseとなり、whileの繰り返しが終了します。

MEMO
echo $post->post_content;
でも本文が表示されますが、この方法は避けてください。パスワード保護されている投稿の本文も表示してしまいます。

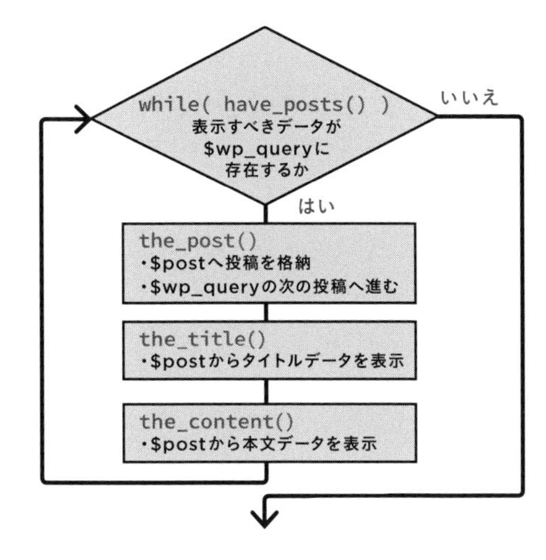

ループ中で使うテンプレートタグ

WordPressのループの仕組みが理解できたところで、なぜ、WordPressではこのループが特別に「ループ」と呼ばれるほど重要なのかについても解説しておきましょう。

それはテンプレートタグのなかに、ループ中で使うことが前提となっているものがあるためです。

たとえば、先ほども出てきたタイトルを表示するthe_title()はループ中で使うことが前提となっているテンプレートタグです。ループの外で利用すると期待通りに表示されない可能性があります。

このため、WordPressでテーマファイルを編集するときは、いま編集している箇所がループ中なのかどうかを意識しておく必要があります。またテンプレートタグを調べるときも、ループ中で使うものかどうかを確認しましょう。

公式ドキュメント「https://developer.wordpress.org/themes/references2/list-of-template-tags/」で調べることができます。

the_title()の場合は「https://developer.wordpress.org/reference/functions/the_title/」を見ると、

This tag may only be used within The Loop

と記載されています。

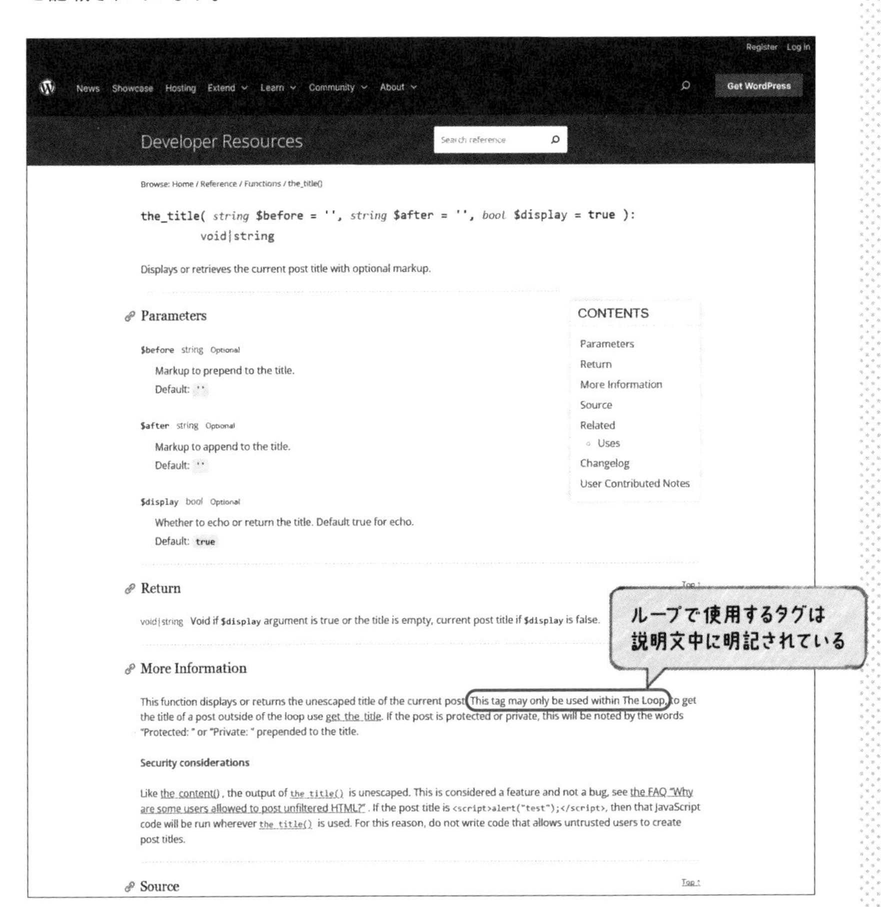

3 LESSON 03

条件分岐タグ

WordPressではさまざまな役割を持つ関数が定義されています。条件分岐タグは、それらの関数のなかでも条件によって振り分けをする際に利用するタグです。

このレッスンでわかること

条件分岐タグの役割 + 条件分岐タグの特徴 + 条件分岐タグの使用例

 条件分岐タグとは

WordPressではさまざまな関数を定義しています。そのなかで、少し特別な使い方をするのが「条件分岐タグ」です。

「条件分岐タグ」はWordPressがどのようなページを表示しているかを判定します。たとえば、トップページの場合は「ここはトップページです」、それ以外のページは「ここは下層ページです」とテキストを表示する、というケースを考えてみましょう。

さまざまなやり方が考えられますが、ここではif文で条件分岐してみることにします。次のようにコードが書けると簡単ですね。

```
<?php
if(トップページの場合):
    echo 'ここはトップページです';
else:
    echo 'ここは下層ページです';
endif;
?>
```

この「トップページの場合」にあたるのが条件分岐タグです。トップを表示しているかどうかを判定する条件分岐タグは「is_home()」です。これを利用して、次のように書きます。

```
<?php
if( is_home() ):
    echo 'ここはトップページです';
else:
    echo 'ここは下層ページです';
endif;
?>
```

TIPS
is_home()を使うのは、管理画面の[設定>表示設定]で、「ホームページの表示」を最新の投稿にしている場合です。「ホームページの表示」で、固定ページを割り当てている場合は、is_front_page()を使います。

これでトップページにアクセスした際は「トップページです」、それ以外のページにアクセスした際は「下層ページです」と表示されます。

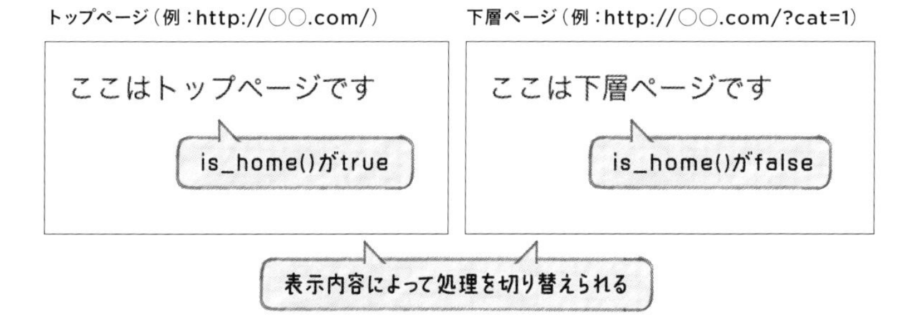

トップページ(例:http://○○.com/)
ここはトップページです
is_home()がtrue
下層ページ(例:http://○○.com/?cat=1)
ここは下層ページです
is_home()がfalse
表示内容によって処理を切り替えられる

このように、表示するページに応じて処理を変えたい場合に使われるのが条件分岐タグです。

条件分岐タグの特徴

is_home()や後述するis_singular()のように「is_○○」の形になっている関数はたいていWordPressの条件分岐タグです。これらは、「○○かどうか」という条件を満たす場合にtrueを返す(満たさない場合にfalseを返す)という働きをします。また、「has_○○」の形になっている関数もたいてい条件分岐タグです。「抜粋があるか」を判定するhas_excerpt()や、「アイキャッチ画像があるか」を判定するhas_post_thumbnail()などです。

MEMO
PHPの関数にも「is_」ではじまる関数があります。is_array、is_numericなどです。これらも条件を満たす場合にtrueを返す(満たさない場合にfalseを返す)という点では同じです。

条件分岐タグの実際の使用例

実際の条件分岐タグの使用例を見てみましょう。P.055にも掲載していますが、Twenty Twenty-One (ver2.0)のcontent.php (template-parts/content内)には、次のような記述があります。

```
if ( is_singular() ) :
    the_title( '<h1 class="entry-title default-max-width">', '</h1>' );
else :
    the_title( sprintf( '<h2 class="entry-title default-max-width">
    <a href="%s">', esc_url( get_permalink() ) ), '</a></h2>' ); ?>
endif;
```

is_singular()で条件分岐

個別投稿表示の場合

個別投稿表示でない場合

if (is_singular())と、if文の判定条件がis_singular()になっています。

つまり、個別投稿(is_singular()がtrue)の場合と、そうでない場合で記事タイトルの出力方法を変えています。

個別投稿の場合は、h1タグとentry-titleクラスのみを追加します。出力されるHTMLは次のようになります。

```
<h1 class="entry-title">書評―蜘蛛の糸</h1>
```

個別投稿でない場合はh2タグで囲み、さらに個別投稿へのリンクも追加しています。個別投稿でない場合は、ブログのトップページやアーカイブページといった複数の記事を並べたページになりますから、見出しの階層をh2に落とし、個別投稿へのリンクを追加しているわけですね。

```
<h2 class="entry-title"><a href="http://○○.com/?p=11"
rel="bookmark">書評―蜘蛛の糸</a></h2>
```

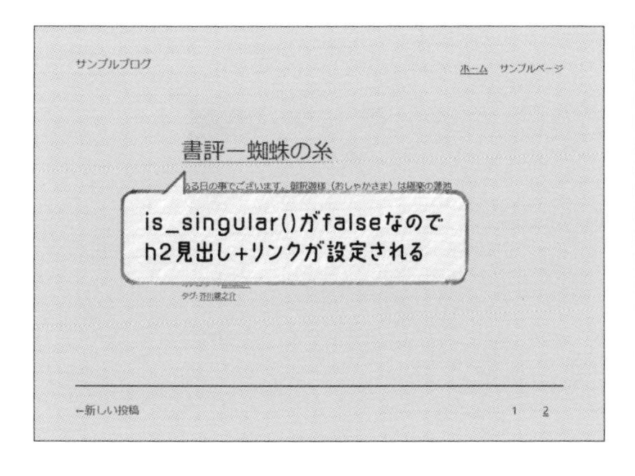

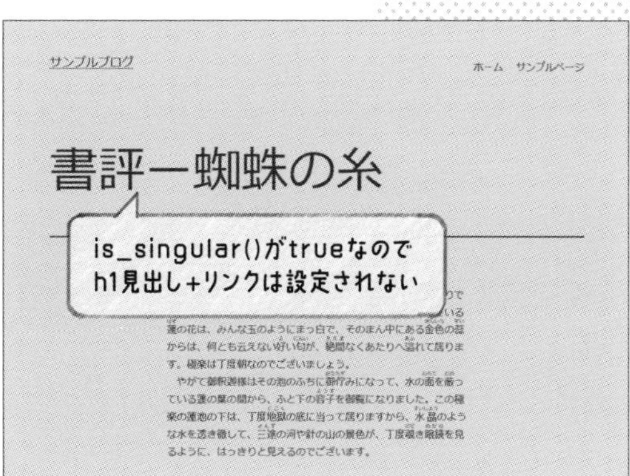

このように条件分岐タグを使うことで、ひとつのコードで個別投稿とそうでない場合の表示方法を変えることができました。条件分岐タグを使うことで、状況に応じたカスタマイズが可能になります。

TIPS

is_singular()はオプションで引数を指定できます。指定した場合は、特定の投稿タイプかどうかを判定します。以下は、bookという投稿タイプの場合のみTRUEを返す例です。

is_singular('book')

MEMO

esc_url(get_permalink())の部分で個別投稿へのリンクを生成しています。esc_url()関数についてはP.123「esc_url()関数」でも解説します。

テーマテンプレートとテンプレート階層

WordPressでは、表示するページの種類に応じてテンプレートファイルを使い分けることができます。テーマをカスタマイズする上で重要な考え方ですのでしっかり理解しましょう。

このレッスンでわかること

テンプレートファイルの役割 ＋ テーマテンプレートのテンプレート階層 ＋ テンプレート階層を使ってカスタマイズ

 テンプレートファイルとは

WordPressのテーマを構成するPHPファイルを「テンプレートファイル」といいます。WordPressのテーマのフォルダを見てみると、たくさんファイルがあることに驚くかもしれません。たとえばTwenty Twenty-OneテーマにはCSSやJavaScriptなども含めて90個のファイルが存在します。

WordPressのテーマにはたくさんのファイルが存在する

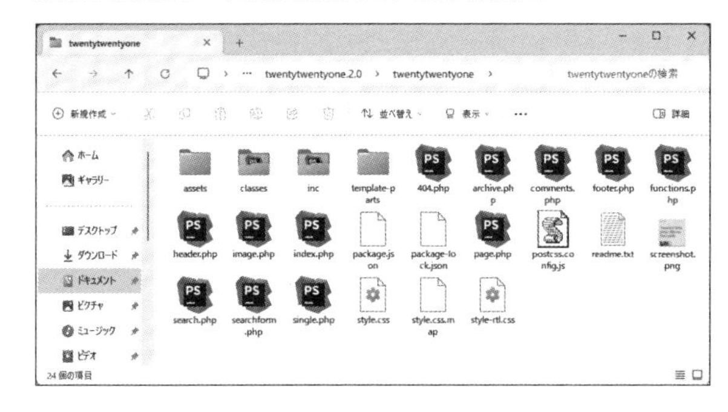

WordPressのすべてのテーマにこれほど膨大なファイルが必要になるわけではありません。実際には、WordPressのテーマは「style.css」（スタイルシートファイル）と「index.php」の2つのファイルがあれば動作します。

MEMO
ここでは、PHPでテンプレートファイルを構成する方式のテーマを解説しています。ブロックを中心にカスタマイズするテーマについては、5章P.223で解説します。

index.php以外のPHPファイルが存在する理由

ではなぜindex.php以外のテンプレートファイルが存在するかというと、コードを管理しやすくするためです。

index.phpだけで個別投稿、アーカイブ、固定ページといったすべてのページの表示をまかなおうとすると、コードが長く複雑になります。個別投稿ページを表示するときにもトップページ用のコードまで読み込んでしまうなど、処理効率もよくありません。

このため、WordPressでは役割ごとにファイルを分けて管理できるようになっています。たとえば「ヘッダー用」、「フッター用」「サイドバー用」、「固定ページ表示用」、「個別投稿表示用」、「アーカイブ表示用」といった役割分担です。

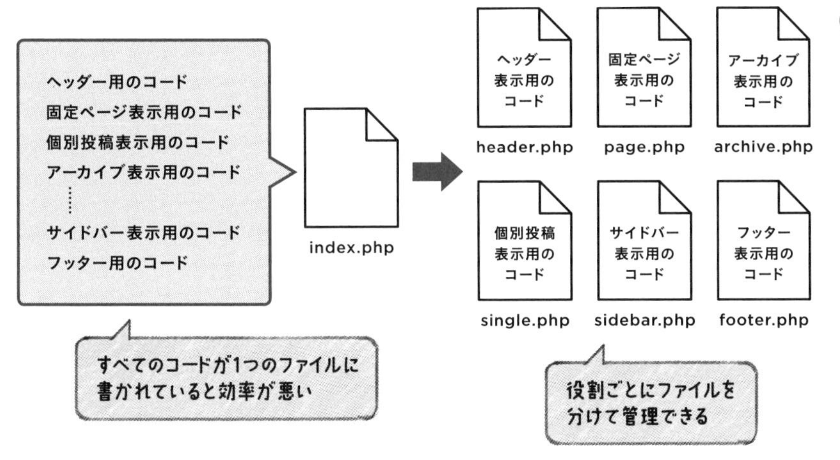

MEMO
ファイル構成はテーマにより異なります。Twenty Twenty-Oneではsidebar.phpはありませんが、sidebar.phpがあるテーマも多くあります。

テンプレートファイルは2種類ある

テンプレートファイルは大きく分けて２種類に分類できます。まず「固定ページ表示用」、「個別投稿用」、「アーカイブ表示用」といったコンテンツに応じた表示を受け持つテンプレートファイルです。これを「テーマテンプレート」ともいいます。

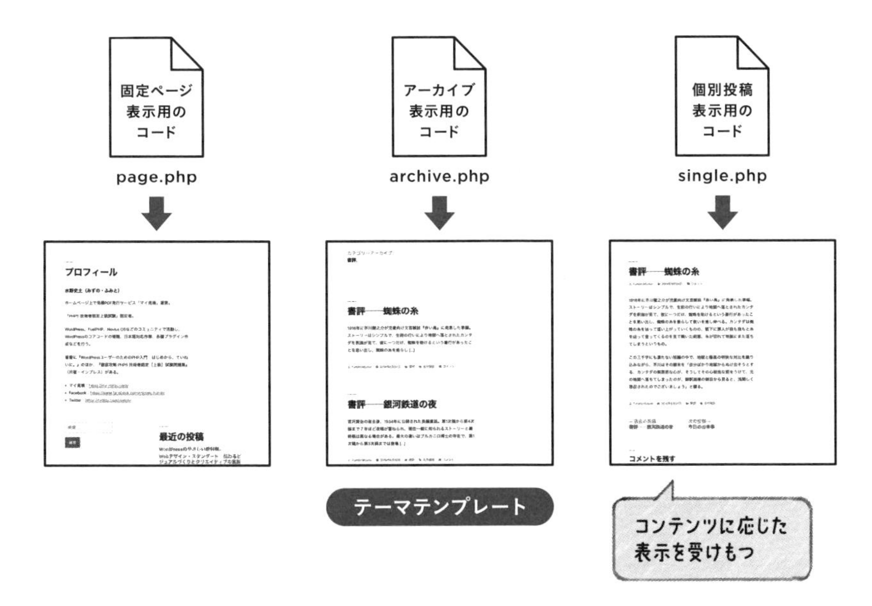

もうひとつが、「ヘッダー用」、「フッター用」、「サイドバー用」などのWebページの一部の表示を担うテンプレートファイルです。これを「モジュールテンプレート」ともいいます。

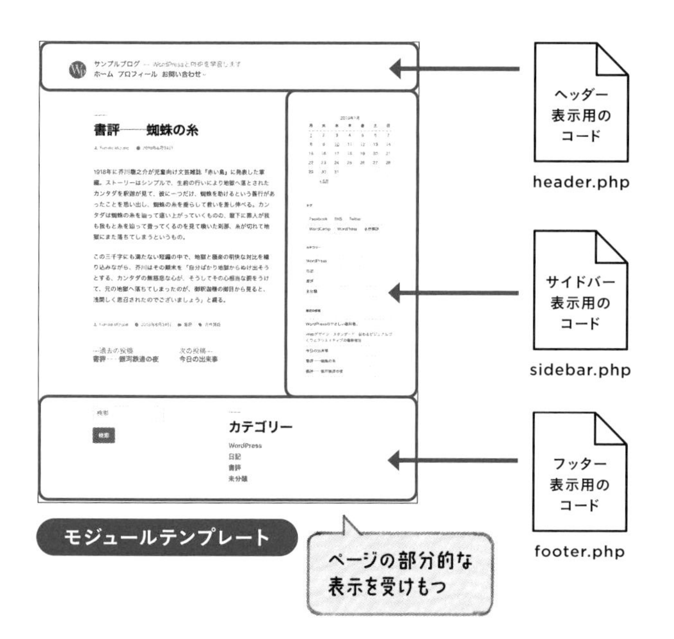

テーマテンプレートとモジュールテンプレートではそれぞれ呼び出し方が異なります。詳しくは後述しますが、テーマテンプレートはWordPressがURLに応じて自動的に選択します。モジュールテンプレートはテーマテンプレートからインクルードタグで呼び出す、という仕組みになっています。

http://〇〇.com/?cat=1

❶アクセス

❷WordPressがURLの要求に応じて
適切なテーマテンプレートを選択

テーマテンプレートは
URLに応じて呼び出される

固定ページ表示用のコード page.php

個別投稿表示用のコード single.php

アーカイブ表示用のコード archive.php

❸インクルードタグでモジュールテンプレートを呼び出し

get_header() → ヘッダー表示用のコード header.php

get_sidebar() → サイドバー表示用のコード sidebar.php

get_footer() → フッター表示用のコード footer.php

モジュールテンプレートは
テーマテンプレートを経由して
インクルードタグで呼び出される

MEMO

本書で取り上げている公式テーマTwenty Twenty-Oneとサンプルテーマにはサイドバーはありませんが、一般的なテーマにはサイドバーを持つテーマも多く存在します。ここではサイドバーについても理解を深めるため、サイドバーがあるページをもとに解説を進めます。

MEMO

インクルードタグについてはP.107「モジュールテンプレートの呼び出し」で詳しく解説します。

テーマテンプレートのテンプレート階層

まずはテーマテンプレートについて解説しましょう。WordPressはURLに応じて適切なテーマテンプレートを呼び出します。その呼び出す仕組みを詳しく見てみます。

WordPressでは次のようなプロセスでどのテーマテンプレートを利用するかを決めています。

❶ **表示するページがどのようなページか（トップページ、固定ページ、個別投稿ページ、カテゴリーアーカイブページなど）をURLから判定する**
❷ **ページの種類ごとに決められた順序に従ってテーマテンプレートを探す**
❸ **最初に見つかったテーマテンプレートを適用する**

このうち、「ページの種類ごとに決められた順序」のことを「テンプレート階層」といいます。次ページの図はWordPressのテンプレート階層を示したものですが、WordPressではページの種類に応じて図の順序でテーマテンプレートのファイルを探していきます。

テンプレート階層の仕組み

実際にWordPressで構築されたページへアクセスした想定で、テンプレート階層によってテーマテンプレートが決まる過程を見てみましょう。

まず、「http://○○.com/?cat=3」のURLにアクセスしたとします。P.090「ループの構造を詳しく見てみる」でも触れましたが、このURLはカテゴリーアーカイブを要求するURLです。

カテゴリーアーカイブの場合、テンプレート階層に従い、次の順にテーマテンプレートを探していきます。

❶ **category-$slug.php：特定のカテゴリー用テンプレート**
❷ **category-$id.php：特定のカテゴリー用テンプレート**
❸ **category.php：カテゴリーの汎用テンプレート**
❹ **archive.php：汎用アーカイブテンプレート（タグ・日別アーカイブなどと共用）**
❺ **index.php**

$slugと$idの部分は、URLによって要求されたカテゴリーのスラッグとIDです。「news」カテゴリーのカテゴリーIDが3になっている場合は、「category-news.php」、「category-3.php」のようになります。

したがってhttp://○○.com/?cat=3にアクセスすると、WordPressのテーマテンプレートの中で「category-news.php→category-3.php→category.php→archive.php→index.php」の順にファイルを探していきます。

●テンプレート階層

index.php

singular.php

archive.php
single.php
page.php
home.php
404.php
search.php

author.php
category.php
archive-$posttype.php
taxonomy.php
date.php
tag.php
attachment.php
single-$posttype.php
single-post.php
page-$id.php

$mimetype.php
single-$posttype-$slug.php
page-$slug.php

author-$id.php
category-$id.php
taxonomy-$taxonomy.php
tag-$id.php
$subtype.php
テンプレート指定時：$custom.php
テンプレート指定時：$custom.php
$custom.php

author-$nicename.php
category-$slug.php
taxonomy-$taxonomy-$term.php
年別アーカイブ
月別アーカイブ
日別アーカイブ
tag-$slug.php
$mimetype-$subtype.php
カスタムテンプレート
標準テンプレート

作成者アーカイブ
カテゴリーアーカイブ
カスタム投稿タイプアーカイブ
カスタムタクソノミーアーカイブ
日付アーカイブ
タグアーカイブ
添付ファイルページ
カスタム投稿
ブログ投稿
ページテンプレート
ページを表示
投稿を表示

個別投稿ページ
固定ページ
front-page.php

アーカイブページ
個別ページ
サイトフロントページ
ブログ投稿インデックスページ
404エラーページ
検索結果ページ

Twenty Twenty-Oneを使用している場合であれば、

category-news.phpはない
↓
category-3.phpはない
↓
category.phpはない
↓
archive.phpに決定。index.phpは探さない

と、先に見つかるarchive.phpが使用されます。archive.phpがない場合はindex.phpが使用される仕組みです。

[カテゴリーIDの「news」カテゴリーのアーカイブ]

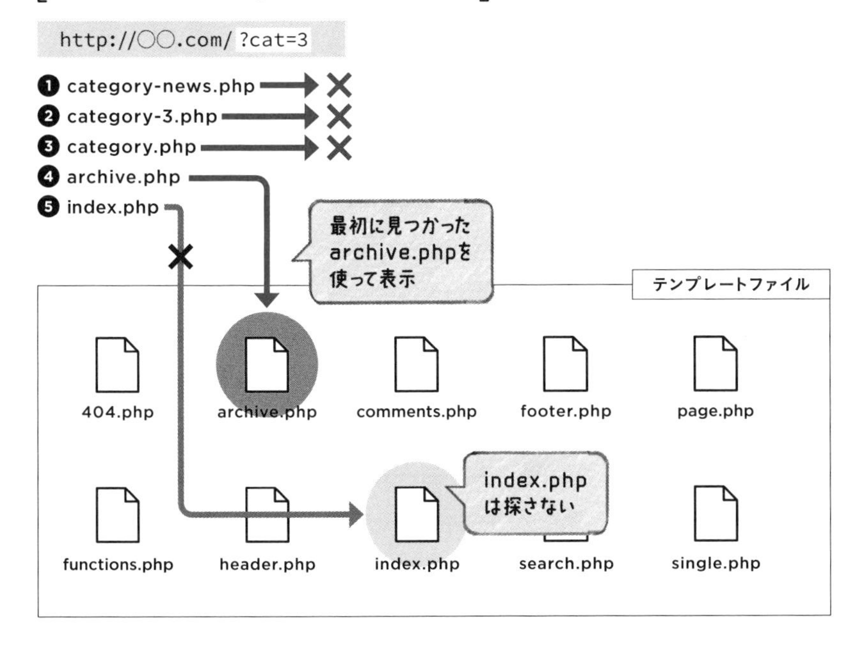

テンプレート階層を利用したカスタマイズ

テンプレート階層の仕組みは少し複雑です。ですので、初めて触れた方にはどのようなときに役立つかわかりにくいかもしれません。

よくある使用例を挙げてみましょう。たとえば「news」カテゴリーのアーカイブは、ほかのカテゴリーアーカイブとは違う表示にしたいといった場合です。

テンプレート階層を確認してみると、カテゴリーアーカイブの場合はまずcategory-$slug.phpを探す仕組みになっていました。

具体的にいうと、

- 「news」カテゴリーの場合 ➡ category-news.phpを最初に探す
- ほかのカテゴリー（たとえば「products」）の場合 ➡ category-products.phpを最初に探す

となります。つまり、category-news.phpは「news」カテゴリーでしか使用されないテーマテンプレートです。このため、category-news.phpを用意して表示部分のコードを変更すれば、「news」カテゴリーのアーカイブの表示が変わり、そのほかのカテゴリーのアーカイブの表示には影響を与えずに済みます。

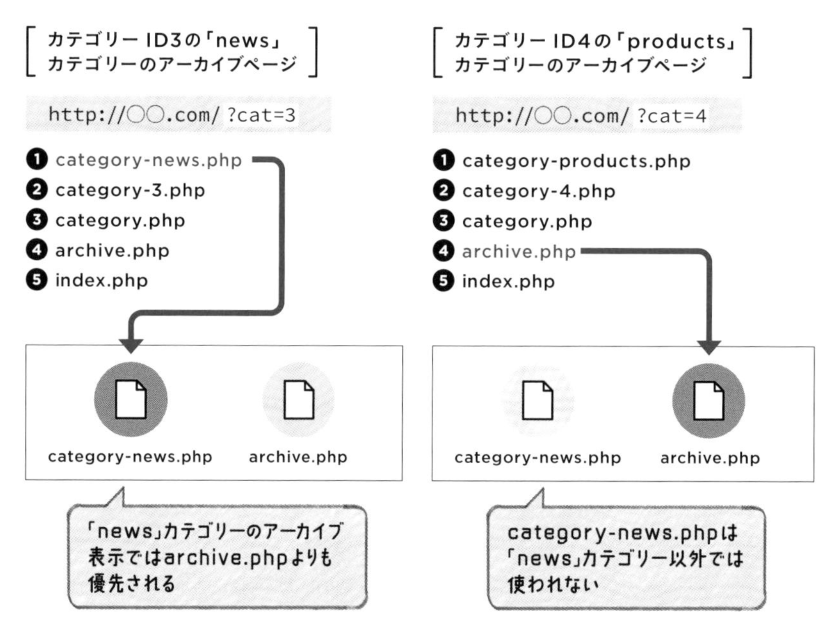

テンプレート階層は、適用するテンプレートを決める重要なものですので、しっかりマスターしましょう。

MEMO
「news」カテゴリー用の表示コードは、category-3.phpに書いても有効です。ただし、category.phpに「news」カテゴリー用の表示コードを書いた場合、category.phpは「products」カテゴリーの表示にも利用されるため、「news」カテゴリー専用のコードにはならない点に注意しましょう。

POINT 最後は必ずindex.php

P.102のテンプレート階層の図を見てみると、ファイルの行き着く先の最後には必ず「index.php」が存在することがわかります。これはWordPressが、テーマテンプレートを探していき、適切なファイルがなければ最終的にindex.phpを使って表示を試みる、という仕組みになっていることを示しています。

逆に言えば、index.phpさえあれば、テーマテンプレートが見つからないという事態は避けられます。冒頭でも触れましたが、index.phpがあればテーマが動作するのはこれが理由です。

POINT WordPressのIDとスラッグ

投稿記事やカテゴリーには、IDとスラッグが付与されます。IDはWordPressが自動的に割り当てる数値ですので、通常は変更しません。スラッグは、管理者が投稿記事やカテゴリーに割り当てる名前です。日本語で名前をつけることもできますが、英数字だけにすることを推奨します。

WordPressのテーマをカスタマイズするとき、「特定のカテゴリーの場合、このような表示をする」といったルールをつくることがあります。このようなとき、IDやスラッグを使って指定します。

管理画面でスラッグは確認できますが、IDは直接は確認できません。カテゴリーや投稿の編集画面へ行き、URLのIDをチェックする必要があります。

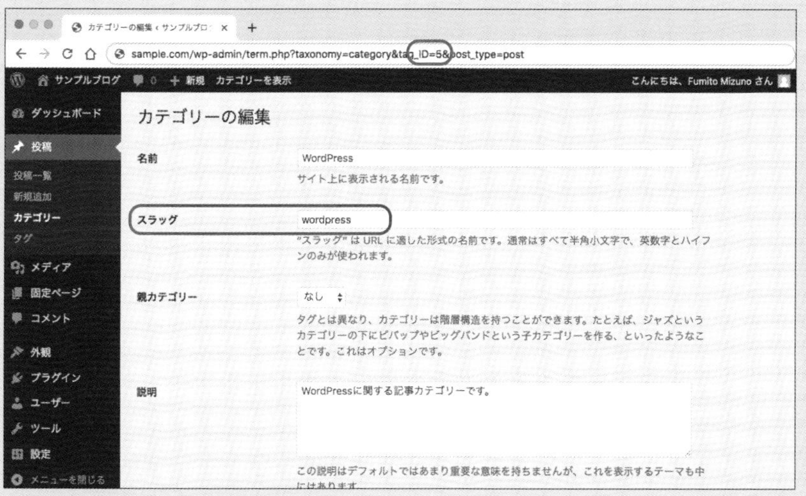

カテゴリーの編集 ‹ サンプルブロ
sample.com/wp-admin/term.php?taxonomy=category&tag_ID=5&post_type=post
サンプルブログ 0 ＋新規 カテゴリーを表示 こんにちは、Fumito Mizuno さん
ダッシュボード
投稿
投稿一覧
新規追加
カテゴリー
タグ
メディア
固定ページ
コメント
外観
プラグイン
ユーザー
ツール
設定
メニューを閉じる

カテゴリーの編集

名前 WordPress
サイト上に表示される名前です。

スラッグ wordpress
"スラッグ" は URL に適した形式の名前です。通常はすべて半角小文字で、英数字とハイフンのみが使われます。

親カテゴリー なし
タグとは異なり、カテゴリーは階層構造を持つことができます。たとえば、ジャズというカテゴリーの下にビバップやビッグバンドという子カテゴリーを作る、といったようなことです。これはオプションです。

説明 WordPressに関する記事カテゴリーです。
この説明はデフォルトではあまり重要な意味を持ちませんが、これを表示するテーマも中にはあります。

この方法でIDをチェックするのは少し手間がかかります。手早く確認できるようにしたい場合は「ShowID for Post/Page/Category/Tag/Comment」というプラグインを入れましょう。管理画面でIDを確認しやすくなります。

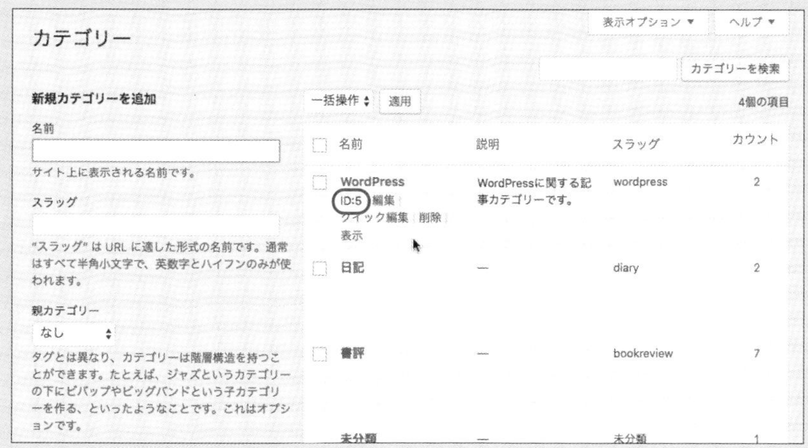

カテゴリー
表示オプション ▼ ヘルプ ▼
カテゴリーを検索

新規カテゴリーを追加
名前
サイト上に表示される名前です。
スラッグ
"スラッグ" は URL に適した形式の名前です。通常はすべて半角小文字で、英数字とハイフンのみが使われます。
親カテゴリー
なし
タグとは異なり、カテゴリーは階層構造を持つことができます。たとえば、ジャズというカテゴリーの下にビバップやビッグバンドという子カテゴリーを作る、といったようなことです。これはオプションです。

一括操作 適用 4個の項目

名前	説明	スラッグ	カウント
WordPress ID:5 編集 クイック編集 削除 表示	WordPressに関する記事カテゴリーです。	wordpress	2
日記	—	diary	2
書評	—	bookreview	7
未分類	—	未分類	1

モジュールテンプレートの使い方

WordPressのテーマには、モジュールテンプレートというテンプレートファイルも存在します。モジュールテンプレートはページの部分的な表示を受け持ちます。

このレッスンでわかること

モジュールテンプレートの仕組み ＋ モジュールテンプレートの呼び出し ＋ インクルードタグの引数

モジュールテンプレートの仕組み

前項でも少し触れましたが、一般的にWordPressでのページ表示はテーマテンプレート1ファイルだけでは完結しません。

1ファイルで記述すること自体は可能ですが、Webサイトのヘッダーやフッターはソースの共通部分が多いため、これらをパーツ化して管理するのがWordPressの基本です。

たとえば、ヘッダー部分はheader.php、フッター部分はfooter.php、サイドバー部分はsidebar.phpというファイルに分けて、それぞれを必要な箇所で呼び出すことでコードを管理しています。これらのファイルを「モジュールテンプレート」といいます。

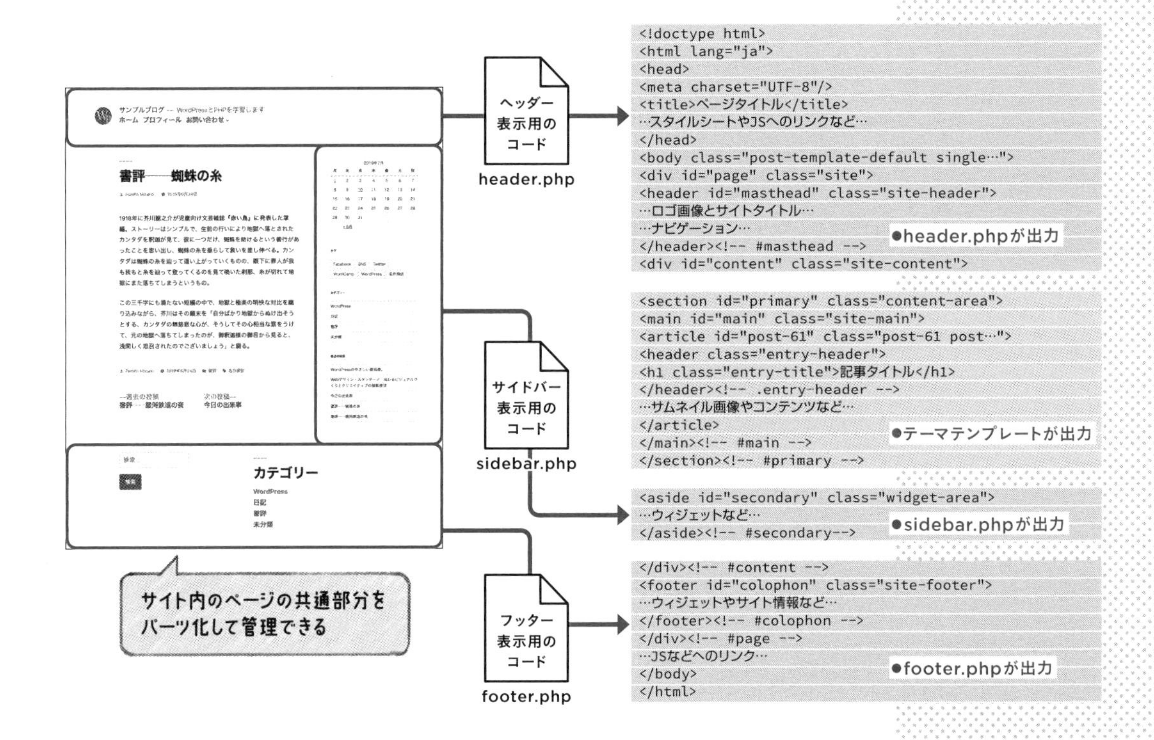

 モジュールテンプレートの呼び出し

テーマテンプレートでは、URLとテンプレート階層に従って読み込まれるファイルが決定されました。

モジュールテンプレートの場合は、テーマテンプレートにモジュールテンプレートを読み込む関数を書く必要があります。このような関数を「インクルードタグ」といいます。

header.php、footer.php、sidebar.phpについては、専用のインクルードタグが用意されています。

```
get_header();
```

テーマフォルダのheader.phpを読み込む

```
get_footer();
```

テーマフォルダのfooter.phpを読み込む

```
get_sidebar();
```

テーマフォルダのsidebar.phpを読み込む

シンプルな具体例を見てみましょう。たとえば、index.phpに次のようなコードを書いて、1ファイルでWebページを表示させているとします。

```
<!DOCTYPE html>
<head>
    <meta charset="<?php bloginfo( 'charset' ); ?>">
</head>
<body>
<div id="contents">
<?php
while ( have_posts() ) : the_post();
    the_title();
    the_content();
endwhile;
?>
</div>
</body>
</html>
```

1
2
3
4
5

05 モジュールテンプレートの使い方

このコードをモジュールテンプレートに分けてみましょう。汎用性の高い部分をパーツ化することになりますが、ここではheader.phpに次のコードを移動してみます。

```
<!DOCTYPE html>
<head>
    <meta charset="<?php bloginfo( 'charset' ); ?>">
</head>
<body>
<div id="contents">
```

▶ **MEMO**

ここでは省略していますが、ヘッダー部分にはwp_head()とwp_body_open()を書く必要があります。またフッター部分にはwp_footer()を書く必要があります。
詳細はwp_head()、wp_body_open()についてはP.133を、wp_footer()についてはP.187をご覧ください。

footer.phpには次のコードを移動します。

```
</div>
</body>
</html>
```

これでindex.phpに残るコードは次の投稿のタイトルとコンテンツを表示する部分のみになります。

```
<?php
while ( have_posts() ) : the_post();
    the_title();
    the_content();
endwhile;
?>
```

ですが、このままではコードを取り除いただけですので、ヘッダー部分とフッター部分が呼び出されません。header.phpとfooter.phpを呼び出すインクルードタグをindex.phpに追記します。

```
<?php get_header(); ?>

<?php
while ( have_posts() ) : the_post();
    the_title();
    the_content();
endwhile;
?>

<?php get_footer(); ?>
```

これでヘッダー部分とフッター部分をモジュールテンプレートに分割して、呼び出す形に変更できました。インクルードタグの部分がまるごと置き換わります。category.php、page.php、single.php……とテーマテンプレートが増えていっても、ヘッダー部分やフッター部分が共通していれば、get_header()、get_footer()と書くだけで同様のヘッダーやフッターを読み込めます。

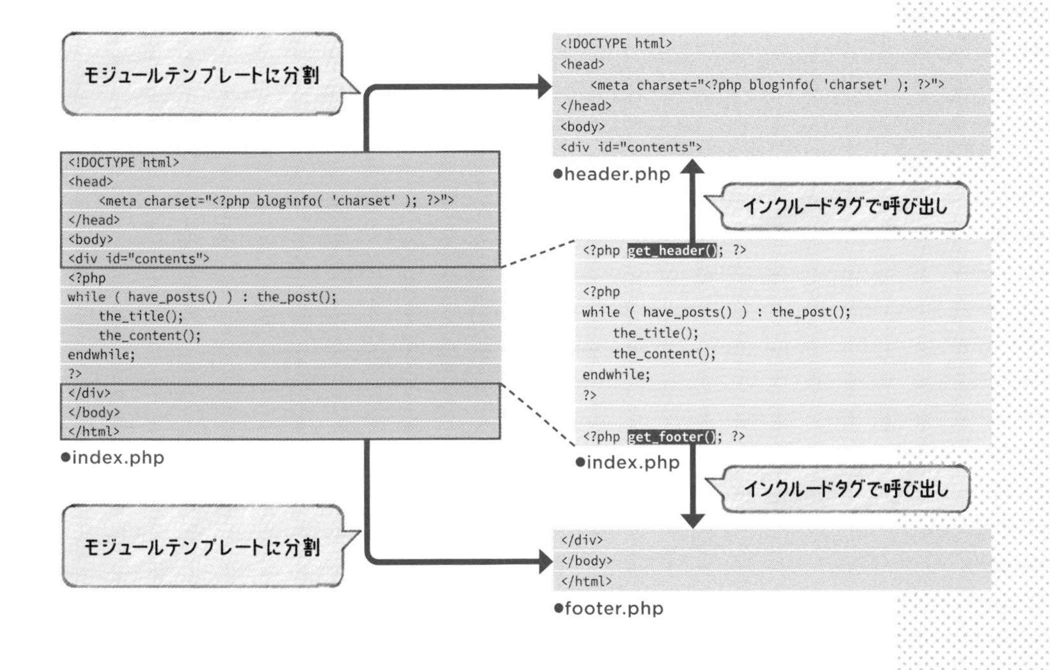

インクルードタグの引数

get_header()、get_footer()、get_sidebar()は引数を追加できます。引数を追加すると、「○○-○○.php」という名前のファイルを読み込めるようになります。たとえば、次のように記述したとします。

```
get_sidebar( 'content' );
```

この場合、「sidebar-content.php」を読み込みます。これは、サイドバー用のモジュールテンプレートを複数用意している場合に役立ちます。サイドバーのコンテンツ部分「sidebar-content.php」と、下層ページのみに表示するサブコンテンツ部分「sidebar-sub.php」を分割しているような場合、下層ページでは

```
get_sidebar( 'content' );
get_sidebar( 'sub' );
```

と記述すれば、必要なファイルを読み込むことができます。

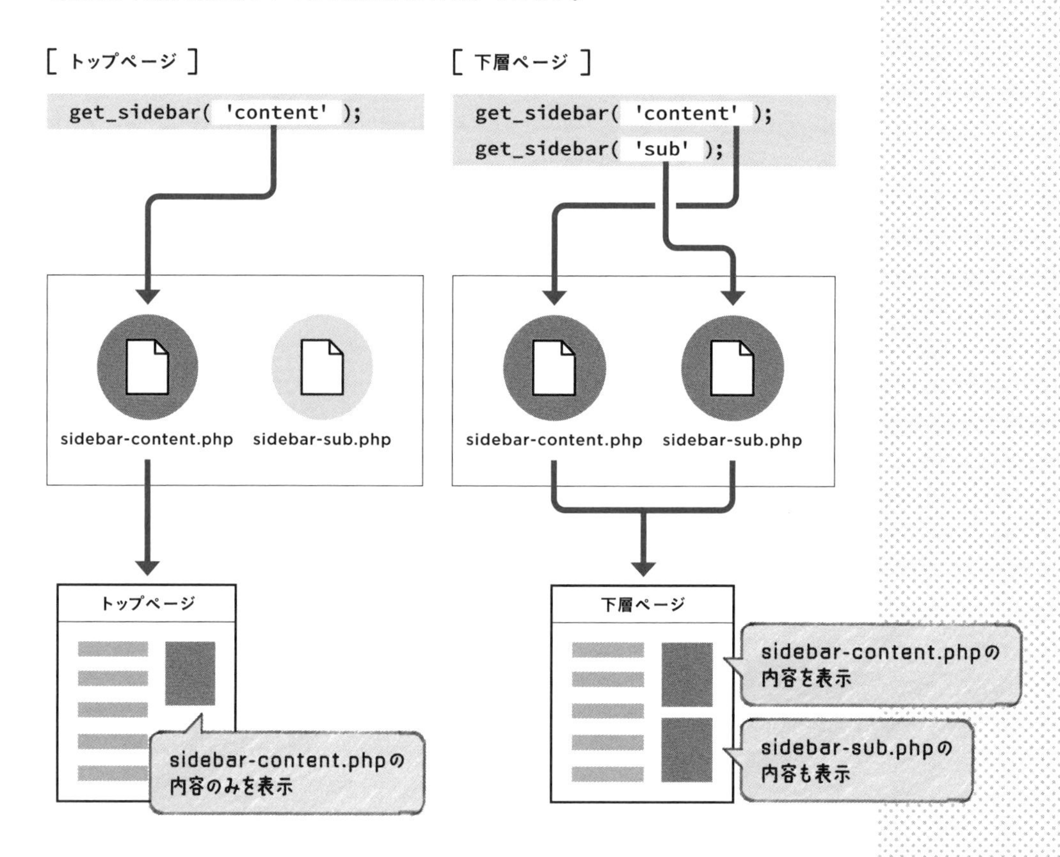

そのほかのパーツはget_template_part()で

シンプルなサイトであればheader.php、footer.php、sidebar.phpをパーツ化すれば十分かもしれません。ですが、規模の大きいサイトになると、そのほかの部分もパーツ化したくなることがあります。

しかし、たとえばループ部分だけを記述したコンテンツ読み込み用のファイルに「content.php」と名前を付けても、get_content()というインクルードタグは用意されてないため読み込めません。このようなときに使うインクルードタグがget_template_part()です。

たとえばテーマファイルにあるcontent.phpを読み込みたい場合は、

```
get_template_part( 'content' );
```

と記述します。get_template_partを使うことで、ヘッダー／フッター／サイドバーだけでなく、さまざまな部分を自由にパーツ化することができます。

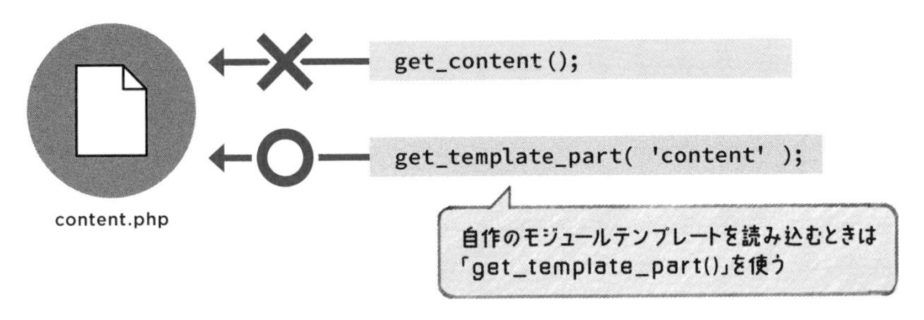
get_content();
get_template_part('content');
content.php
自作のモジュールテンプレートを読み込むときは「get_template_part()」を使う

また、get_template_part()関数は、サブフォルダに格納したファイルを呼び出すこともできます。たとえば、次のように記述します。

```
get_template_part( 'template-parts/post/content' );
```

こうすると、テーマフォルダ内のtemplate-parts/post/フォルダにあるcontent.phpを読み込みます。

MEMO
get_template_partでは、引数をget_template_part('○○','△△')のように記述すれば、○○-△△形式のファイル名も指定できます。詳しくはP.154をご覧ください。

MEMO
Twenty Twenty-Oneテーマや、本書のサンプルテーマでは、archive.phpとsearch.phpから同じテンプレートファイルを読み込んでいます。詳しくはP.154をご覧ください。

3

LESSON 06

functions.phpの役割

テーマフォルダのfunctions.phpは、テーマで定義する関数を書くためのものです。関数をひとつのファイルにまとめておくことで、見通しがよくなります。

このレッスンでわかること

functions.phpを使う意味 ＋ フックの役割 ＋ フックを使う理由

 functions.phpを使う意味

WordPressのテンプレートファイルは、拡張子が.phpであることからもわかるように、PHPプログラムが動作します。このため、テンプレートファイルに直接PHPのコードをどんどん書いていくことが可能です。

しかし、必要なコードをすべて記述していくと、HTMLの中に長いPHPコードが入ってしまい、見にくいファイルになりがちです。

実際の例で見てみましょう。以前のWordPressのデフォルトテーマTwenty Seventeenでは、「アイキャッチ画像があり、かつ個別投稿でない場合は、アイキャッチ画像とリンクを表示する」というコードをcontent.phpに直接記述していました。

```
<?php if ( '' !== get_the_post_thumbnail() && ! is_single() ) : ?>
    <div class="post-thumbnail">
        <a href="<?php the_permalink(); ?>">
            <?php the_post_thumbnail( 'twentyseventeen-featured-
            image' ); ?>
        </a>
    </div><!-- .post-thumbnail -->
<?php endif; ?>
```

このような調子でPHPコードを書いていくと、HTMLの中に長いコード、またHTMLの中に長いコード、となってしまい読みにくくなります。

いっぽうTwenty Twenty-Oneでは、アイキャッチ画像を表示する箇所は次のようになっています。

```
twenty_twenty_one_post_thumbnail();
```

わずか1行です。どちらが見やすいかは一目瞭然ですね。twenty_twenty_one_post_thumbnail()関数を定義することで、テンプレートファイルを読みやすくしたわけです。

表示する箇所で記述する場合

❶ HTMLの中に長いPHPコードが記述され、読みにくくなる
❷ 複数の箇所で同じ処理をしたい場合も毎回記述しなければならない

functions.phpで関数を定義する場合

❶ テンプレートファイルに長い記述が不要
❷ 関数名の記述だけで同じ処理を使いまわせる

P.070で関数をつくるメリットを学びましたね。WordPressのテーマでも、このように関数をつくるメリットがあります。

MEMO
Twenty Twenty-Oneでは、functions.phpをさらにcustom-header.php、template-tags.phpなどに分けて、関数の役割ごとに定義するファイルを細分化しています。

フックとは

通常、関数を実行する際は、使用する場所に関数名を書き込めば実行されます。先ほどのtwenty_twenty_one_post_thumbnail()はこのような使い方をしています。

さらにWordPressには、WordPress自体の「テーマファイルを読み込む」、「テキストをHTMLに加工する」といった内部処理のプロセスの中で、「この内部処理をするタイミングでこの関数を実行する」というように、いわば内部処理に機能を追加する形で関数を実行する仕組みが用意されています。これが「フック」と呼ばれるものです。

フィルターフックの仕組み

WordPressにはフック機能が用意されています。フックにはアクションフックとフィルターフックの2種類がありますが、まずはフィルターフックから見てみましょう。

フィルターフックとは「文字列を加工する処理を追加できる場所」のことです。たとえば「投稿の本文をHTML整形して表示する」というような処理はフィルターで行われます。

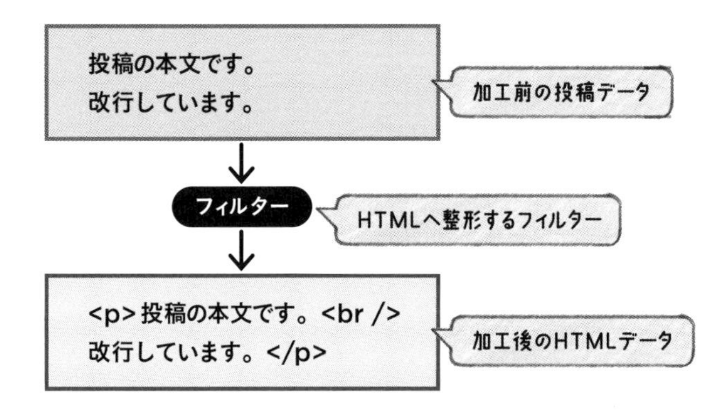

フックは「留め金」という意味で、フィルターフックと、そこで実行する関数を指定すると、そのフィルターフックで文字列が加工される際に、関数の処理を追加する（留め金に引っ掛ける）ことができる、というイメージです。

フィルターフックの場所

フィルターフックは、WordPressのさまざまな箇所に用意されています。フィルターフックはapply_filters()関数で作成されています。

```
apply_filters(フィルターフック名, フックに渡す変数, [オプション]追加の変数)
```

「フィルターフック名」と「フックに渡す変数」は必須で、必要に応じて追加の変数（複数可）を渡すことができます。

ここでは例としてpost_classフィルターフックを見てみましょう。<article>タグに、スタイルシートなどで使うクラス名が表示されます（→4章P.155「投稿IDとクラス属性を出力」）。表示されるクラス名を変更／追加する場合に使うフィルターフックです。

この機能は、WordPress標準のget_post_class()関数にあります。wp-includes/post-template.phpに記述されている、get_post_class()の定義を読んでいくと、関数定義の後半に次のような行があります。

```
$classes = apply_filters( 'post_class', $classes, $css_class, $post->ID );
```

このapply_filters()がフィルターフックを用意する関数で、post_classというフックがつくられています。フックに渡されるデータは、$classes（クラス名を配列にしたもの）、$css_class（クラス名）、$post->ID（投稿ID）です。

フィルターフックで変更・追加を行う対象は、1つ目の変数になります（post_classの例では$classes）。

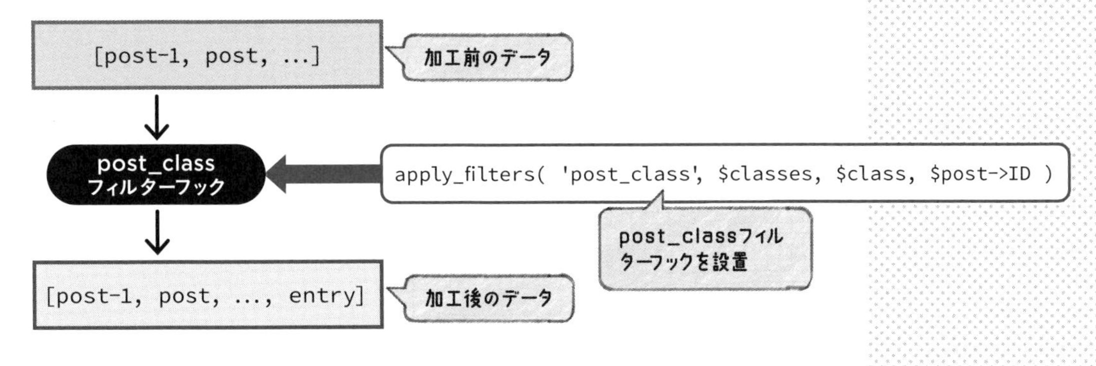

Twenty Twenty-Oneでは、post_classフィルターフックに、twenty_twenty_one_post_classes()関数の処理を追加しています。この関数はクラス名にentryを追加する処理を行っています。

```
function twenty_twenty_one_post_classes( $classes ) {
    $classes[] = 'entry';

    return $classes;
}
add_filter( 'post_class', 'twenty_twenty_one_post_classes', 10, 3 );
```

$classesにentryを追加（2章P.46「通常の配列での要素の追加」参照）

get_post_class()関数でpost_classフィルターフックの箇所を通る際に、twenty_twenty_one_post_classes()関数の処理が追加で実行され、entryが追加されます。

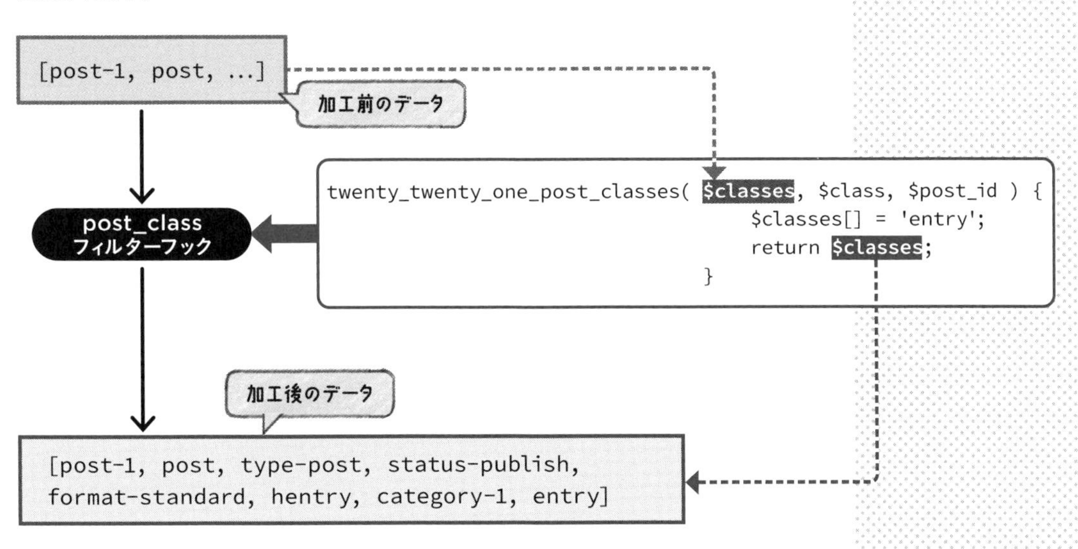

フィルターフックへの処理の追加

フィルターフックに処理を追加すれば、データを加工できることがわかりました。では、フィルターフックに処理を追加するにはどうすればよいでしょうか。

フィルターフックに処理を追加するには、add_filter()関数を使います。twenty_twenty_one_post_classes()関数の箇所をもう一度見てみましょう。

```
function twenty_twenty_one_post_classes( $classes ) {
    $classes[] = 'entry';

    return $classes;
}
add_filter( 'post_class', 'twenty_twenty_one_post_classes', 10, 3 );
```

最後の行に注目してください。ここのadd_filter()の部分が、post_classにtwenty_twenty_one_post_classes()関数の処理を追加する命令です。

```
add_filter( フィルターフック名, 処理する関数, [オプション]優先度, [オプション]関数に渡す変数の数 );
```

「フィルターフック名」「処理する関数」は必須です。

「[オプション]優先度」は1つのフィルターフックに複数の関数を追加した場合に、どの関数から処理すればいいかを設定します。値が小さいものから実行され、初期値は10です。

「[オプション]関数に渡す変数の数」は、処理する関数に渡す引数の数を指定します。初期値は1です。post_classフィルターフックでは、「$classes, $class, $post->ID」と3つの変数を渡すので(P.114)、第4引数を3にします。

TIPS
twenty_twenty_one_post_classes()関数では「$class, $post->ID」は使っていませんが、変数としては渡しています。「$post->ID(投稿ID)」によって条件分岐したりできるわけです。

フックを使う理由

twenty_twenty_one_post_classes()関数は何のための関数だったかというと、post_classにクラス名を追加するためでしたね。get_post_class()関数を直接書き換えても実現できます。しかし、get_post_class()関数はコアファイル(WordPress本体のファイル)で定義されています。もし、get_post_class()関数を直接書き換えた場合、WordPress本体をアップデートすると、自分で更新した部分が失われてしまいます。

アップデートのたびに書き換え作業をするのは大変ですね。このようなときにフックが役立ちます。フックを使うと、コアファイルを書き換えなくても、WordPress本体の処理を加工することができるのです。初めはややこしく感じるかもしれませんが、あとの章でも触れますので、ひとまず読み進めて、必要に応じてこのLESSONに戻るようにしてください。

アクションフックとは

さて、フックにはフィルターフックのほかにもうひとつ、アクションフックがあります。フィルターフックは変数を受け取って加工して返す、という処理でした。アクションフックは変数を書き換えるのではなく、WordPressでなんらかのアクションが実行される際に、フック地点に処理を追加します。

MEMO
フィルターフックも「変数を書き換える処理」を実行しているので、「何か処理を追加する」という点で大きく括れば同じです。ただしWordPressの用語としては区別されています。

アクションフックで使用する関数

アクションフックもWordPressのさまざまな箇所にフックをかけられる場所が用意されています。フィルターフックはapply_filters()関数で作成されていましたが、アクションフックはdo_action()関数で作成されています。

```
do_action(アクションフック名, [オプション]追加の変数)
```

フック名のみ必須です。渡す変数はすべてオプションです。つまり0個でもよいですし、複数でもかまいません。フックへの処理の追加はadd_action()関数を使います。

```
add_action(アクションフック名, 処理する関数, [オプション]優先度, [オプション]関数に渡す変数の数);
```

[一般的な記事表示の際に呼び出されるアクションフック(抜粋)]

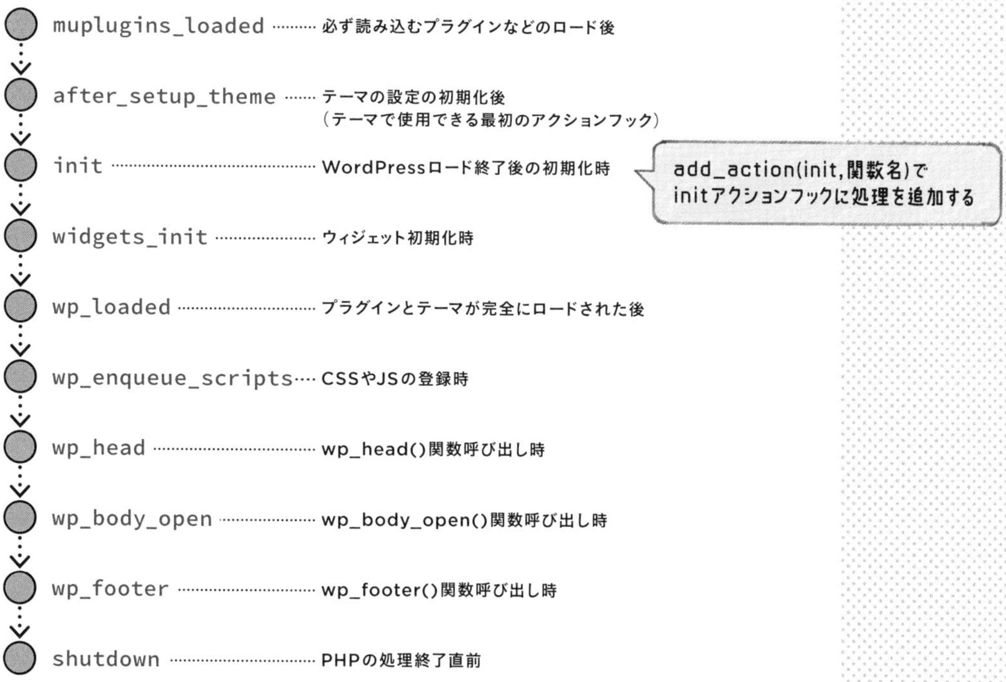

- muplugins_loaded …… 必ず読み込むプラグインなどのロード後
- after_setup_theme …… テーマの設定の初期化後(テーマで使用できる最初のアクションフック)
- init …… WordPressロード終了後の初期化時
- widgets_init …… ウィジェット初期化時
- wp_loaded …… プラグインとテーマが完全にロードされた後
- wp_enqueue_scripts …… CSSやJSの登録時
- wp_head …… wp_head()関数呼び出し時
- wp_body_open …… wp_body_open()関数呼び出し時
- wp_footer …… wp_footer()関数呼び出し時
- shutdown …… PHPの処理終了直前

add_action(init,関数名)で
initアクションフックに処理を追加する

アクションフックの具体例はP.141の「関数の呼び出し」で改めて解説します。

テーマで使うのはadd_filter()とadd_action()

apply_filters()、add_filter()、do_action()、add_action()と、一度にたくさんの関数が出てきて混乱したかもしれませんね。ここで整理してみましょう。

- apply_filters()：プログラムの処理途中にフィルターフックを設ける
- do_action()：プログラムの処理途中にアクションフックを設ける

この2つはフックそのものをつくる関数です。フックは基本的にはWordPressが用意してくれているものを利用するため、テーマをカスタマイズするときにこれらの関数を使うことはまずありません。

- add_filter()：WordPress/テーマ/プラグインで用意されているフィルターフックに処理を追加する
- add_action()：WordPress/テーマ/プラグインで用意されているアクションフックに処理を追加する

この2つはfunctions.phpでアクションフックやフィルターフックに処理を追加する関数で、テーマのカスタマイズでフックを利用する際には活用します。

なお、WordPressで用意されているフィルターフックとアクションフックは開発ドキュメント(https://developer.wordpress.org/reference/hooks/)で確認できます。

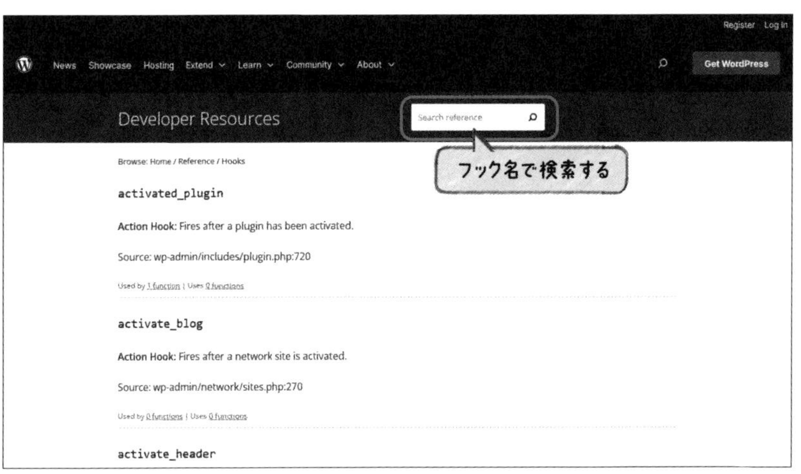

現在のドキュメントでは、アクションフック・フィルターフックはまとめてリストされている

ここでは、アクションフック、フィルターフックはWordPressのデフォルトにない処理を追加できるポイントであること、フックを利用する関数はfunctions.phpに書かれること、書いた関数はadd_filter()とadd_action()でフックと結びつけることをおさえておきましょう。

TIPS
プラグインを作成したり、自作のテーマを公式ディレクトリに公開する場合にはapply_filters()、do_action()を使うことがあります。
Twenty Twenty-Oneのfunctions.phpにはapply_filters()が使われていますが、これは子テーマ(P.249)を使ってカスタマイズしやすいようにする配慮だと考えられます。

セキュリティに注意する

WordPressはPHPで処理が行われるため、セキュリティについてもきちんと配慮する必要があります。

このレッスンで わかること

エスケープ処理の重要性 ＋ クロスサイトスクリプティング攻撃対策 ＋ データ出力時に無害化する3つの関数

WordPressとセキュリティ

WordPressのセキュリティに関するトピックはたくさんあります。すべてを取り上げると、セキュリティだけで書籍1冊以上のボリュームになります。

そこで、ここではテーマ作成やカスタマイズにもっとも深く関連する「クロスサイトスクリプティング（XSS）」を取り上げます。

エスケープ処理とは

HTMLのおさらいになりますが、HTMLでは「< >」は特別な意味を持っています。たとえば、

```
<b>abc</b>
```

と記述すると、ブラウザに「<b>abc</b>」と表示されるわけではありませんね。「<b>～</b>」は文字を太字で表示するHTMLタグですから、「abc」と表示されます。

abc

HTMLとして解釈されabcが太字になる

HTMLタグとしてではなく、ブラウザで実際に「<b>」と表示したい場合は、次のように「<」を「<」、「>」を「>」に置き換えて記述します。

```
&lt;b&gt;abc&lt;/b&gt;
```

<b>abc</b>

<は<、>は>とブラウザで表示される

TIPS

「<」、「>」のような書き方を「文字実体参照」といいます。HTMLではほかにも「&」を「&」、「"」を「"」と記述します。

この例からもわかるように、たとえばブログのコメントなどのテキストを出力する場合に、テキストデータそのままの状態で出力してしまうと、データの一部がHTMLタグとして解釈されてしまうことがあります。

テキストを出力する場合、つまりHTMLの命令を出力しない場合は、そのまま出力するのではなく、HTMLの命令にはならないように加工処理するのが基本です。この処理を「エスケープ」と呼びます。

エスケープ処理を怠ると…

出力時に適切なエスケープ処理を怠ってしまうと、本来意図していない表示や処理が行われてしまう場合があります。たとえば、ブログへのコメントなどで次のように「< >」が混入した場合、

```
<WordPressユーザーのためのPHP入門>を読みました
```

ブラウザによって「<～>」内の文字がHTMLタグだと解釈されるため、表示結果は次のようになってしまいます。

を読みました

<～>内の文字が消える

さらに注意しなくてはならないのは、セキュリティの抜け道になってしまう点です。典型的な例でいえば、悪意ある攻撃者が<script>タグを利用してJavaScriptを混入します。混入したスクリプトが実行されると、クッキー情報を不正入手されたり、別のサイトへ強制リダイレクトさせられたり、といった危険があります。

クロスサイトスクリプティング攻撃への対策

とくにユーザーが入力した文字列をブラウザに出力する際は、原則としてHTMLタグは有効にするべきではありません。エスケープ処理を行わずに「<」や「>」が入ったデータをそのまま出力すると脆弱性となります。脆弱な例は、たとえば、検索結果を示す際に下記のようなコードを書いてしまうケースです。

```
<p>キーワード <?php echo $_GET['s']; ?> で検索した結果です。</p>
```

WordPressでは、サイト内の投稿を検索することができますが、このとき、訪問者が検索語として入力した文字列がURLに追加され、○○.com/?s=abcde のようになります。このようにURLの末尾にデータが付いている場合、自動的に$_GETに連想配列で保存されます。「=の前の文字列（この例だとs）」が連想配列のキー、「=の後の文字列（この例だとabcde）」が値になります。

訪問者が入力した文字列は$_GET['s']で取得できますが、注意しなければなりません。もし、echo $_GET['s']と書くと、$_GET['s']の内容をそのまま出力して

しまいます。たとえば、

```
<script type=text/javascript src=http://○○.com/evil.js></script>
```

といった文字列を検索フォームに入力して$_GET['s']にセットすると、http://○○.com/evil.jsを実行してしまいます。

```
<script type=text/javascript src=http://○○.com/evil.js></script>
```

検索結果の出力

```
<p>キーワード <script type=text/javascript src=http://○○.com/evil.js>
</script>で検索した結果です。</p>
```

悪意のあるスクリプトが
実行されてしまう

WordPress上の投稿検索フォームから検索する場合の他、ブラウザのアドレスバーに直接○○.com/?s=abcdeと記入した場合も、$_GETに値がセットされます。このため投稿検索フォームを置いていない場合でも対処を怠ると脆弱性となります。

このような脆弱性があるブログが公開されていた場合、

```
あなたのWordPressのURL/?s=<script type=text/javascript src=http://○○.com/
evil.js></script>
```

というリンクを作成してクリックさせるだけで、リンクをクリックしたユーザーのブラウザが（攻撃者が用意した）evil.jsを実行してしまいます。

evil.jsが次のようなコードの場合、

```
alert( "hello" );
```

リンクをクリックするとJavaScriptが実行され、アラートが表示されます。

この例ではアラートを表示しているだけですが、evil.jsの中身次第ではもっと大きな被害が生じてしまいます。

このように、脆弱性を利用してスクリプトを実行させる攻撃を「クロスサイトスクリプティング」または「XSS」といいます。

クロスサイトスクリプティングを防ぐためには、ユーザーが入力したデータを出力する際、HTMLで特殊な意味を持つ記号を無害化する処理、つまり、「<」を「<」、「>」を「>」に書き換えるなどの処理（エスケープ）を行っておく必要があります。

TIPS
ブラウザのセキュリティ設定により攻撃者のJavaScriptが実行されない場合もあります。ただし、クロスサイトスクリプティングへの対策は本来Webサイト側で行っておくべきものですので、必ずエスケープ処理を行いましょう。

データ出力時に無害化する代表的な3つの関数

WordPressでは、データ出力時にエスケープして無害化する関数が用意されています。代表的なものがesc_html()関数、esc_attr()関数、esc_url()関数です。たとえば、先ほどのコードであれば、

```
<p>キーワード <?php echo esc_html( $_GET['s'] ); ?> で検索した結果です。</p>
```

とすれば、HTMLタグが無効になるため、クロスサイトスクリプティングを防ぐことができます。

esc_html()関数とesc_attr()関数

esc_html()関数はHTMLに出力するデータを、esc_attr()関数はタグの属性に出力するデータを「<」、「>」、「&」、「'」、「"」をエスケープすることで無害化します。原稿執筆時点のWordPressのバージョンでは、esc_attrとesc_htmlはフィルターフック名が異なる以外は同じ処理を行います。とはいえ、将来は動作の違いが出るかもしれませんので、テキストとして出力するときはesc_html、HTMLタグのなかで属性値を出力するときはesc_attrと使い分けるようにしましょう。

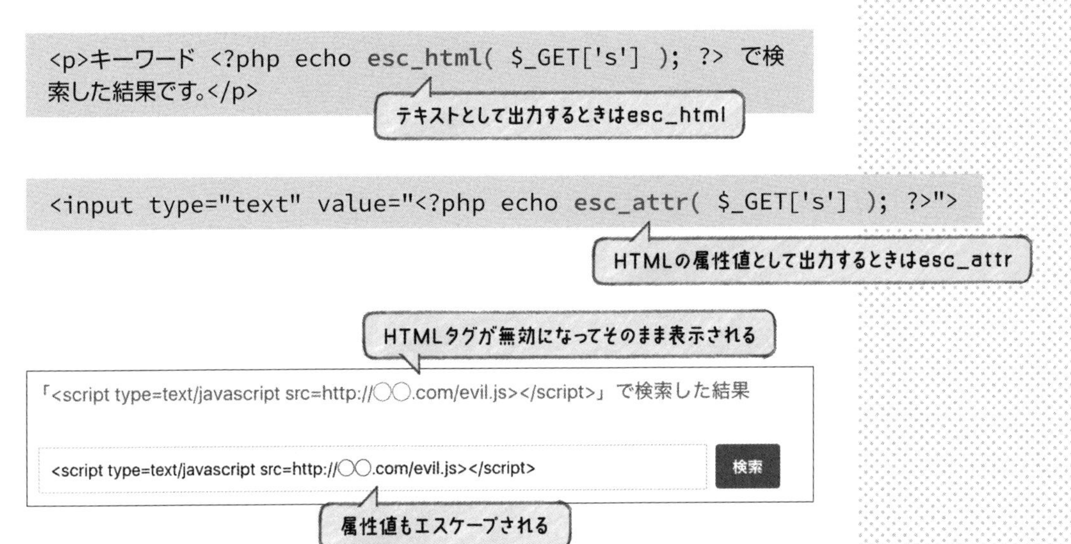

esc_url()関数

esc_url()関数はURLとして適切でない文字を除去します。また、必要に応じて文字列の先頭に「http://」を付与し、「&」と「'」をエンコードします。たとえば「www.mdn.co.jp/&?='URL'」という文字列が変数$userweburlに格納されている場合、

```
<?php $userweburl="www.mdn.co.jp/&?='URL'"; ?>
<a href="<?php echo esc_url( $userweburl ); ?>">Webサイト</a>
```

と記述すると、実際に出力されるリンクのHTMLは

```
<a href="http://www.mdn.co.jp/&#038;?=&#039;URL&#039;">Webサイト</a>
```

という形になります。

 意図しないタグを除去するwp_kses_post()関数

HTMLタグを許可する場合は、あらかじめ決めたタグのみ許可するようにします。

WordPressでは、wp_kses_post()関数が用意されています。wp_kses_post()関数は<a href="…">や
などのHTMLタグは許可します。しかし、許可されていない要素、たとえば<script>は除去します。またタグは許可されていても、属性が許可されていない場合は、属性を除去します。許可されているタグと属性は、wp-includes/kses.phpの$allowedposttagsに記述されています。

サイト管理の都合などで管理画面からHTMLタグを入力する必要があるデータには、このwp_kses_post()関数を使います。たとえば、

```
<?php
$data = '<a href="http://www.mdn.co.jp/" onclick=alert( "hello" )>Webサイト</a>';
echo wp_kses_post( $data );
?>
```

と記述すると、実際に出力されるリンクのHTMLは

```
<a href="http://www.mdn.co.jp/">Webサイト</a>
```

となります。

MEMO
ここではテーマ編集時によく使うものを取り上げていますが、出力時に無害化する関数はこのほかにもあります。WordPressドキュメントの「validating Data」(https://developer.wordpress.org/apis/security/data-validation/)で確認してみましょう。

MEMO
wp_kses_post()では、aタグは許可されています。また、aタグのhref属性も許可されています。しかし、aタグのonclick属性は許可されていないため、除去されます。

許可されていない属性

```
<a href="http://www.mdn.co.jp/" onclick=alert( "hello" )>Webサイト</a>
```

wp_kses_post()で処理することにより、
許可されていない属性を除去

```
<a href="http://www.mdn.co.jp/">Webサイト</a>
```

echoで出力するときは必ず使う

テンプレートファイルでechoで出力する場合は、必ず「echo esc_○○」とこれらの関数を通して出力するようにしましょう。原則としてすべてエスケープするようにして、エスケープしないケースを例外としたほうが、漏れる危険が減ります。URLはすべてesc_url()、属性値はすべてesc_attr()を使いましょう。

データを出力する場合もesc_html()の使用が原則です。基本的に外部から入力されるデータにはHTMLタグを許可しないようにします。esc_html()を使わないケースは、管理者が管理画面からHTMLを入力するなど、HTMLタグを含む必要がある場合のみです。この場合は、wp_kses_post()関数を使います。

なお、esc_html()関数は、エスケープ処理済みのデータだった場合、二重エスケープしないようになっています。このため、複数回実行しても問題は生じません。

いっぽうで実行し忘れると脆弱性となりますので、「echo esc_html()」をデフォルトとすることを推奨します。

```
< > & ' "
```

esc_html()関数で無害化

```
&lt; &gt; &amp; \&#039; \&quot;
```

再度esc_html()関数で無害化

```
&lt; &gt; &amp; \&#039; \&quot;
```

○

```
&amp;lt;&amp;gt; &amp;amp; \&amp;#039; \&amp;quot;
```

×

2重に処理をかけても「&」を
再無害化したりすることはない

TIPS

PHPの関数であるhtmlspecialchars()を使ってもHTMLのエスケープができます。その場合、第2引数にENT_QUOTES、第3引数に'UTF-8'を指定する必要があります。WordPressでは通常ここで紹介したesc_html()やesc_attr()を使いますので、こちらを覚えておきましょう。

WordPressの関数を使う

さて、さきほどは検索ワードを$_GET['s']で取得していました。しかし実は、検索ワードはわざわざ$_GET['s']から取得する必要はありません。というのも、WordPressには検索ワードを表示するthe_search_query()というテンプレートタグが用意されています。このテンプレートタグの処理内容をwp-includes/general-template.phpのファイルで見てみましょう。

```
function the_search_query() {

    echo esc_attr( apply_filters( 'the_search_query',
    get_search_query( false ) ) );

}
```

esc_attr()で無害化されている

$_GET['s']で取得する場合はesc_html()やesc_attr()を自分で追加したうえで、echoで出力する必要がありました。the_search_query()は、esc_attr()でエスケープしたあとにechoで出力しているため、自分でエスケープもechoも書く必要がありません。毎回エスケープする手間がかからず、エスケープし忘れる危険も減ります。

このようにWordPressで用意されている関数には、エスケープ処理をしてから出力するように定義されているものが多く存在します。自分でエスケープ処理を記述するとミスや漏れが生じる可能性が増えるので、できる限りWordPressで用意されている関数を使用するとよいでしょう。

MEMO

the_search_query()の中で使われているget_search_query()関数は検索ワードを取得する関数です。

TIPS

WordPressで用意されている関数は、多くのユーザーが使っています。このため、万一バグがあった場合でも素早く修正される可能性が高いです。この点からも、自分でエスケープ処理を書くよりも、WordPressで用意されている関数を活用するのが望ましいでしょう。

POINT

HTMLの属性値は""で囲む

セキュリティについての補足ですが、HTMLタグの属性値は「" "」（ダブルクォート）で囲むようにしましょう。次のように記述します。

```
<a href="http://○○.com/" title="<?php echo esc_attr( $title ); ?>">
```

これを「" "」で囲まずに記述した場合、esc_attrで処理しても脆弱性が残ってしまいます。たとえば次のように記述した場合です。

```
<a href="http://○○.com/" title=<?php echo esc_attr( $title ); ?>>
```

この場合、仮に$titleの値が「title onclick=alert(document.cookie)」だったとしたら、出力されるHTMLは次のようになります。

```
<a href="http://○○.com/" title=title onclick=alert( document.cookie )>
```

属性値がクォートで囲まれていない場合、HTMLには空白が区切り扱いとなるというルールがあります。このためonclick以下はtitle属性の値ではなく、onclick属性である、と解釈されますから、リンクをクリックするとJavaScriptが実行されてアラートが表示されてしまいます。このような危険を防ぐため、属性値は必ず「" "」で囲みましょう。

なお、「" "」で囲んだ場合は、出力されるHTMLは次のようになります。

```
<a href="http://○○.com/" title="title onclick=alert( document.cookie )">
```

この場合は、titleの値が「title onclick=alert(document.cookie)」であると解釈されるため、意図せずJavaScriptが実行されることはありません。

CHAPTER 4

WordPressで使われるコード解説

さて、いよいよWordPressのテーマが実際にどのようなコードで構成されているのかを見てみます。本書のサンプルテーマをもとに、個別投稿やアーカイブ、ヘッダー・フッター・ウィジェットなどのコードを具体的に解説していきましょう。メインクエリと異なるコンテンツの表示、カスタムフィールドといった応用的な機能もあわせて紹介します。

4 LESSON 01

本章で解説するサンプルのサイト

本章では、これまで学んだことをもとに、サイトのカスタマイズに挑戦します。まず、サンプルとして取り上げるテーマ「Sample Theme」の構成を紹介しておきましょう。

このレッスンでわかること

サンプルサイトの構成 + 各ページの仕様 + テンプレートの種類

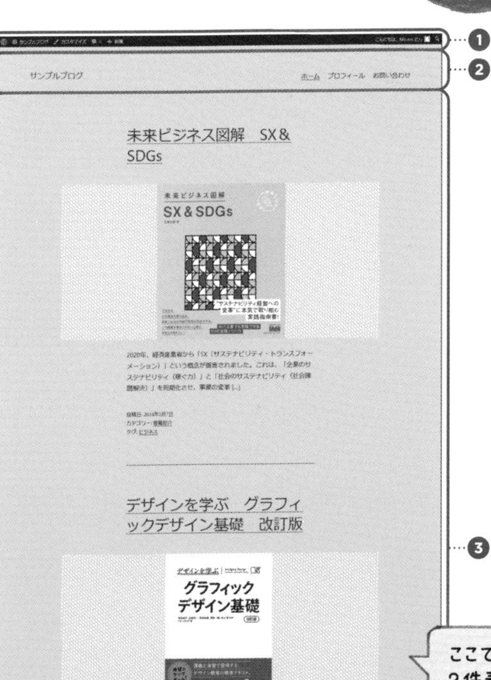

❶
ログイン時にはユーザー名などが最上部に表示される

❷
ヘッダー／ナビゲーション
→ P.130
→ P.143
header.php

❸
記事表示
→ P.155
→ P.168
excerpt.php
content.php

❹
フッター
→ P.179
footer.php

ここでは投稿を2件表示している

ヘッダー、コンテンツ表示、フッターをそれぞれパーツ化して管理しています。トップページには、最新の投稿を表示しており、表示件数は管理画面の［設定＞表示設定］で変更できます。

［ トップページ ］
index.php（コードはarchive.phpと同様）

MEMO
本書のサンプルテーマのご利用方法については、P.006以降をご覧ください。「Sample Theme」は図のようなファイルで構成されています。

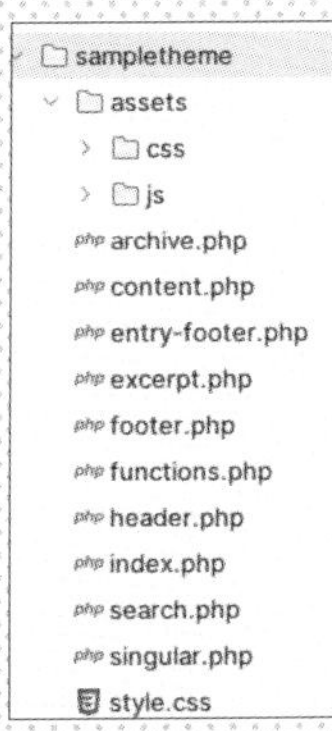

"サステナビリティ経営への
変革"に本気で取り組む
実践指南書!
2020年、経済産業省から「SX（サステナビリティ・トランスフォーメーション）」という概念が提言されました。これは、「企業のサステナビリティ（稼ぐ力）」と「社会のサステナビリティ（社会課題解決）」を同期化させ、事業の変革 [...]
アーカイブは抜粋を表示する
投稿日: 2024年2月7日
カテゴリー: 書籍紹介
タグ: ビジネス

[アーカイブページ] → **P.150**

archive.php

投稿記事一覧ページです。「投稿日」が2024年2月○日の記事、「カテゴリー」が「書籍紹介」の記事などを表示します。1ページに何件か表示し（表示件数は管理画面で設定）、本文は抜粋を表示します。

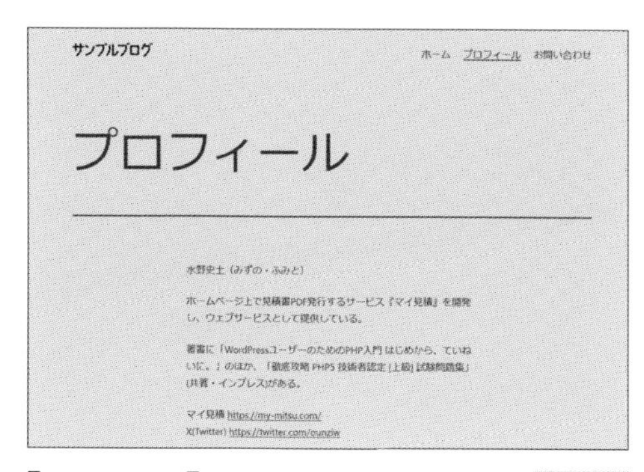

[固定ページ] → **P.166**

singular.php

固定ページの表示には個別投稿と同じテンプレートファイルを利用します。ページごとにファイルを分けることもできます。

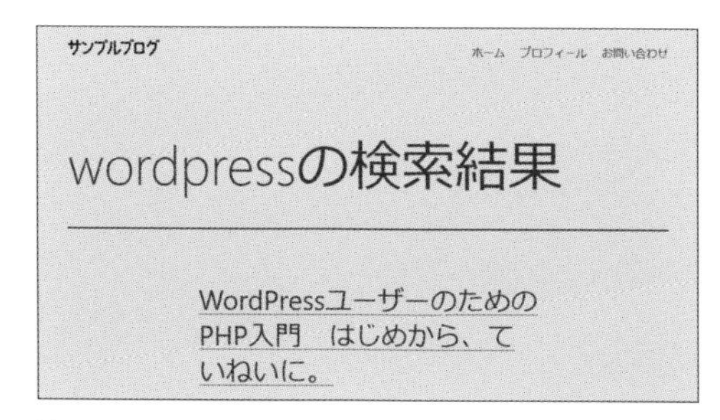

[検索結果ページ] → **P.202**

search.php

検索キーワードにマッチする記事を表示します。

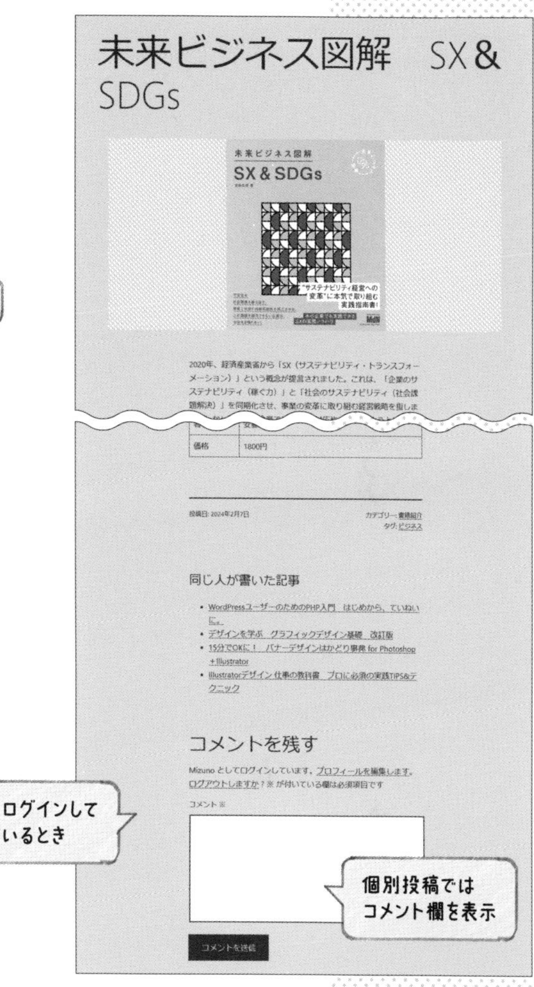

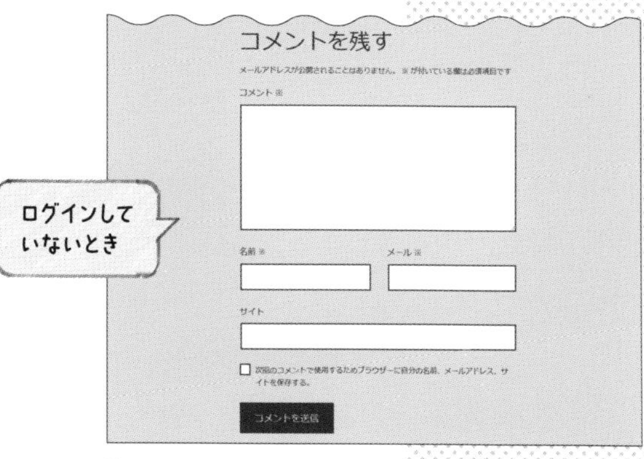

[個別投稿ページ] → **P.166,188,196**

singular.php

投稿記事を表示するページです。このページでは本文を全文表示します。カスタムフィールドや同じ投稿者が書いた記事のリスト、コメント欄も表示しています。

4
LESSON
02
WordPress名人戦

ヘッダーに記述するコード

まずは、HTMLの先頭部分を出力するheader.phpのコードを見ていきましょう。
ナビゲーションもここに書くことが多いですが、こちらは次節で説明します。

このレッスンで わかること

header.phpに書かれるコード ＋ wp_head()とwp_body_open() ＋ functions.phpへの記述

header.phpに書かれるコード

WordPressでは、HTMLの先頭から<body>の少しあとぐらいまでの部分を、header.phpで管理するのが一般的です。

もちろん、header.phpを設置せず、個々のテーマテンプレートにHTMLの先頭部分から出力するコードを記述してもテーマとしては成立しますが、HTMLのヘッダー部分は基本的にテーマファイルで共通する部分が多いため、多くのテーマにheader.phpが備えられています。P.107「モジュールテンプレートの呼び出し」でも解説したように、header.phpを呼び出すにはget_header()を使います。archive.php、page.phpなどの呼び出し元のファイルでget_header()と記述すると、その箇所でheader.phpを呼び出します。

MEMO
本書のサンプルテーマを利用する方法については、P.006「本書の使い方」をご覧ください。

header.phpのコード例

では、本書のサンプルテーマのheader.phpに書かれているコードを見てみましょう。なお、本書のサンプルテーマは、Twenty Twenty-Oneテーマをベースに、初心者の方にもわかりやすいようにシンプルにつくり変えたものです。

TIPS
Twenty Twenty-Oneは公式のテーマで、多言語対応などの多くの機能が備えられています。公式ディレクトリにテーマを登録する際には、さまざまな用途に対応できるように、これらの高度な機能が要求されます。Twenty Twenty-Oneはテーマづくりに慣れていない方には煩雑になりすぎるので、本書のサンプルテーマではテーマに必要不可欠なコード、よく利用されているコードがわかるようにシンプルにつくり変えています。

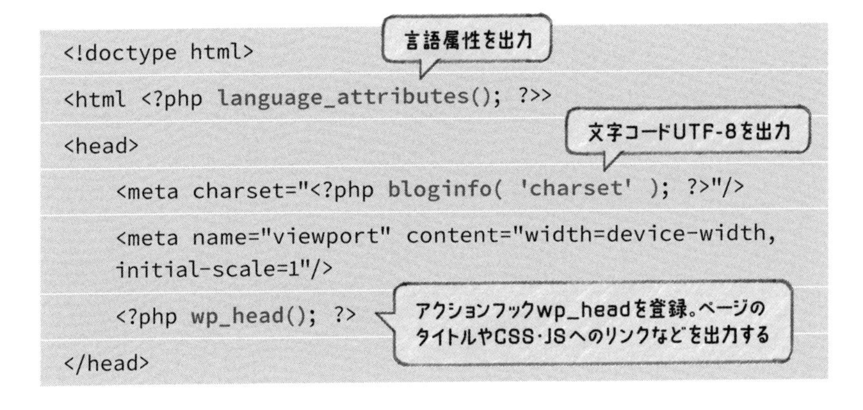
言語属性を出力
文字コードUTF-8を出力
アクションフックwp_headを登録。ページのタイトルやCSS・JSへのリンクなどを出力する

```
<!doctype html>
<html <?php language_attributes(); ?>>
<head>
    <meta charset="<?php bloginfo( 'charset' ); ?>"/>
    <meta name="viewport" content="width=device-width,
    initial-scale=1"/>
    <?php wp_head(); ?>
</head>
```

```
<body <?php body_class(); ?>>
<?php wp_body_open(); ?>
<div id="page" class="site">
    <a class="skip-link screen-reader-text" href="#content">コンテンツへ
    スキップ</a>

    <?php
    $wrapper_classes = 'site-header';
    $wrapper_classes .= has_nav_menu( 'primary' ) ? ' has-menu' : '';
    ?>

    <header id="masthead" class="<?php echo esc_attr( $wrapper_
    classes ); ?>">
        <?php if ( is_front_page() ) : ?>
            <h1 class="site-title"><?php bloginfo( 'name' ); ?></h1>
        <?php else : ?>
            <p class="site-title"><a href="<?php echo esc_url(
            home_url( '/' ) ); ?>"><?php bloginfo( 'name' ); ?></a></p>
        <?php endif; ?>

        [ナビゲーションに記述するコード](P.144で解説)

    </header><!-- #masthead -->

    <div id="content" class="site-content">
        <div id="primary" class="content-area">
            <main id="main" class="site-main">
```

現在のページに応じてCSSクラス属性を出力
アクションフックwp_body_openを登録。JSなどを出力
スクリーンリーダーで操作するためのCSSクラス
三項演算子(P.136)
メニュー primaryのある/なしでCSSクラスを変える
トップページが表示されている場合
サイト名を出力
トップページへのリンクを出力
メインコンテンツを囲むタグmainの開始タグまでを記述。終了タグはfooter.phpに記述

MEMO

$wrapper_classes = $wrapper_classes . ' has-menu';
と記述すると、元の変数$wrapper_classesの末尾に、has-menu を追加します。このように記述する他、
$wrapper_classes .= 'has-menu';
のように、「.=」を使うことでも、元の変数の末尾に追加することができます。

言語属性と文字コードの出力

では順番に、header.phpで使われているコードを見ていきましょう。まず、最初の部分を見てみます。

```
<!doctype html>
<html <?php language_attributes(); ?>>
<head>
    <meta charset="<?php bloginfo( 'charset' ); ?>">
```

ここでは2つの関数が使用されています。それぞれ詳しく見てみましょう。

language_attributes()

language_attributes()は、WordPressの言語情報を取得して出力します。使用されている言語が、アラビア語のように右から左に記述する言語の場合は、rtl (right to left)属性も出力します。

```
language_attributes(ドキュメントの種類)
```

● ドキュメントの種類 (オプション)
ドキュメントの種類がhtmlかxhtmlかを指定する。省略した場合はhtml。

サンプルテーマでは次のように記述しています。

```
<html <?php language_attributes(); ?>>
```

実際に出力されるHTMLは次のようになります。

```
<html lang="ja">
```

bloginfo()

bloginfo()はブログの情報を表示します。どのような項目を表示するかを引数で指定できます。

MEMO
日本語環境のみで使うテーマであれば、language_attributes()はそれほど意味はありません。ただし、WordPressはさまざまな言語で使われているため、公式で配布されているテーマには必ずlanguage_attributes()が使用されています。

```
bloginfo(表示する項目)
```

● 表示する項目（主なもの）
name：Webサイトのタイトル
description：Webサイトの説明
pingback_url：ピンバックのURL
charset：Webサイトの文字コード

ここでは次のように記述することで、meta要素のcharset属性の値に文字コードを出力しています。

```
<meta charset="<?php bloginfo( 'charset' ); ?>">
```

実際のHTMLの出力は次のようになります。

```
<meta charset="UTF-8">
```

この記述がないとブラウザで閲覧したときに文字化けを起こすことがあるので注意しましょう。header.phpでは、このほかにbloginfo('name')でサイトのタイトル名を出力しています。

wp_head()とwp_body_open()を必ず書く

WordPressのテーマをつくる上で、header.phpに必ず書く必要がある重要な関数が、wp_head()とwp_body_open()の2つです。

```
    <?php wp_head(); ?>
</head>

<body <?php body_class(); ?>>
<?php wp_body_open(); ?>
```

wp_head()

wp_head()はアクションフック（P.117）を登録する関数で、</head>タグの直前に書きます。あとで詳しく説明しますが、wp_headでは、functions.phpに書かれているスタイルシートを出力する関数、JavaScriptを出力する関数、RSSフィードリンクを出力する関数、ページのタイトルを出力する関数などが実行されます。

テーマにwp_head()を記述しないと、スタイルシートが読み込まれなかったり、JavaScriptが読み込まれなかったりします。プラグインを使用するときに正常に動作しなくなる原因にもなりますので注意しましょう。

MEMO
紙面の都合上、本章では、関数の引数の説明を簡略化しています。詳細を詳しく知りたい場合はWordPressドキュメントhttps://developer.wordpress.org/reference/functions/bloginfo/でご確認ください。

```
    <?php wp_head(); ?>
</head>
```

タイトルやリンクなどを出力

wp_head() の箇所では、以下のようなHTMLが出力されます。functions.php での記述内容によります。

```
    …中略…
    <title>サイト名</title>
    …中略…
    <link rel='stylesheet' id='sampletheme-style-css'  href='http://〇〇.com/wp-content/themes/sampletheme/style.css?ver=1.4' type='text/css' media='all' />
    …中略…
</head>
```

wp_body_open()

wp_body_open() もアクションフックを登録する関数です。こちらは<body>タグの直後に書きます。<body>タグの直後にJavaScriptなどを出力したい場合に使います。

サンプルテーマではこの部分では何も出力されませんが、必ず記述します。記述しないとプラグインを使用するときに正常に動作しなくなる原因にもなりますので注意しましょう。

body要素以降の出力

次はbody要素以降の出力部分のコードです。ここでは、body要素とページのヘッダー部分のHTMLを出力しています。header.php にはこれ以降、さらにナビゲーションを出力する記述が続きますが、そちらは次節で改めて解説します。

ここで新しく出てきた関数は4つあります。

MEMO

P.131の4行 目screen-reader-textはスクリーンリーダー用のクラス属性です。WordPressのテーマではこのクラス属性を指定しておくことが推奨されています。

スタイル設定例は、sampletheme/style.cssの5561行目～をご覧ください。

body_class()

body_class は、そのページがどのようなページか（トップページか、個別投稿ページか、アーカイブかなど）を示す文字列をスタイルシート用のクラス属性として出力します。

```
<body <?php body_class(); ?>>
```

たとえばトップページを表示している場合は、次のような HTML が出力されます。

```
<body class="home blog ……">
```

個別投稿ページを表示している場合はsingleやpostid-1(postid-投稿ID)といったクラス属性が出力されます。

```
<body class="single postid-1 ……">
```

表示されているページに応じてCSSをアレンジしたいときは、このbody要素のクラス属性を利用することがよくあります。たとえば、個別投稿ページで文字の大きさを変えるのであれば、CSSに次のように記述するといった利用方法です。

```
body{
    font-size: medium;
}
body.single{
    font-size: large;
}
```

個別投稿のときに適用されるスタイルシート

MEMO
body_classで出力するクラス属性をカスタマイズしたい場合は、body_classフィルターフックが活用できます。詳しくはfunctions.phpのセクション(P.212)で説明します。

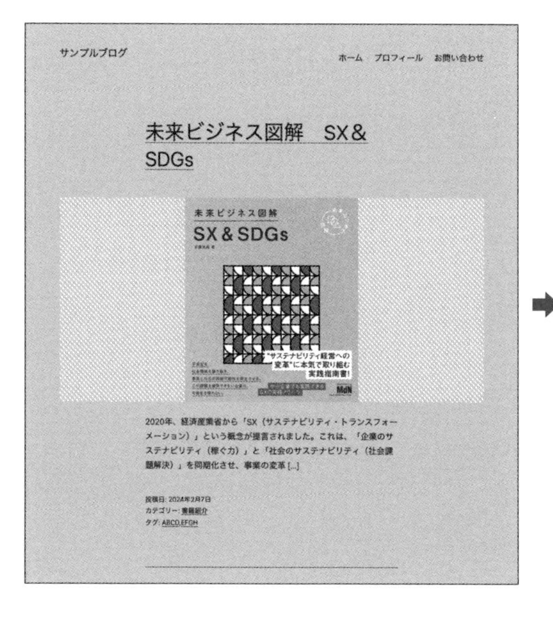
サンプルブログ
ホーム　プロフィール　お問い合わせ
未来ビジネス図解　SX&SDGs
2020年、経済産業省から「SX（サステナビリティ・トランスフォーメーション）」という概念が提言されました。これは、「企業のサステナビリティ（稼ぐ力）」と「社会のサステナビリティ（社会課題解決）」を同期化させ、事業の変革 [...]

サンプルブログ
ホーム　プロフィール　お問い合わせ
未来ビジネス図解　SX&SDGs
個別投稿で文字サイズが変えられる
2020年、経済産業省から「SX（サステナビリティ・トランスフォーメーション）」という概念が提言されました。これは、「企業のサステナビリティ（稼ぐ力）」と「社会のサステナビリティ（社会課題解決）」を同期化させ、事業の変革に取り組む経営戦略を指します。しかし特に中小企業では、SDGs対応やSXを進めようとしても、どこから手を付けていいのかわからないというケースが多いのではないでしょうか？

POINT 三項演算子（条件演算子）

P.131の8行目の

```
$wrapper_classes .= has_nav_menu( 'primary' ) ? ' has- menu' : '';
```

で使われている ～？ ～：～；は三項演算子（または条件演算子）と呼びます。使い方は「条件？条件が真の場合の値：条件が偽の場合の値；」です。この例の場合、

- **条件: has_nav_menu('primary') → メニューprimaryがあるかを判定する条件分岐タグ（P.096）**
- **真の場合の値: ' has- menu'**
- **偽の場合の値: ''**

となります。.= は、元の変数の末尾に追加する命令です。全体としては、「$wrapper_classesに文字列を追加する。追加する文字列は、has_nav_menu('primary') が真だったら ' has- menu' で、偽だったら ''」となります。

通常のif文で書く場合は次のようになります。

```
if ( has_nav_menu( 'primary' ) ) {
    $wrapper_classes .= ' has-menu';
} else {
    $wrapper_classes .= '';
}
```

is_front_page()とis_home()

is_front_page()とis_home()は混同しやすい関数ですが、以下のような違いがあります。

- is_front_page()：**サイトのホームページが表示されている場合（URLで判定）**
- is_home()：**最新の投稿一覧ページが表示されている場合（表示内容で判定）**

WordPressの初期設定では、「サイトのホームページ＝最新の投稿一覧ページ」ですが、管理画面の[設定＞表示設定]で変更することができます。サンプルテーマでは、

```
<?php if ( is_front_page() ) : ?>
```

のように使っています。これは「サイトのホームページ（トップページ）である」という

意味です。トップページを表示している場合は「サイト名のみ」を出力し、トップページでないページを表示している場合は「トップページへのリンクとサイト名」を出力しています。

home_url()

home_url()はブログのトップページのURLを返す関数です。サンプルテーマではトップページへのリンクを出力する際に使用しています。

```
<p class="site-title"><a href="<?php echo esc_url( home_url( '/' ) ); ?>"
rel="home"><?php bloginfo( 'name' ); ?></a></p>
```

実際に出力されるHTMLは次のとおりです。

```
<p class="site-title"><a href="http://○○.com/" rel="home">ブログタイトル</a></p>
```

なお、home_url()の代わりにbloginfo('url')を使うこともできますが、トップページのURLを取得する場合はhome_url()を使うことが推奨されています。

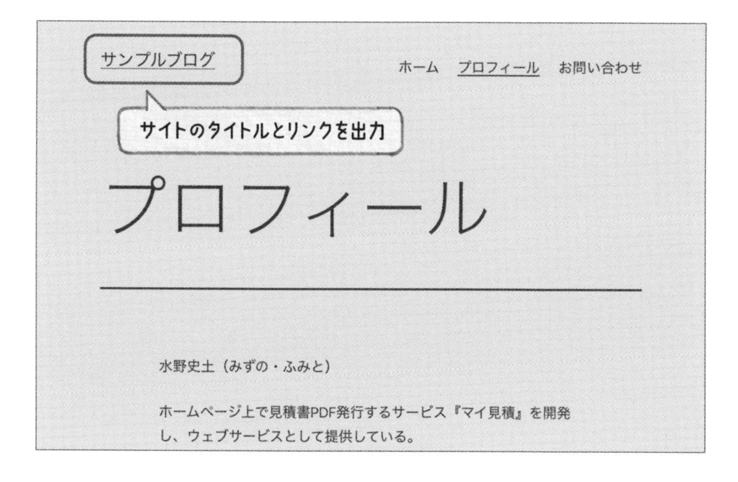

MEMO

home_url()関数は、WordPressがインストールされているURLの情報をもとにしてURLを生成しています。このためエスケープを怠った場合でも不正な文字列が出力されてしまう可能性は低いのですが、P.119「セキュリティに注意する」で触れたように、「echoで出力するときにエスケープする」という原則に従ってエスケープしています。

functions.phpへの記述

header.phpのコードをひと通り見てきましたが、header.phpにはCSSファイルへのリンクがありません。しかし、前述のようにブラウザでWebページを見てみると、この部分には

```
<link rel='stylesheet' id='sampletheme-style-css' href='http://○○.com/
wp-content/themes/sampletheme/style.css?ver=1.4' media='all' />
```

といった記述があります。このリンクはどのように出力されているのでしょうか？

これはfunctions.phpでCSSへのリンクを指定しているからです。WordPressでは、CSSへのリンクは直接header.phpに書かなくても、functions.phpで管理できるように設計されています。wp_enqueue_style()という関数が用意されており、これをfunctions.phpで書きます。

functions.phpで管理するメリット

この方式のメリットは、「スタイルシートの読み込み順序を指定できる」、「子テーマやプラグインからも制御できる」という点です。

大まかには「必要なCSSファイルの情報をfunctions.phpに登録しておけば、wp_head()関数で適切なlink要素が自動的に出力される」と考えると理解しやすいでしょう。

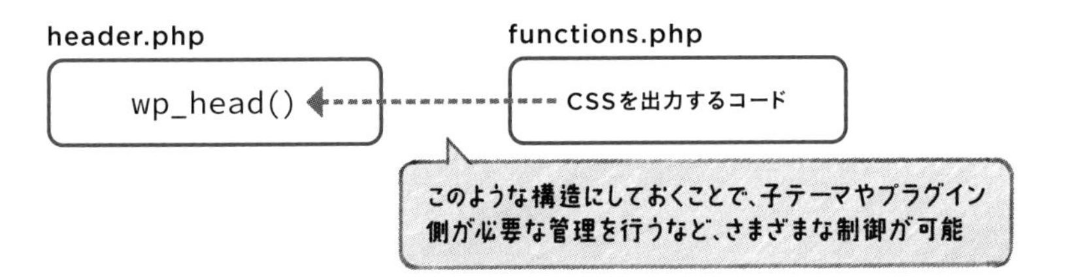

MEMO
子テーマをつくる場合の方法については、P.241で詳しく説明します。

自分の固定的な環境でしか使用しないテーマであれば、header.phpに直接CSSファイルへのリンクを記述するという方法もあります。しかし、管理が行いやすいですし、既存の公式ディレクトリに登録されたテーマはこの形式になっているので、それらをカスタマイズするときなどにも必要になる知識です。

wp_enqueue_style()関数の書き方

wp_enqueue_style()は次のように記述します。

```
wp_enqueue_style(ハンドル名, URL, 依存関係, バージョン, メディア)
```

- **ハンドル名**
  システム上の名前
- **URL(オプション)**
  スタイルシートのURL。初期値はfalse
- **依存関係(オプション)**
  このCSSより前に呼び出すCSS。ハンドル名を配列で指定する。初期値は空の配列
- **バージョン(オプション)**
  CSSのバージョン。ブラウザに意図せずキャッシュされることを防ぐ。初期値はfalse
- **メディア(オプション)**
  CSSに付けるメディアタイプ。初期値はall

たとえば、サンプルテーマのfunctions.phpには次のように書かれています。

```
wp_enqueue_style( 'sampletheme-style', get_stylesheet_uri(), array(),
wp_get_theme()->get( 'Version' ) );
```

この場合、このCSSはシステム上では「sampletheme-style」という名前で管理されます。

読み込まれるCSSファイルは、テーマファイル内のstyle.cssです。get_stylesheet_uri()関数はテーマのstyle.cssをフルパスで返す関数です。

```
get_stylesheet_uri()
```

テーマフォルダのstyle.cssをフルパスで返す。引数はなし

「wp_get_theme()->get('Version')」では、現在のテーマのWP_Themeオブジェクトを取得し、WP_Themeオブジェクトに用意されたget()メソッドでVersionプロパティを返しています。

```
wp_get_theme(テーマのディレクトリ名, ルートディレクトリの絶対パス)
```

テーマのWP_Themeオブジェクトを取得する。

● テーマのディレクトリ名(オプション)

取得したいテーマのディレクトリ名。初期値は現在のテーマ

● ルートディレクトリの絶対パス(オプション)

テーマを探すルートディレクトリの絶対パス。初期値は「themes」フォルダのフルパス

MEMO

WP_Themeオブジェクトではテーマの情報を誤って書き換えることがないよう、メソッドを利用してプロパティを扱うように推奨されています。「wp_get_theme()->Verison」と、直接Versionプロパティを参照することもできますが、メソッドを使って扱うようにしましょう。

テーマのバージョンを取得する際によく使われる書き方です(オブジェクト・メソッド・プロパティの関係についてはP.077をご覧ください)。出力されるHTMLは次のようになります。

```
<link rel='stylesheet' id='sampletheme-style-css'  href='http://○○.com/
wp-content/themes/sampletheme/style.css?ver=1.4' media='all' />
```

wp_enqueue_script()関数の書き方

wp_enqueue_style()はCSS用の関数ですが、JavaScript用の関数もあります。それがwp_enqueue_script()です。プラグインがjQueryを読み込むときなどによく利用されます。

```
wp_enqueue_script(ハンドル名, URL, 依存関係, バージョン, 読み込み位置)
```

● ハンドル名

システム上の名前

● URL(オプション)

JavaScriptファイルのURL。初期値はfalse

● 依存関係(オプション)

このJavaScriptファイルより前に呼び出すJavaScriptファイル。ハンドル名を配列で指定する。初期値は空の配列

● バージョン(オプション)

JavaScriptファイルのバージョン。ブラウザに意図せずキャッシュされることを防ぐ。初期値はfalse

● 読み込み位置(オプション)

JavaScriptファイルの読み込み位置。フッター部分で読み込むかどうかを指定する。trueとするとwp_footer()関数(P.187)でscript要素を出力。初期値はfalse

最後の「読み込み位置」の引数以外はwp_enqueue_style()と同じです。サンプルテーマでは、/assets/jsにある、ナビゲーション用のprimary-navigation.jsを読み込むために次のように記述しています。

```
wp_enqueue_script(
    'sampletheme_scripts-primary-navigation-script',
    get_theme_file_uri( '/assets/js/primary-navigation.js' ),
    array(),
    wp_get_theme()->get( 'Version' ),
    true
);
```

```
get_theme_file_uri(ファイル名)
```

テーマフォルダのファイル名をフルパスで返す。

● ファイル名(オプション)

フルパスを取得したいファイル名。必要ならサブフォルダ名も含める。省略した場合はテーマフォルダのフルパスが返る

MEMO

子テーマを使っている場合、get_theme_file_uri()関数は、子テーマのフォルダ内→親テーマのフォルダ内の順にファイル名を調べます。

P.139のget_stylesheet_uri()はstyle.cssのパスを取得しますが、こちらはテーマフォルダ内の任意のファイルのパスを取得するときに使います。先ほどの例の場合、次のようにscript要素が出力されます。

```
<script src="https://themeb.wp-sample.site/wp-content/themes/
sampletheme/assets/js/primary-navigation.js?ver=1.4" id="sampletheme_
scripts-primary-navigation-script-js"></script>
```

■ 関数の呼び出し

functions.phpにwp_enqueue_style()、wp_enqueue_script()を書いただけでは適切なタイミングで実行できませんから、これらを「いつ実行するか」を指定する必要があります。ここで利用するのがP.117で触れた「アクションフック」です。

wp_enqueue_style()、wp_enqueue_script()で利用するアクションフックはwp_enqueue_scriptsです（wp_enqueue_styleのアクションフックは存在しません）。書き方は次のようになります。

```
function sampletheme_scripts() {
  ...
  wp_enqueue_style( ... );
  wp_enqueue_script( ... );
}
add_action( 'wp_enqueue_scripts', 'sampletheme_scripts' );
```

wp_enqueue_style()とwp_enqueue_script()を呼び出す関数を定義

定義した関数をwp_enqueue_scriptsアクションフックに登録

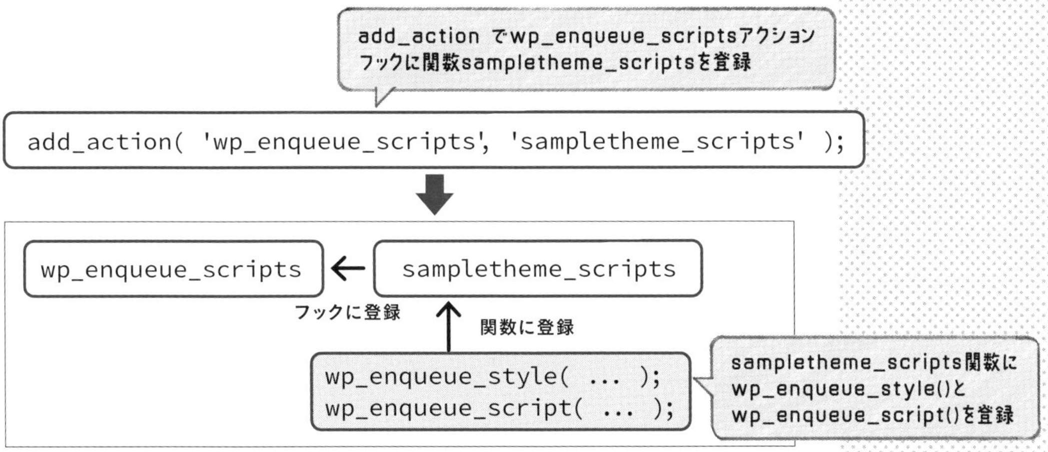

たとえばテーマフォルダのstyle.cssへのリンクであれば、次のようにfunctions.phpに記述すればwp_head()でlink要素が出力されることになります。

MEMO
functions.phpに書くコードは「functions.phpに記述するコード」（P.206）に掲載しています。

```
function sampletheme_scripts() {
    wp_enqueue_style( 'sampletheme-style', get_stylesheet_uri() );
}
add_action( 'wp_enqueue_scripts', 'sampletheme_scripts' );
```

やってみよう

TRY 1

ヘッダー部分のタイトルを画像にする。画像はテーマ内のimagesフォルダの画像top.pngを使用する。

サンプルブログ　ホーム　プロフィール　お問い合わせ

サンプルブログ　ホーム　プロフィール　お問い合わせ

ブログ名を画像にする

考え方　ブログタイトルを出力している箇所は次の部分です。

```
<?php bloginfo( 'name' ); ?>
```

文字の代わりにテーマ内の画像top.pngを表示するので、ブログタイトルの文字列の部分を次のようなimg要素に置き換えることになります。

```
<img src="画像のあるフォルダ/top.png" alt="ブログ名">
```

テーマフォルダにあるファイルのURLはget_theme_file_uri()(P.140)で取得できますので、この関数を利用しましょう。

コード　テーマフォルダ内のファイルURLを取得

```
<img src="<?php echo esc_url( get_theme_file_uri( '/images/top.png' ) ); ?>" alt="<?php bloginfo( 'name' ); ?>">
```

もし、うまく表示されない場合は、ファイル名の指定ミス、アップロードするフォルダ名のミスなどを確認しましょう。また、header.phpには<?php bloginfo('name'); ?>が2箇所あるので、両方とも書き換えましょう。

ナビゲーションに記述するコード

WordPressには、管理画面でメニューを作成するナビゲーションメニュー機能があります。テーマファイルのほか、functions.phpでの設定も必要です。

このレッスンでわかること

functions.phpへのメニュー登録 ＋ テンプレートへの出力 ＋ 管理画面でメニュー項目を設定

ナビゲーションメニュー

WordPressでナビゲーションを作成するときは、カスタムメニュー機能を利用します。カスタムメニュー機能を利用するには、次のような作業が必要になります。

1. functions.php でメニュー機能を有効にする
2. テンプレートでメニューを出力したい箇所にコードを記述
3. 管理画面でメニューを設定

サンプルブログ　ホーム　プロフィール　お問い合わせ

ナビゲーションを表示

❶functions.phpでメニュー機能を有効にする

まずfunctions.phpにメニュー項目を登録します。register_nav_menus()関数が用意されているので、この関数を使います。

```
function sampletheme_setup() {
    …中略…
    register_nav_menus(
        array(
            'primary' => 'プライマリ',
            'footer'  => 'フッター',
```

register_nav_menus()で使用する場所を設定

```
                )
            );
            …中略…
    }
add_action( 'after_setup_theme', 'sampletheme_setup' );
```

アクションフックafter_setup_themeに登録

register_nav_menus()関数は次のように使います。

```
register_nav_menus(場所)
```

● 場所
array(スラッグ => 表示名)のように、連想配列で指定する

スラッグは、英数字で自由につけることができます。テーマテンプレートで出力するときに名前を合わせる必要があるので、覚えやすい名前にしておきましょう。

ナビゲーションを登録する関数は、アクションフック「after_setup_theme」に追加しておきます。

MEMO

register_nav_menusで登録するスラッグは英数字にしましょう。
ここに限らず、システム管理上の名前やIDなどは英数字のみで命名することを推奨します。日本語（マルチバイト文字）を使うと予期せぬトラブルの可能性があります。

❷テンプレートへの出力

次にテンプレートでナビゲーションを出力します。テンプレートで出力するときはwp_nav_menu()関数を用います。メインナビゲーションの表示はheader.phpで行いますので、header.phpに次のようなコードを書きます。

```
<?php if ( has_nav_menu( 'primary' ) ) : ?>
    <nav id="site-navigation" class="primary-navigation"
    aria-label="プライマリーメニュー">
        …中略…
        <?php
        wp_nav_menu(
            array(
                'theme_location'  => 'primary',
                'menu_class'      => 'menu-wrapper',
```

functions.phpでregister_nav_menusのprimaryが登録されている場合に処理を実行

primaryはregister_nav_menusで登録したスラッグ

```
                'container_class'  => 'primary-menu-container',
                'items_wrap'       => '<ul id="primary-menu-list"
                class="%2$s">%3$s</ul>',
                'fallback_cb'      => false,
            )
        );
        ?>
    </nav><!-- #site-navigation -->
<?php endif; ?>
```

POINT メニューは複数登録できる

register_nav_menus()関数で複数のメニューを登録することもできます。連想配列の要素を増やせばOKです。サイドバーやフッターに表示する小さいメニューなどをつくりたいときは、ここでメインナビゲーションとは別に登録してもよいでしょう。

```
register_nav_menus( array(
    'primary'  => 'メインメニュー',
    'sub'      => 'サブメニュー'
) );
```

wp_nav_menu()関数の詳細は次のとおりです。

wp_nav_menu(設定)

● 設定
表示するメニューとHTMLを指定する連想配列
'theme_location'はどのメニューを表示するか設定する(register_nav_menusで登録したメニュー名を指定)。クラス/ID属性については後述

wp_nav_menu関数を記述した箇所にメニューが表示されます。wp_nav_menuに渡す引数でメニュー名を指定すると、そのメニューに登録したメニュー項目が表示されます。メニューに付加するHTMLタグやスタイルシート用のクラスなども指定できます。

メニューのHTML

```
<ⓐ id="ⓑ" class="ⓒ">
<ul id="ⓓ" class="ⓔ">
<li id="menu-item-22" class="ⓕ">ⓖ<a href="http://○○.com/">
ⓗホームⓘ</a>ⓙ</li>
</ul>
</ⓐ>
```

【 連想配列に指定するキー 】

- ⓐ **container**：コンテナの要素。falseを指定するとコンテナなし（初期値はdiv）
- ⓑ **container_id**：コンテナの要素のid属性
- ⓒ **container_class**：コンテナの要素のclass属性
- ⓓ **menu_id**：ul要素のid属性
- ⓔ **menu_class**：ul要素のclass属性
- ⓕ WordPressがページIDやページの種類に応じて自動出力。現在閲覧しているページはcurrent_page_itemがつく
- ⓖ **before**：リンクの前に入れる文字列
- ⓗ **link_before**：メニュー項目の前に入れる文字列
- ⓘ **link_after**：メニュー項目の後ろに入れる文字列
- ⓙ **after**：リンクの後ろに入れる文字列

MEMO
メニューで出力されるHTMLでは、現在のページ にcurrent-menu-itemクラスが追加されます。この機能を利用すると、現在見ているページのメニュー項目の背景色や文字色をCSSで変えて、現在地を示すことができます。

先に書いたコードで実際に出力されるHTMLは次のようになります。

初期値が表示されている

引数で指定

```
<div class="primary-menu-container"><ul id="primary-menu-list" class="menu-wrapper"><li id="menu-item-22" class="menu-item menu-item-type-post_type menu-item-object-page menu-item-22"><a href="http://○○.com/?page_id=22">プロフィール</a></li>…中略…</ul></div>
```

❸管理画面でメニュー項目を設定

次に管理画面からメニュー項目を設定します。管理画面で［外観＞メニュー］を表示します（管理者でログインしておいてください）。「メニューを編集」タブでメニューの名前、メニューの項目、メニュー並び順を設定します。

メニュー項目には固定ページやカテゴリーアーカイブなどを選択できます。「カスタムリンク」で自分でURLを入力すれば、任意のページを追加できます。メニューの順番はドラッグ＆ドロップで並べ替えられます。

「メニューの名前」と「メニュー構造」を設定したら、「メニューを保存」ボタンをクリックして保存します。

MEMO
functions.phpにregister_nav_menus()関数を記述すると、［外観＞メニュー］の項目が表示されます。表示されていない場合は、functions.phpの記述を確認してみましょう。

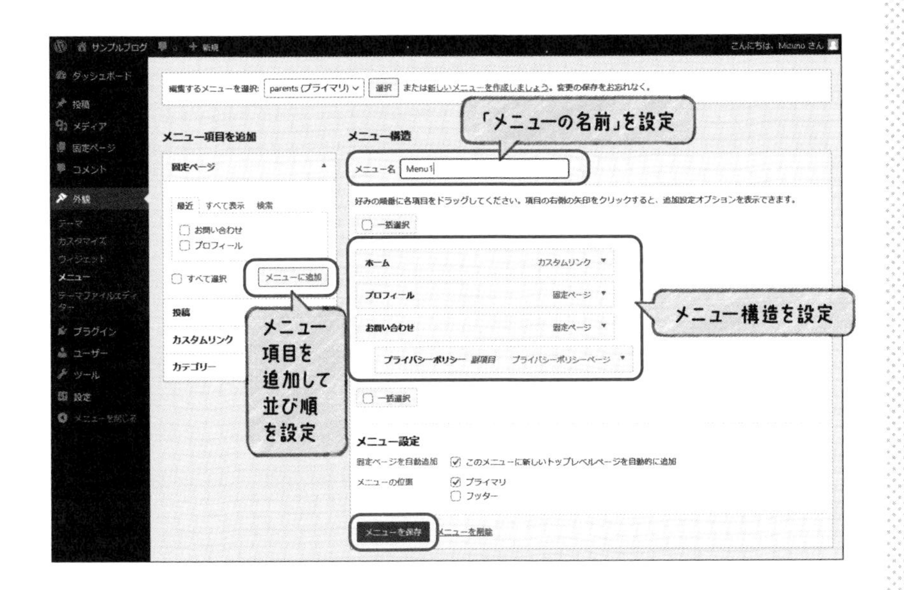

メニューを作成したら、どこにメニューを表示させるかを決めます。「位置の管理」タブをクリックして画面を切り替えましょう。

「テーマの位置」には、register_nav_menusで登録したメニュー名が表示されます。「テーマの位置」で、先ほど作成したメニューを選択して、「変更を保存」をクリックして保存します。

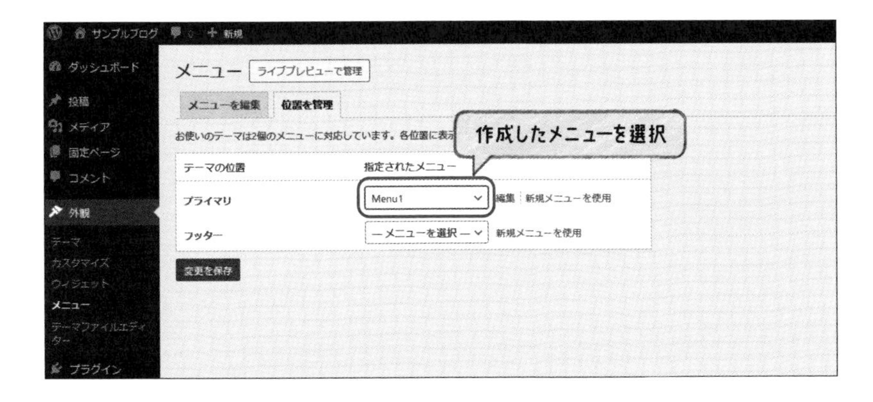

これで完成です。実際にWebページを表示してみると、メニューが反映されているはずです。

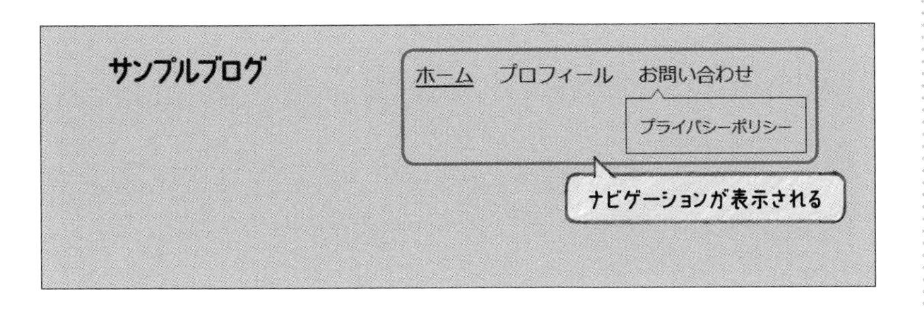

MEMO

WordPressの初期設定では、メニュー項目には公開されている固定ページが表示されています。

POINT メニューの「表示オプション」

メニューで設定できる項目は、初期状態だとあまり多くはありません。手軽にメニューを設定したい場合は十分ですが、細かい設定まで行いたい場合には物足りないこともあるでしょう。

このようなときは、管理画面の右上にある「表示オプション」タブをクリックすると、メニュー編集時に表示する項目を増やすことができます。

「詳細メニュー設定を表示」で「リンクターゲット」にチェックを入れると、「リンクを新しいタブで開く」という項目が表示されます。ここにチェックを入れると、リンクのa要素に「target="_blank"」が追加されます。

「CSSクラス」にチェックを入れると、項目ごとにスタイルシートのクラスを設定することができます。いわゆる画像置換などを行うときに便利です。

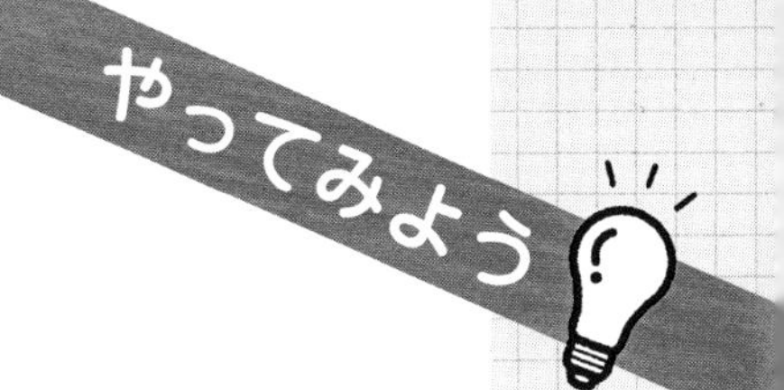

TRY 1 ナビゲーションメニューの項目名の前に「>」の記号を追加する。

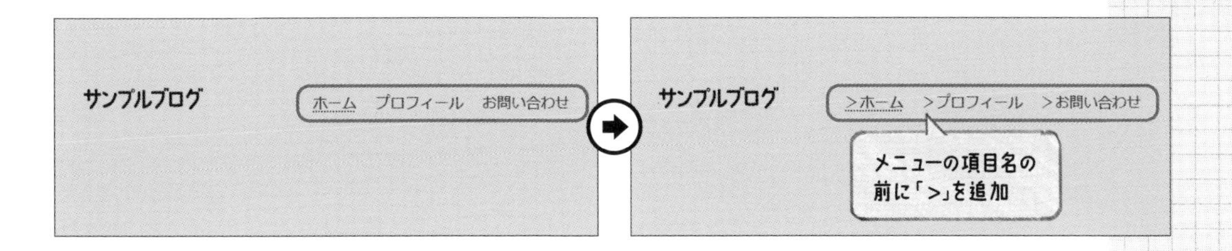

考え方　wp_nav_menu()関数の使い方の復習です。P.144で解説したように、wp_nav_menu()に引数を指定することで、出力するHTMLにクラスやID、文字列などを追加できます。ここでは「link_before」に「>」の記号を指定するとよいでしょう。そのほかの項目はそのままにしたいので、配列に追加する形になります。

コード(header.php)

```
wp_nav_menu(
    array(
        'theme_location'   => 'primary',
        'menu_class'       => 'menu-wrapper',
        'link_before'      => '>',      項目名の前の文字列を指定
        'container_class'  => 'primary-menu-container',
        'items_wrap'       => '<ul id="primary-menu-list"
        class="%2$s">%3$s</ul>',
        'fallback_cb'      => false,
    )
);
```

なお、現在見ているページの項目のみに「>」を追加するといった場合はこの方法は使えません。本書はPHPの書籍なので詳細は割愛させていただきますが、CSSの「::before」擬似要素などを利用して、「.current-menu-item > a::before { content:"＞"; }」といったコードをCSSファイルに追記します。

4

LESSON 04

アーカイブ表示で記述するコード

アーカイブ表示は投稿を一覧表示するページで、archive.phpを利用します。投稿の一覧表示にはループを使います。

このレッスンで わかること

アーカイブ表示を行う archive.php ＋ ヘッダー部分を読み込むコード ＋ 記事を表示するパーツファイル

 アーカイブ表示を行うarchive.php

　ヘッダー部分のコードが終わったので、次にWebページ全体を表示するコードを解説していきます。まずは投稿を一覧表示するアーカイブページのコードを見てみましょう。アーカイブページに使用するテンプレートファイルはarchive.phpです。P.090「WordPressのループ」で説明したループを使って、投稿を1件ずつ、順に表示していきます。archive.phpは、月別アーカイブ、カテゴリーアーカイブ、作成者アーカイブなどに用いられます。

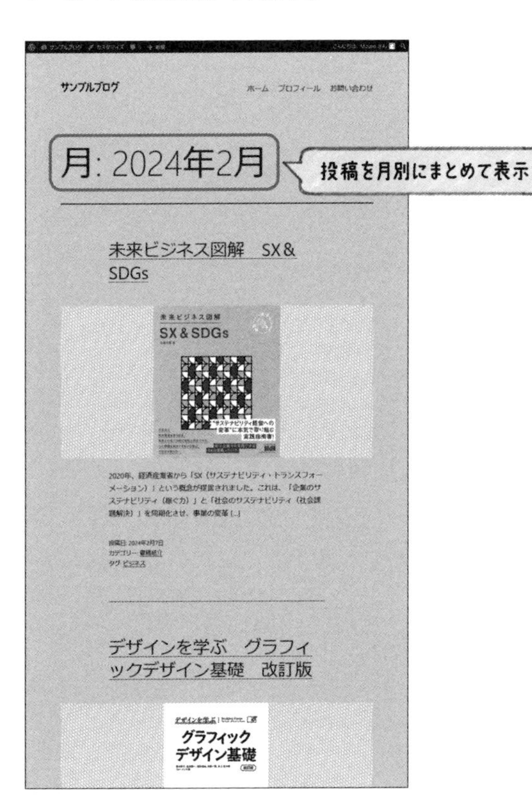

archive.phpのコード例

それではさっそく、archive.phpに掲載するコードを見てみましょう。

```
<?php get_header(); ?>

<?php if ( have_posts() ) : ?>

    <header class="page-header alignwide">
        <?php the_archive_title( '<h1 class="page-title">', '</h1>' ); ?>
    </header><!-- .page-header -->

    <?php while ( have_posts() ) : ?>
        <?php the_post();
        get_template_part( 'excerpt' );
    endwhile; ?>

    <?php
    sampletheme_the_posts_navigation();
    ?>

<?php else : ?>
    記事はありません。
<?php endif; ?>

<?php get_footer();
```

header.phpを読み込む
記事があるかどうかを判定
タイトルを表示する
ループ開始
パーツファイルを読み込む
前後ページへのリンク
記事がない場合の表示
footer.phpを読み込む

コード中でも触れていますが、サンプルテーマのarchive.phpでは投稿記事の表示に別のテンプレートを利用しています。ひとまず、コードを見ていきましょう。

ヘッダー部分を読み込むコード

まずは、ページのヘッダー部分を読み込むコードです。前節までで解説したモジュールテンプレートのheader.phpを読み込みます。関数はget_header()を使います。

```
<?php get_header(); ?>
```

header.phpを読み込む

header.phpのセクションP.130でも触れましたが、get_header()と引数なしで使用すると、header.phpを読み込みます。

引数を指定すると、header-引数.phpを読み込みます。たとえばget_header('single')とすると、header-single.phpを読み込みます。header.phpを数種類に分けている場合に利用するとよいでしょう。

get_header(ファイル名)

● ファイル名（オプション）
header-○○.phpを呼び出す際に指定。初期値はなし。指定しなければheader.phpを読み込む

タイトルの表示

タイトルを表示するには、the_archive_title()関数を使用します。

```
<?php the_archive_title( '<h1 class="page-title">', '</h1>' ); ?>
```

「月別: 2024年2月」、「カテゴリー: 書評」のように、アーカイブの種類に応じたタイトルを表示する関数です。アーカイブテンプレートでタイトルを表示する場合は、この関数を使用します。

the_archive_title(前の文字列、後ろの文字列)

● 前の文字列（オプション）
タイトルの前に記述する文字列を指定。初期値はなし

● 後ろの文字列（オプション）
タイトルの後ろに記述する文字列を指定。初期値はなし

出力結果は、次のようになります。

```
<h1 class="page-title">月別: 2024年2月</h1>
```

第1引数の文字列　第2引数の文字列

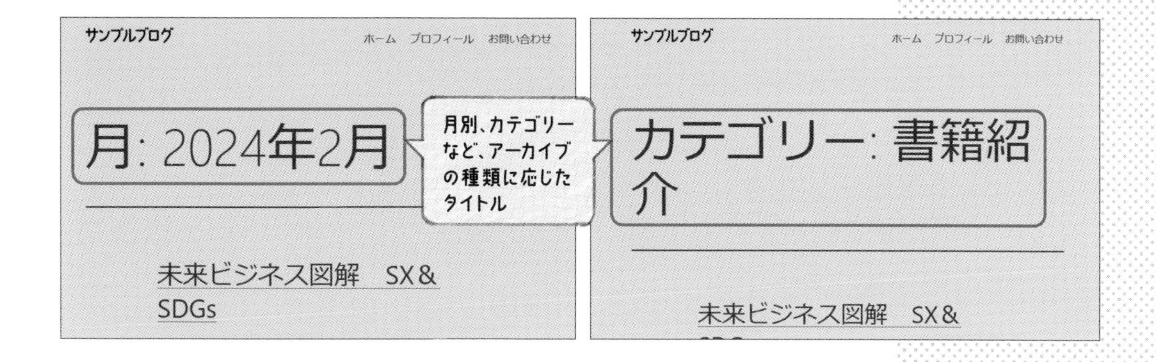

記事を表示するループ処理

次に記事を表示する部分です。記事がある場合は、ループで1件ずつ取り出して表示していきます。

```
if ( have_posts() ) :          ← 記事があるかどうかを判定
    …タイトルの表示…
    while ( have_posts() ) :   ← ループ開始
        the_post();
        get_template_part( 'excerpt' );   ← コンテンツを表示するパーツファイルを読みこむ
    endwhile;                  ← ループ終わり
…中略…
endif;
```

最初のif文ではhave_posts()がtrueかどうか、つまり表示する記事があるかどうかをチェックしています。whileからendwhileまでがWordPressループです。the_post()は投稿のデータを1件ずつ取り出します（ループに関してはP.090で詳しく説明しています）。

ループ内の処理のexcerpt.phpについてはあとで解説します。

> **TIPS**
> テンプレートタグによっては、ループ内でのみ使える（適切な出力が行える）ものがあります。
> テンプレートタグを使うときには、WordPressドキュメントで確認しましょう。

excerpt.phpの読み込み

archive.phpのループ内ではexcerpt.phpを読み込んでいます。つまり、実際に記事を表示するコードはexcerpt.phpというモジュールテンプレートファイルで管理していることになります。

もちろん、直接archive.phpに記事を表示するコードを書いてもよいのですが、基本的にこの部分のコードはほかのページと共通する部分が多いため、モジュールテンプレートとして分けたほうが管理しやすくなります。ループ内のコードを変更したくなった場合でも、excerpt.phpだけを変更すれば済みます。

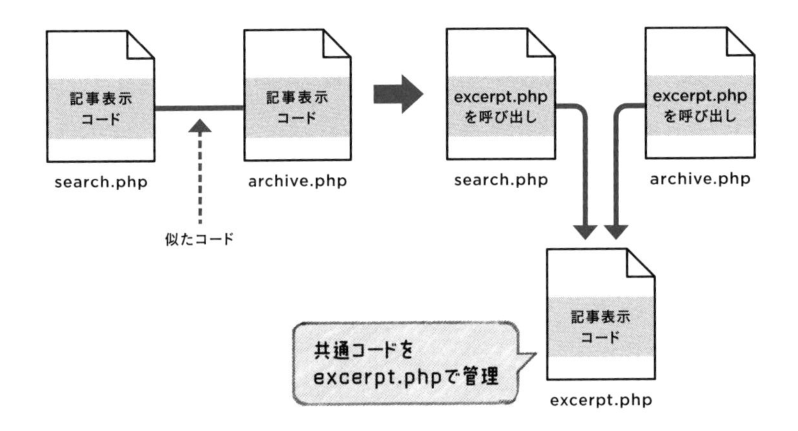

ただし、get_header()やget_footer()といった専用の関数は用意されていません。P.111でも触れていますが、get_template_part()関数を利用します。

```
get_template_part( 'excerpt' );
```

excerpt.phpを読み込む

get_template_part()関数に指定する引数は次のとおりです。

```
get_template_part(名前1, 名前2)
```

● 名前1

ファイル名

● 名前2(オプション)

ファイル名。初期値はなし

get_template_part('excerpt')のように、名前1のみを指定した場合は、excerpt.php(名前1.php)を読み込みます。

get_template_part('excerpt', 'post')のように、名前1と名前2を指定した場合は、excerpt-post.php(名前1-名前2.php)があればexcerpt-post.phpを読み込みます。excerpt-post.phpがない場合はexcerpt.php(名前1.php)を読み込むという仕組みです。

なお、パーツファイルには、下位フォルダのファイルを指定することができます。その場合、get_template_part('template-parts/post/excerpt')のように、名前1の部分にフォルダ名を含めて記述します。

```
get_template_part( 'template-parts/post/excerpt' );
```

テーマ内のtemplate-parts/postフォルダにあるexcerpt.phpを読み込む

パーツファイルが多くなる場合は、フォルダに分けて管理してみてもよいでしょう。

 記事を表示するexcerpt.php

では、次にexcerpt.phpの内容を見てみましょう。excerpt.phpには、投稿のタイトル、本文、投稿タグなどを出力するコードを書きます。

```
<article id="post-<?php the_ID(); ?>" <?php post_class(); ?>>

    <header class="entry-header">
        <?php
        $before_title = sprintf( '<h2 class="entry-title default-max-
        width"><a href="%s">', esc_url( get_permalink() ) );
        the_title( $before_title, '</a></h2>' );
        ?>
        <figure class="post-thumbnail">
            <a class="post-thumbnail-inner alignwide" href="<?php
            the_permalink(); ?>">
                <?php the_post_thumbnail(); ?>
            </a>
        </figure><!-- .post-thumbnail -->
    </header><!-- .entry-header -->

    <div class="entry-content">
        <?php the_excerpt(); ?>
    </div><!-- .entry-content -->

    <?php get_template_part( 'entry-footer' ); ?>
</article><!-- #post-${ID} -->
```

投稿IDを出力
クラス属性を出力
個別投稿へのリンクを出力
タイトルを出力
アイキャッチ画像を出力
抜粋を出力
entry-footer.phpを呼び出し

投稿IDとクラス属性を出力

まずは、article要素に投稿IDとクラス属性を出力します。

投稿IDを出力
クラス属性を出力

```
<article id="post-<?php the_ID(); ?>" <?php post_class(); ?>>
```

the_ID()は投稿IDを出力します。特定の投稿の見栄えを変更したい場合は、CSSでこのIDを利用できます。

post_class()は、その投稿の内容を示す文字列をクラス属性として出力します。たとえば投稿ID1、カテゴリー未分類(=カテゴリーID1)の投稿の場合は、次のようなクラスが付きます。

```
post-1 post type-post status-publish format-standard hentry category-uncategorized entry
```

出力されるHTMLは次のようになります。

```
<article id="post-1" class="post-1 post type-post status-publish format-standard hentry category-uncategorized entry">
```

投稿の種類によって見栄えを変更したい場合は、CSSでこれらのクラスを利用するとよいでしょう。

投稿タイトルの表示

次に投稿のタイトルを表示します。

```
$before_title = sprintf( '<h2 class="entry-title default-max-width">
<a href="%s">', esc_url( get_permalink() ) );
the_title( $before_title, '</a></h2>' );
```

個別投稿へのリンクを出力

タイトルを出力

the_title()は、タイトルを出力する関数です。

the_title(前の文字列, 後ろの文字列, 出力の有無)

- **前の文字列(オプション)**
  タイトルの前に記述する文字列を指定。初期値はなし
- **後ろの文字列(オプション)**
  タイトルの後ろに記述する文字列を指定。初期値はなし
- **出力の有無(オプション)**
  trueで出力、falseで出力しない。初期値はtrue

the_titleの引数にHTMLタグを指定することで、タイトルをHTMLタグで囲むことができます。

サンプルテーマのコードでは、タイトルをh2要素で囲み、a要素も追加することでタイトルをクリックした際に個別投稿へ移動できるようにします。

タイトルの前の文字列は、sprintf(2章p.056)を使って、

```
$before_title = sprintf( '<h2 class="entry-title default-max-width">
<a href="%s">', esc_url( get_permalink() ) );
```

と、h2要素とa要素の開始タグにget_permalink()関数を使用して取得したURLを埋め込んでいます。

get_permalink()関数の使い方は次のとおりです。

```
get_permalink(記事ID)
```

● **記事ID(オプション)**

URLを取得する記事IDを指定。初期値は表示中の記事

MEMO

get_permalink()関数はURLを返す関数ですので、esc_url()関数で無害化処理を行います(P.123)。

出力されるHTMLは次のようになります。

```
<h2 class="entry-title default-max-width"><a href="http://○○.com/?p=1">
記事タイトル</a></h2>
```

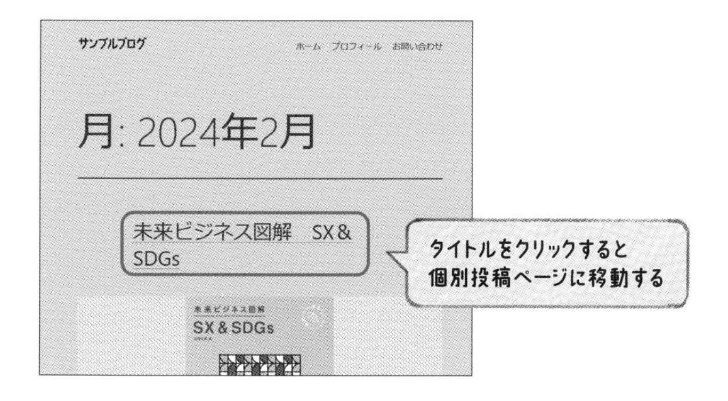

TIPS

get_permalink()と似た関数であるthe_permalink()関数は、記事URLを取得してesc_url()で無害化した後に出力します。P.155コードの9行目ではthe_permalink()を使用しています。

POINT the_title()をタグで直接囲まない理由

the_title()は、タイトルがない場合はなにも表示しません。たとえばタイトルをh2要素で囲むのであれば、次のように書いてもよいと思うかもしれません。

```
<h2 class="entry-title"><?php the_title(); ?></h2>
```

ですが、こう書くとタイトルがないときにも「<h2 class="entry-title"></h2>」のHTMLタグが出力されてしまいます。the_titleの引数で前後のタグを指定しておくことで、if文で「タイトルがある場合」といった条件分岐を行わなくても、タイトルがない場合に対応できます。P.152で紹介したthe_archive_title関数や、P.161で紹介するthe_tagsなども同様です。関数の引数で前後の文字列を指定しておけば、if文を書かずに済みます。

アイキャッチ画像の出力

アイキャッチ画像を出力します。アイキャッチ画像は、1つの投稿に1つの画像を設定できます。

```
<?php the_post_thumbnail(); ?>
```

the_post_thumbnail()は、アイキャッチ画像を出力する関数です。「the_post_thumbnail();」と記述すれば、自動的にimgタグにwidthやheightを付けて出力してくれます。

```
the_post_thumbnail(サイズ、属性)
```

● サイズ（オプション）
画像サイズ。キーワード（thumbnail、medium、large、full）または配列（array(100, 100)など）で指定。初期値はpost-thumbnail

● 属性（オプション）
連想配列で指定（array('alt'=>'thumbnail')など）。初期値はなし

出力されるHTMLは次のとおりです。

```
<img width="1200" height="600" src="http://○○.com/wp-content/uploads/2024/02/sample.jpg" class="attachment-post-thumbnail size-post-thumbnail wp-post-image" alt="" srcset=…以降、マルチデバイス用に複数サイズの画像srcsetを出力… />
```

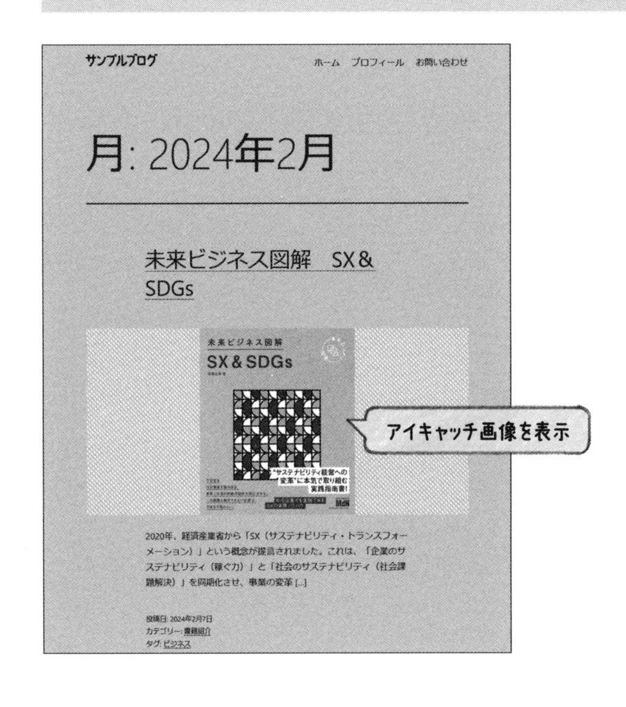
サンプルブログ
ホーム　プロフィール　お問い合わせ
月: 2024年2月
未来ビジネス図解　SX & SDGs
アイキャッチ画像を表示
2020年、経済産業省から「SX（サステナビリティ・トランスフォーメーション）」という概念が提唱されました。これは、「企業のサステナビリティ（稼ぐ力）」と「社会のサステナビリティ（社会課題解決）」を同期化させ、事業の変革 [...]
投稿日: 2024年2月7日
カテゴリー: 書籍紹介
タグ: ビジネス

TIPS
アイキャッチ画像は、すべての投稿にあるとは限りませんので、if文で条件分岐するとよいでしょう（P.177「やってみよう」参照）。

MEMO
アイキャッチ画像のデフォルトサイズpost-thumbnailは、set_post_thumbnail_size()で指定されたサイズです。この関数はfunctions.phpで指定します（P.210）。

投稿の抜粋の表示

次に投稿の本文を表示します。

```
the_excerpt();
```
抜粋を出力

the_excerpt() は投稿の抜粋を表示する関数です。抜粋は投稿作成時に入力できます。抜粋が入力されていない場合は、投稿のテキストを取り出して自動生成されます。

抜粋が自動生成されるときの文字数は、標準の状態では110文字となります。110文字を超える場合は、以降を削除して「[...]」を表示します。

HTML の出力は次のようになります。

```
<p>2020年、経済産業省から「SX(サステナビリティ・トランスフォーメーション)」という概念が提言されました。これは、「企業のサステナビリティ(稼ぐ力)」と「社会のサステナビリティ(社会課題解決)」を同期化させ、事業の変革[&hellip;]</p>
```

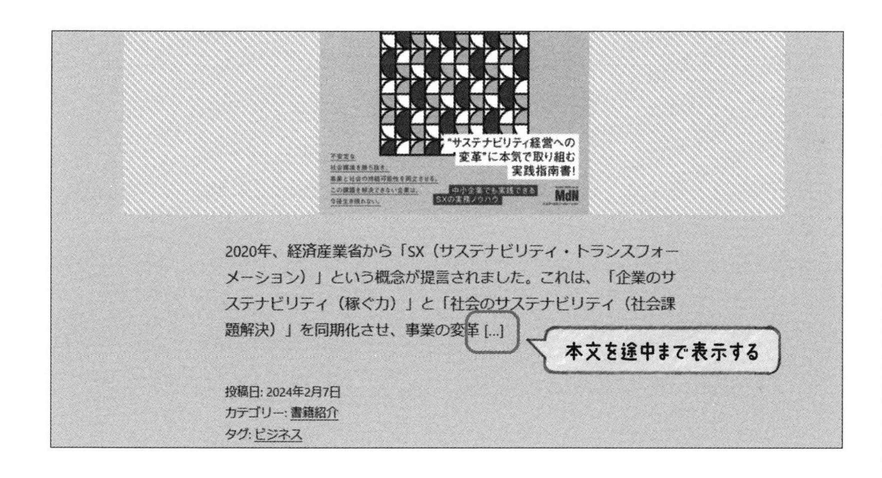

entry-footer.phpの呼び出し

次に entry-footer.php を呼び出しています。entry-footer.php では、投稿日、カテゴリー、タグを表示します。内容を順に見ていきましょう。

```
<footer class="entry-footer default-max-width">

    <span class="posted-on">
            投稿日: <?php echo esc_html( get_the_date() ); ?>
    </span>
```
日付を表示する

```
    <div class="post-taxonomies">
        <span class="cat-links">カテゴリー: <?php the_category( ', ');?>
        </span>
        <?php
        the_tags('<span class="tags-links">タグ: ', ',', '</span>' );
        ?>
    </div>
</footer><!-- .entry-footer -->
```

カテゴリーを表示する

タグを表示する

投稿日の表示

get_the_date()関数を使って、記事の投稿日を表示します。

```
投稿日: <?php echo esc_html( get_the_date() ); ?>
```

get_the_date(表示形式, 投稿)

● **表示形式（オプション）**
PHPのdate()関数と同様の引数を指定できる。初期値はWordPressの管理画面の設定

● **投稿（オプション）**
投稿ID／オブジェクトを指定できる。初期値は現在の投稿

表示形式は第一引数で指定できますが、第一引数を空にすると、管理画面の[設定＞一般＞日付形式]で指定した形式出力されます。管理画面で「Y年n月j日」を指定した場合、HTML出力は次のようになります。

```
投稿日: 2024年3月1日
```

カテゴリーと投稿タグの表示

次に、投稿記事のカテゴリーと投稿タグを表示します。まずはカテゴリーを見てみます。

カテゴリーを出力

```
<span class="cat-links">カテゴリー: <?php the_category( ', ' ); ?></span>
```

the_category()は記事のカテゴリー名を出力する関数です。

```
the_category(区切り文字, 親カテゴリーへのリンク, 投稿ID)
```

- **区切り文字（オプション）**
  複数のカテゴリーが存在する場合の区切り文字。初期値はulリスト
- **親カテゴリーへのリンク（オプション）**
  子カテゴリーに属しているときの親カテゴリーへのリンク。初期値はなし
- **投稿ID（オプション）**
  カテゴリーの取得対象にする投稿のID。初期値は表示中の投稿

the_category()で出力したカテゴリーには自動的にリンクが付き、クリックするとカテゴリーのアーカイブページが表示されます。投稿記事には複数のカテゴリーを設定できるため、複数ある場合は引数で指定した区切り文字で区切られます。

引数になにも指定しない場合は、<ul><li>カテゴリー名</li>……</ul>という形のリストとして出力されます。

「WordPress」「日記」のカテゴリーを投稿に設定した場合、出力されるHTMLは次のようになります。

```
<span class="cat-links">カテゴリー: <a href="http://○○.com/?cat=5"
rel="category">WordPress</a>, <a href="http://○○.com/?cat=4"
rel="category">日記</a></span>
```

次に投稿タグを表示します。

タグを出力

```
<?php the_tags( '<span class="tags-links">タグ: ', ', ', '</span>' ); ?>
```

the_tags()は投稿に付けられたタグを出力します。カテゴリーと同様に自動的にリンクが付き、クリックするとタグのアーカイブページが表示されます。

```
the_tags(前の文字列, 区切り文字, 後ろの文字列)
```

- **前の文字列（オプション）**
  タグの前に表示される文字列。初期値は「タグ:」
- **区切り文字（オプション）**
  複数のタグがある場合の区切り文字。初期値は「,」
- **後ろの文字列（オプション）**
  タグの後ろに表示する文字列。初期値はなし

「ABCD」「EFGH」というタグを投稿につけた場合、出力されるHTMLは次のようになります。

```
<span class="tags-links">タグ: <a href="http://○○.com/?tag=abcd" rel="tag">
ABCD</a>, <a href="http://○○.com/?tag=efgh" rel="tag">EFGH</a></span>
```

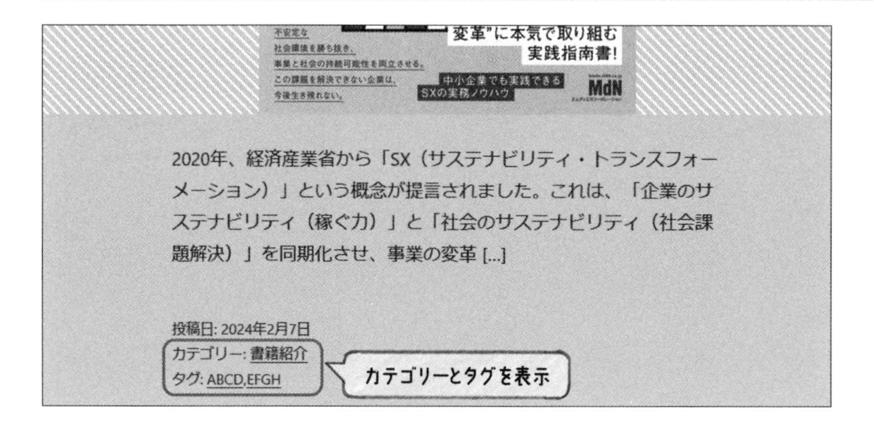
変革"に本気で取り組む
実践指南書!
中小企業でも実践できる
SXの実務ノウハウ
MdN
2020年、経済産業省から「SX（サステナビリティ・トランスフォーメーション）」という概念が提言されました。これは、「企業のサステナビリティ（稼ぐ力）」と「社会のサステナビリティ（社会課題解決）」を同期化させ、事業の変革 [...]
投稿日: 2024年2月7日
カテゴリー: 書籍紹介
タグ: ABCD,EFGH
カテゴリーとタグを表示

なお、カテゴリーではthe_category()を<span>で囲んでいますが、タグではthe_tags()の引数に<span>を指定しています。the_tags()を<span>で囲む形でコードを書くこともできますが、タグはカテゴリーと違い、記事によっては付いていない場合もあります。こう書くことで、タグが付いていない場合に不要な<span>を出力しないようにできます（P.157のPOINT「the_title()をタグで直接囲まない理由」参照）。

これでループ内のアーカイブ表示に関するexcerpt.phpのコードは終わりです。

ループ後の処理

ここからは、ループの後に書くコードの解説です。

記事一覧へのリンク表示

投稿記事が多い場合、WordPressは10件ごとに分割し、11件目以降は2ページ目に表示されます（初期設定の場合）。このため、前後の記事一覧へのリンクを出力する必要があります。記述は次のようになります（functions.php内）。

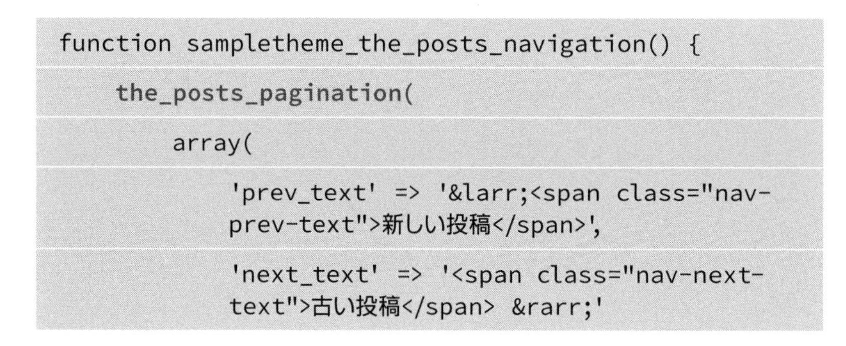

```
function sampletheme_the_posts_navigation() {
    the_posts_pagination(
        array(
            'prev_text' => '&larr;<span class="nav-prev-text">新しい投稿</span>',
            'next_text' => '<span class="nav-next-text">古い投稿</span> &rarr;'
```

MEMO

1ページに表示する記事数の初期設定は10件です。この記事数は管理画面の［設定＞表示設定］で変更できます。

```
            )
        );
}
```

the_posts_pagination()関数を使用して前後の記事一覧へのリンクを表示します。前後の記事がない場合も関数が適切に処理してくれます。

サンプルテーマでは、archive.phpの他にindex.phpやsearch.phpでもthe_posts_navigation()関数を使うので、この記述をfunctions.php内でsampletheme_the_posts_navigation()関数として定義して、その関数の中で呼び出しています。

```
the_posts_pagination(引数の配列)
```

● prev_text(オプション)
前の記事一覧へのリンクテキスト。デフォルトは「前へ」

● next_text(オプション)
次の記事一覧へのリンクテキスト。デフォルトは「次へ」

※ここでは主な引数のみを解説しています。

出力されるHTMLは次のとおりです。

```
<nav class="navigation pagination" aria-label="投稿">
    <h2 class="screen-reader-text">投稿ナビゲーション</h2>
    <div class="nav-links"><a class="prev page-numbers" href="http://○○.com/">&larr;<span class="nav-prev-text">新しい投稿</span></a>
    <a class="page-numbers" href="http://○○.com/">1</a>
    <span aria-current="page" class="page-numbers current">2</span>
    <a class="page-numbers" href="http://○○.com/?paged=3">3</a>
    <a class="page-numbers" href="http://○○.com/?paged=4">4</a>
    <a class="next page-numbers" href="http://○○.com/?paged=3">
    <span class="nav-next-text">古い投稿</span> &rarr;</a></div>
</nav>
```

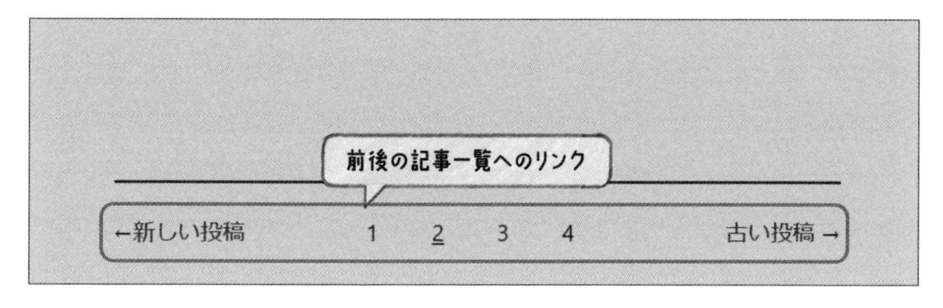

MEMO
このHTMLは2ページ目を表示している想定での出力例です。<h2 class="screen-reader-text">投稿ナビゲーション</h2>のテキストはスクリーンリーダー用のもので、CSSで表示しないように設定しています。

アーカイブがない場合の表示

アーカイブに表示する投稿がない場合の表示です。

```
<?php if ( have_posts() ) : ?>
    …中略…
<?php else : ?>
    記事はありません。
<?php endif; ?>
```

カテゴリー一覧を表示するとき、そのカテゴリーに属する投稿記事が必ずあるとは限りません。カテゴリーに属する投稿記事がない場合は、「記事はありません」と表示します。

フッターの読み込み

最後にフッターを読み込みます。

```
get_footer();
```

get_footer()の使い方はget_header()と同じです。引数を指定することができます。

```
get_footer(ファイル名)
```

● ファイル名（オプション）
footer-〇〇.phpを呼び出す際に指定。初期値はなし

なお、footer.phpについてはP.179で解説します。

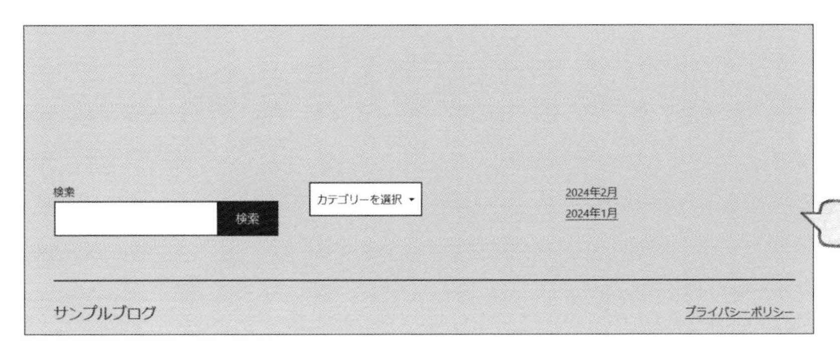

MEMO
get_footer()に似た関数にget_sidebar()があります。
サンプルテーマは1カラム(サイドバーなし)ですが、複数カラム(サイドバーあり)のテーマの場合、サイドバー部分を別ファイルに切り出してget_sidebar()で読み込むことが多いです。

MEMO
PHPコードは通常は「?>」で閉じますが、ファイルの末尾の場合は「?>」のあとに無駄な改行などが入っているとエラーの原因になることがあるため、最後の「?>」を書かないのが一般的です(書いても動作します)。

やってみよう

TRY 1

「アーカイブの説明」を表示する

サンプルブログ　ホーム　プロフィール　お問い合わせ

カテゴリー: 書籍紹介

未来ビジネス図解　SX&

サンプルブログ　ホーム　プロフィール　お問い合わせ

カテゴリー: 書籍紹介

ウェブデザインに役立つ書籍を紹介しています。

カテゴリーの説明を表示

考え方　WordPressには、get_the_archive_description()関数があります。この関数は、アーカイブページに合わせて、カテゴリーの説明や著者プロフィールなどを取得します。

get_the_archive_description()はデータ取得までを行うので、テーマ作者がセキュリティ対策とechoを行います。

wp_kses_post()関数（3章p.123）を使って、危険性の高いタグをフィルタリングしてからechoすればOKです。

カテゴリーの説明や著者プロフィールは管理画面から入力できますが、必ず入力されるとは限りません。なので、ifで条件分岐して、入力されている場合のみ出力するようにします。

コード（archive.php）

```
<header class="page-header alignwide">
    <?php the_archive_title( '<h1 class="page-title">', '</h1>' ); ?>
    <?php
    $archive_description = get_the_archive_description();
    if ( $archive_description ) :
    ?>
        <div class="archive-description"><?php echo wp_kses_post( $archive_description ); ?></div>
    <?php endif; ?>
</header><!-- .page-header -->
```

説明がある場合のみ実行

LESSON 05 個別投稿と固定ページを表示するコード

個別投稿・固定ページを表示するテンプレートファイルはsingular.phpです。前後の記事へのリンクやコメント機能についても解説します。

このレッスンでわかること

個別投稿と固定ページを表示するsingular.php ＋ 個別投稿表示のループ ＋ 前後の記事へのリンク出力

 個別投稿・固定ページを表示するsingular.php

WordPressでは、初期状態では何件かの投稿を一覧表示し、リンクをクリックすると投稿を1件だけ表示します。これを「個別投稿（シングルページ）」といいます。

固定ページは、「このブログについて」などのように、時系列で並べたり、日常的に追加したりする必要のないコンテンツに使われるページです。

個別投稿と固定ページは共通するコードが多いため、本書のサンプルテーマではsinglular.phpという1つのテンプレートファイルで両方を表示します。singular.phpでは、ヘッダーやフッターなどのパーツを呼び出し、タイトルと本文、個別投稿の場合は投稿日や前後の記事へのリンクなどを表示する処理を記述します。

MEMO
本書のサンプルテーマではsingular.phpで表示していますが、個別投稿はsingle.php、固定ページはpage.phpとテンプレートファイルを分けているテーマも少なくありません。個別投稿と固定ページで異なる処理が多い場合は分けるとよいでしょう。

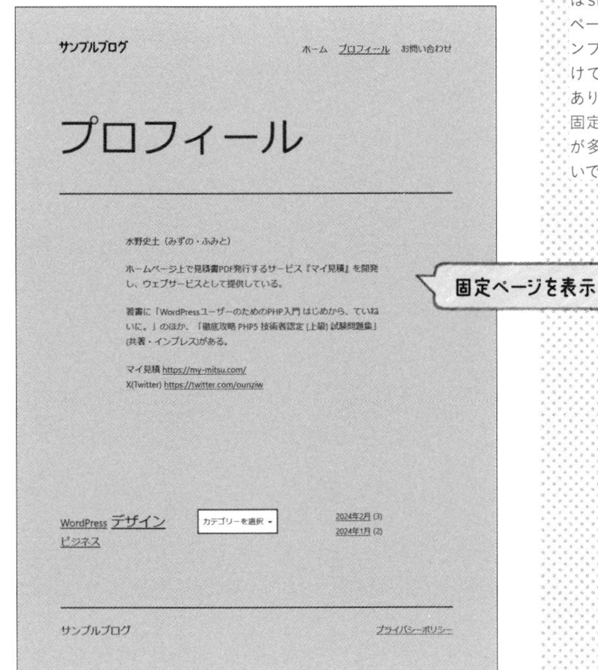

singular.phpのコード例

それではsingular.phpに記述するコードを見てみましょう。

```
<?php get_header();

while ( have_posts() ) :
    the_post();

    get_template_part( 'content' );

        if ( comments_open() || get_comments_number() ) {
            ?>
            <div class="entry-content">
                <?php
                    comments_template();
                ?>
            </div>
            <?php
        }
    if ( is_singular( 'post ') ) {
        the_post_navigation(
            array(
                'next_text' => '<p class="meta-nav">&gt;&gt;</p>
                <p class="post-title">%title</p>',
                'prev_text' => '<p class="meta-nav">&lt;&lt;</p>
                <p class="post-title">%title</p>',
            )
        );
    } //is_singular( 'post' )
endwhile;

get_footer();
```

header.phpを読み込む

content.phpを読み込む

コメント機能が有効、または
コメントが存在する場合

コメント欄を出力

個別投稿か判定する

前後の投稿へのリンク

footer.phpを読み込む

ヘッダー、フッターの表示はアーカイブ表示と同じなので、以降での解説は割愛します。

個別投稿表示のループ

個別投稿の場合、表示する投稿は1件しかありませんが、WordPressでは個別投稿の場合もループを使ってデータを取得します。whileからendwhileまでがWordPressループです。

the_post()は通常のループと同様、投稿のデータを1件ずつ取り出します(P.091)。では続きを見てみましょう。

content.phpの読み込み

ループ内ではまず、content.phpを読み込んでいます。

```
get_template_part( 'content' );   ← content.phpを読み込む
```

content.phpのコードは、P.155で解説したexcerpt.phpと似ています。このため、the_title()、the_post_thumbnail()、get_template_part()関数は解説を省略します。

```
<article id="post-<?php the_ID(); ?>" <?php post_class(); ?>>

    <header class="entry-header alignwide">
                                    タイトルを表示(P.156)
        <?php the_title( '<h1 class="entry-title">', '</h1>' ); ?>
            <figure class="post-thumbnail">
                <?php
                the_post_thumbnail( 'post-thumbnail',
                array( 'loading' => false ) );   ← アイキャッチ画像を表示(P.158)
                ?>
            </figure><!-- .post-thumbnail -->
    </header><!-- .entry-header -->

    <div class="entry-content">
        <?php
        the_content();   ← 本文を表示
        …中略(P.197で解説)…
        wp_link_pages();   ← ページ番号を表示
```

MEMO

同じ投稿者の投稿を一覧表示する部分と、カスタムフィールドを表示する部分もアーカイブページと異なりますが、これらのコードはP.188、P196で解説します。

```
        ?>
    </div><!-- .entry-content -->
    <?php if ( is_singular( 'post ') ) {?>
        <?php get_template_part( 'entry-footer' ); ?>
        …中略(P.188で解説)…
    <?php } //is_singular( 'post' ) ?>
</article><!-- #post-<?php the_ID(); ?> -->
```

個別投稿の場合のみ、entry-footer.phpを表示

entry-footer.phpを表示(P.154)

本文を表示するthe_content()

the_content()は、投稿の本文を出力する関数です。

the_content(続きのテキスト, moreの前を削るかどうか)

- **続きのテキスト(オプション)**
  個別投稿でない場合に表示するテキスト。初期値は「(さらに…)」
- **moreの前を削るかどうか(オプション)**
  trueにするとmoreタグ以降の本文を表示。初期値はfalseで全文表示

TIPS
the_content()関数はアーカイブ表示で使うこともできます。その場合、投稿本文に「続きを読む」ブロックを設定していればそこまで、「続きを読む」ブロックを設定していなければ全文が表示されます。

wp_link_pages()関数

wp_link_pages()は、ページが複数になる場合に、各ページへのリンクを出力する関数です。投稿の本文中に、「改ページ」ブロックを置くと、その場所で本文が区切られます。「改ページ」は複数置くことができます。

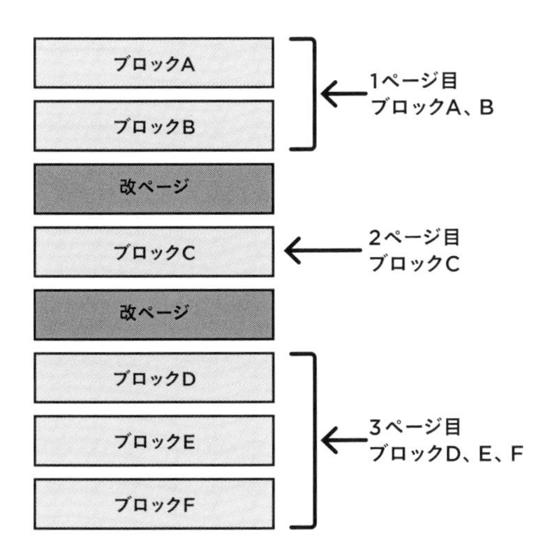

wp_link_pages(引数の配列)

● before(オプション)
リンクの前のテキスト。初期値は「<p>ページ:」

● after(オプション)
リンクの後のテキスト。初期値は「</p>」

● separator(オプション)
ページ番号の間のテキスト。初期値は「 」(空白1文字)

※主なものを抜粋して掲載しています。

出力されるHTMLは次のようになります。

```
<p class="post-nav-links">ページ: <span class="post-page-numbers current"
aria-current="page">1</span> <a href="○○.com/?p=1&#038;page=2"
class="post-page-numbers">2</a> <a href="https://○○.com/?p=1&#038;page=3"
class="post-page-numbers">3</a></p>
```

せっかくブログを書くのですから、有名ブロガーとまではいかなくても、せめてお小遣いくらいは稼ぎたいと思っている方も多いことでしょう。インターネットには無料でブログを作成できるサービスがいくつも存在しますが、それらは自分のブログと関係のない広告が出てきたり、商用利用に制限があったりと、思い通りに運営することはできません。本格的なブログを運営するなら、自分のドメインを取得して、WordPressを使うのが王道です。

ページ: 1 2 3　ページ分割を表示

カテゴリー: 書評　タグ: WordPress

個別投稿と固定ページを分岐する

アーカイブのセクションで紹介したentry-footer.phpでは、投稿日、カテゴリー、タグを表示します。通常の投稿では、投稿日、カテゴリー、タグを表示する、固定ページでは投稿日、カテゴリー、タグを表示しない、という設定にします。

このため、is_singular()関数を使って、個別投稿かどうかを判定します。

```
if ( is_singular( 'post' ) ) {
    // 個別投稿のときに実行する処理
}
```

```
is_singular(投稿タイプ)
```

● **投稿タイプ(オプション)**
投稿タイプを指定。初期値は「なし」で、どの投稿タイプの個別投稿でもtrueを返す

is_singular()関数は、個別投稿かどうかを判定する関数です。引数なしで指定すると、通常の投稿も固定ページもtrueを返します。サンプルテーマでは、引数でpostを指定することにより、通常の投稿の個別投稿ではtrue、固定ページではfalse、となるようにしています。こうすることで、通常の投稿の場合のみに投稿日を表示します。固定ページのみに表示したい場合は引数にpageを指定します。

コメントの表示

content.phpのコードを見終わりましたので、singular.phpのコードに戻ります。次に記述されているのがコメントを表示する部分です。初期設定ではコメント機能は有効になっていますが、管理画面で無効にすることもできます。また、投稿ごとにコメント有効／無効を選択できます。

```
if ( comments_open() || get_comments_number() ) {
    comments_template();
}
```

コメント機能が有効、またはコメントが存在する場合

コメント欄を出力

comments_open()はコメント機能が有効かどうかを判定する条件分岐タグです。get_comments_number()はコメント数を取得する関数になります。

```
get_comments_number(投稿ID)
```

● **投稿ID(オプション)**
コメント数を取得する投稿のIDを指定。初期値は現在表示中の投稿ID

詳しくはP.173のPOINTで解説しますが、get_comments_number()で取得したコメントが0の場合は、条件判定するとfalseになります。

comments_template()関数は、コメントテンプレートを出力します。テーマにcomments.phpがある場合はcomments.phpの内容が出力されます。テーマにcomments.phpがない場合はWordPressのデフォルトのコメント欄が出力されます。サンプルテーマにはcomments.phpは存在しないので、WordPressのデフォルトのコメント機能で処理しています。

MEMO
comments_template()関数では、引数でコメントを表示するテンプレートのファイル名を指定することができます。

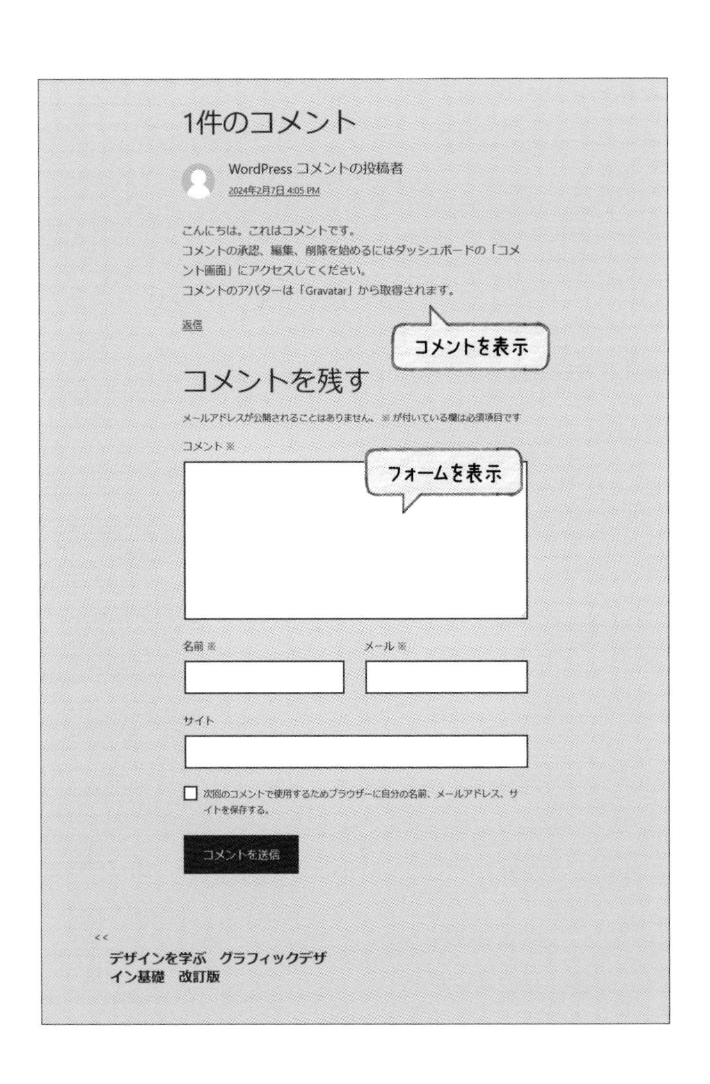

> **TIPS**
> 標準のWordPressのコメント欄はwp-includes/theme-compat/comments.phpが使われているので、テーマ独自のコメントテンプレートを作成する場合はこのファイルを参考にしましょう。

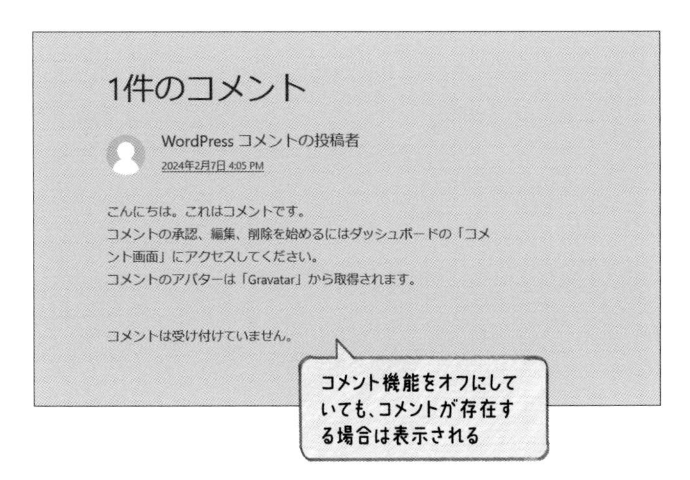

POINT　if条件式でさまざまな条件を設定する

P.050「ifを利用した条件判定」でif条件式を紹介しました。このときは条件判定部分、「if(～)」の～部分にある条件は1つだけで、条件分岐タグか比較式を用いたシンプルな形でした。しかし実際のプログラムの中では、もっと複雑な条件を書くこともよくあります。

■条件が複数の場合

ifに複数の条件を指定したいこともあります。たとえば、「○○または△△が真だった場合」といったケースです。singular.phpのコメント出力では次のような条件式になっていました。

```
if ( comments_open() || get_comments_number() ) :
```

ここには次の2つの条件判定があります。

- comments_open() ➡ コメント機能が有効
- get_comments_number() ➡ コメントが存在する（1以上）

さて、comments_open()とget_comments_number()の2つの条件の間に「||」という記号がありますね。この「||」はどういう役割でしょうか？

この記号は、たとえば「A || B」とした場合、「AまたはBのどちらかの条件が成立すれば真（ifの内容を実行）」という意味になります。singular.phpのコードであれば、「コメント機能が有効か、またはコメントが存在すればcomments_template()を実行」という意味です。

似た記号に「&&」があります。こちらは「A && B」とした場合、「AとBの両方とも成立すれば真」という意味です。

```
if ( comments_open() && get_comments_number() ) :
```

このように書いた場合は、「コメント機能が有効で、かつコメントも存在する場合はcomments_template()を実行」という意味になります。

この「||」と「&&」は、同じ記号を続けて、間に半角スペースなどは入れずに記述します。それぞれの真偽の関係は次のとおりです。

条件A	条件B	条件A&&条件B	条件A||条件B
真	真 ➡	真	真
真	偽 ➡	偽	真
偽	真 ➡	偽	真
偽	偽 ➡	偽	偽

条件が偽の場合に処理を実行

ある特定の条件が不成立の場合に処理を実行したいという場合もあるでしょう。たとえば「コメントを受け付けていない場合に処理を実行する」といった場合です。if～else文のelse側のみに処理を書く方法もありますが、「!」を使ったほうが簡単です。

```
if ( ! 条件 ) {
    // 処理
}
```

このように条件の先頭に!を付けると、「条件が成り立たない場合」に処理を実行します。「コメントを受け付けていない」という条件なら、「『コメントを受け付ける』が成り立たない」と考えればよいです。

```
if ( ! commments_open() ) {
    echo 'コメントを受け付けていません。';
}
```

条件A	!条件A
真	偽
偽	真

変数や関数を条件に指定

if文の条件は、比較式や条件分岐タグのほかに、数値や文字列を扱う変数や関数なども単独で指定することができます。

singular.phpの条件式にはcomments_open()とget_comments_number()を利用していました。comments_open()は条件分岐タグですが、get_comments_number()は条件分岐タグではなく、あくまでコメント数を取得する関数です。つまり、comments_open()はtrueかfalseを返しますが、get_comments_number()が返すのは数値です。この場合、コメント数が1以上であれば条件は真、0の場合は偽となります。

同様にif文の条件に変数を指定することもできます。

```
if ( $img ) {
    処理
}
```

この場合、$img が「空」でない場合は真となります。「空」とは、空文字列「''」、空の配列「array()」、真偽値のfalse、数値の0などです。ただし、変数$imgが未定義の場合はWarningエラー(P.265参照)になります。

前後の記事へのリンクの出力

個別投稿では、前後の記事へのリンクを出力します。the_post_navigation()関数を使用します。前後の記事がない場合は何も表示されません。

```
the_post_navigation(  ← 前後記事へのリンク
    array(
        'next_text' => '<p class="meta-nav">&gt;&gt;</p><p class="post-title">%title</p>',
        'prev_text' => '<p class="meta-nav">&lt;&lt;</p><p class="post-title">%title</p>',
    )
);
```

the_post_navigation(引数の配列)

- **prev_text(オプション)**
  前の記事一覧へのリンクテキスト。デフォルトは「%title」
- **next_text(オプション)**
  次の記事一覧へのリンクテキスト。デフォルトは「%title」
- **in_same_term(オプション)**
  同じカテゴリー/タグの記事を表示する場合はtrue。デフォルトはfalse
- **exclude_terms(オプション)**
  除外するカテゴリー/タグをIDで指定。デフォルトはなし
- **taxonomy(オプション)**
  カテゴリー(category)、タグ(post_tag)などを指定する。デフォルトは「category」

TIPS
WordPressでは、タクソノミーとしてカテゴリーとタグが用意されています。本書では詳しくとりあげませんが、カスタムタクソノミーという機能もあり、この機能で自分でタクソノミーを追加することができます。

HTMLの出力は次のようになります。

```
<nav class="navigation post-navigation" aria-label="投稿">
    <h2 class="screen-reader-text">投稿ナビゲーション</h2>
    <div class="nav-links"><div class="nav-previous"><a href="http://○○.com/?p=1" rel="prev"><p class="meta-nav">&lt;&lt;</p><p class="post-title">前記事のタイトル</p></a></div><div class="nav-next"><a href="http://○○.com/?p=44" rel="next"><p class="meta-nav">&gt;&gt;</p><p class="post-title">次記事のタイトル</p></a></div></div>
</nav>
```

<h2 class="screen-reader-text">投稿ナビゲーション</h2>のテキストはスクリーンリーダー用のもので、CSSで表示しないように設定しています。

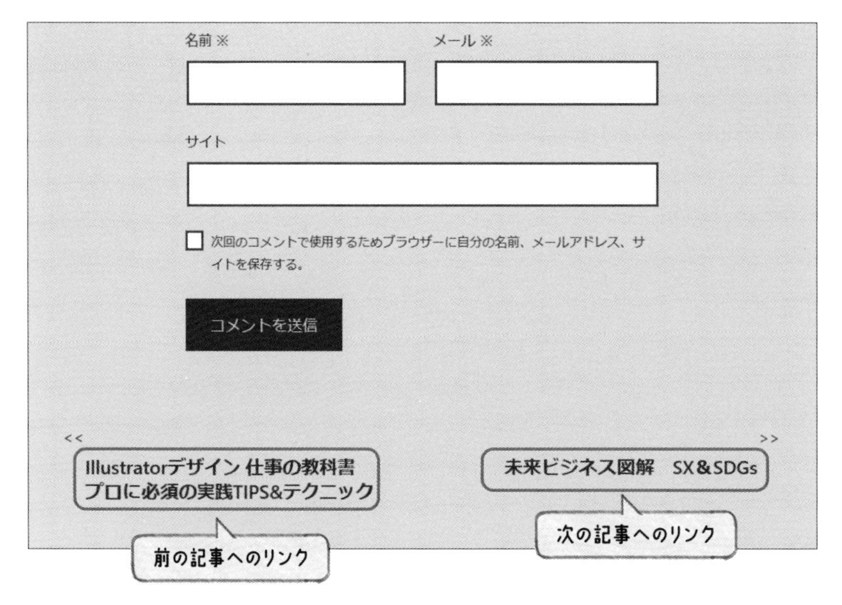

なお、同じカテゴリーに属する前後の記事にリンクしたい場合は、in_same_termにtrueを指定します。

```
the_post_navigation(
    array(
        'next_text' => '<p class="meta-nav">&gt;&gt;</p><p class="post-
        title">%title</p>',
        'prev_text' => '<p class="meta-nav">&lt;&lt;</p><p class="post-
        title">%title</p>',
        'in_same_term' => true
    )
);
```

同じカテゴリーの記事へのリンクになる

また、通常の投稿は投稿の間で順序がありますが、固定ページの場合は固定ページの間で順序はありません。このため、entry-footer.phpの読み込み(P.171)と同様に

```
if( is_singular( 'post' ) ) {
```

を使って条件分岐しています。

やってみよう

TRY 1

アイキャッチ画像がない場合は前後のfigureタグを表示しないようにする。

```
<header class="entry-header">
    <h1 class="entry-title">タイトル</h1>
    投稿日: 2024年2月1日
</header><!-- .entry-header -->
<figure class="post-thumbnail">
</figure><!-- .post-thumbnail -->

<div class="entry-content">
```

不要なHTMLタグを表示しないようにする

```
<header class="entry-header">
    <h1 class="entry-title">タイトル</h1>
    投稿日: 2024年2月1日
</header><!-- .entry-header -->

<div class="entry-content">
```

未来ビジネス図解　SX＆SDGs
未来ビジネス図解
SX & SDGs
アイキャッチ画像
2020年、経済産業省から「SX（サステナビリティ・トランスフォーメーション）」という概念が提唱されました。これは、「企業のサステナビリティ（稼ぐ力）」と「社会のサステナビリティ（社会課題解決）」を同期化させ、事業の変革 [...]

考え方　アイキャッチ画像がない場合に不要なタグを表示しないようにするには、アイキャッチ画像の有無を調べる条件分岐を追加します。WordPressドキュメントで、アイキャッチ画像の有無を調べる関数を探してみると、has_post_thumbnail()関数が見つかるので、これをif文の条件に指定しましょう。

コード（content.php）

```
<?php if ( has_post_thumbnail() ) { ?>
    <figure class="post-thumbnail">
        <?php the_post_thumbnail('post-thumbnail',
        array( 'loading' => false )); ?>
    </figure><!-- .post-thumbnail -->
<?php } ?>
```

has_post_thumbnailで、アイキャッチがあるかどうかを判定

アイキャッチを出力

やってみよう

TRY 2

投稿が更新されたら更新日を表示する。

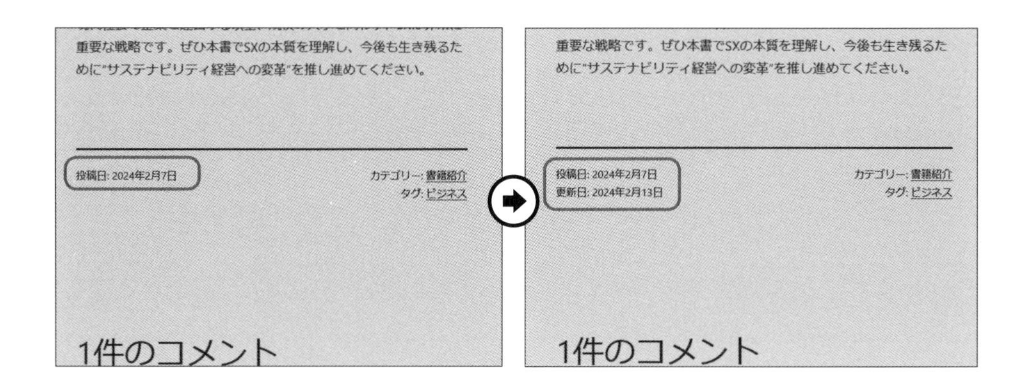

考え方 投稿の更新日は、the_modified_date()関数で出力できます。the_modified_date()の引数は、the_date()関数と同じです。

if文などでデータを使うには、投稿日はget_the_date('Ymd')、更新日はget_the_modified_date('Ymd')でデータを取得します。投稿後に更新していない場合は、更新日と投稿日は同じです。両者を比較し、更新日のほうが新しい(大きい)場合のみ、更新日を表示するようにしましょう。

コード(entry-footer.php)

```
投稿日: <?php echo esc_html( get_the_date() ); ?>
<?php if ( get_the_modified_date( 'Ymd' ) > get_the_date( 'Ymd' ) ) : ?>
<?php the_modified_date( '', '更新日: ' ); ?>
<?php endif; ?>
```

更新日と投稿日を比較し、更新日が新しい(数字が大きい)場合を判定

更新日を表示する

「'Ymd'」は、日付を数字のみ(年4桁 + 月2桁 + 日2桁)にします。こうすることで日付の大小比較が可能になります。もし、この引数を指定しないと、管理画面での日付のフォーマットの設定によっては正しく判定されないことがあります。

たとえば、管理画面で「m/d/Y」を指定した場合、10/10/2023(2023年10月10日)と07/10/2024(2024年7月10日)では10/10/2023のほうが大きいと判定されてしまい、日付の正しい比較ができません。「ynj」のように日付によって桁数が異なる可能性がある比較も、正しい判定が行えません。

フッターに記述するコード

コンテンツが終了した後のHTMLを出力するのがfooter.phpです。ウィジェットを使うとフッターの内容が編集しやすいです。一部のJavaScriptはフッター部分に出力します。

このレッスンで わかること

フッターを表示するfooter.php ＋ ウィジェットとは ＋ wp_footer()関数

フッターの表示を行うfooter.php

footer.phpには基本的にコンテンツが終わったあとのコードを書きます。コンテンツの閉じタグやサイトのフッター、およびHTMLの最後の部分を書くのが一般的です。footer.phpもheader.phpと同様、ほぼすべてのページから読み込まれます。

サンプルテーマでは、フッター部分にウィジェットを設置し、どのウィジェットを表示するかは管理画面から設定しています。

MEMO
フッターにもメニューを設定できるように、P.144と同様のメニュー用のコードも記述しています。

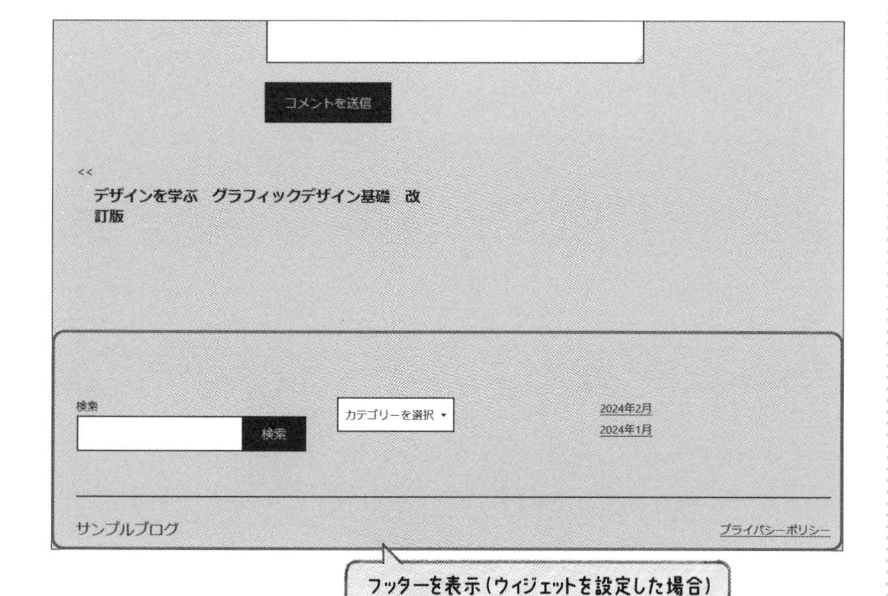

フッターを表示（ウィジェットを設定した場合）

footer.phpのコード例

それではfooter.phpに記述するコードを見てみましょう。

```
</main><!-- #main -->
</div><!-- #primary -->
</div><!-- #content -->

<?php if ( is_active_sidebar( 'sidebar-1' ) ) : ?>
    <aside class="widget-area">
        <?php dynamic_sidebar( 'sidebar-1' ); ?>
    </aside><!-- .widget-area -->
<?php endif; ?>

<footer id="colophon" class="site-footer">
    …中略（フッターメニュー・P.143と同様）…
    <div class="site-info">
        <div class="site-name">
            <?php bloginfo( 'name' ); ?>
        </div><!-- .site-name -->
        <?php the_privacy_policy_link( '<div class="privacy-policy">',
        '</div>' );?>
    </div><!-- .site-info -->
</footer><!-- #colophon -->

</div><!-- #page -->

<?php wp_footer(); ?>

</body>
</html>
```

メインコンテンツの最後のコード

これらの閉じタグはheader.phpの最後に対応する

ウィジェットが設置されているかどうかをチェック

ウィジェットを表示

プライバシーポリシーページへのリンクを表示

JavaScriptへのコードリンクなどを出力。footer.phpに必ず書く

基本的にはそれほど長いコードは書かれません。WordPressが出力するHTMLの最後の部分なので、</body></html>を記載します。不思議に見えるのは最初の3行でしょう。

```
</main><!-- #main -->
</div><!-- #primary -->
</div><!-- #content -->
```

これは、header.phpの最後の3行（P.131）に記載されているdivブロックの閉じタグです。

```
<div id="content" class="site-content">
    <div id="primary" class="content-area">
        <main id="main" class="site-main">
```

header.phpの最後の3行

基本的にアーカイブや個別投稿、固定ページなどの表示ページでは開始行でheader.php、最終行でfooter.phpを読み込んでいますので、コンテンツはこのdivブロック内に入っていることになります。

ウィジェットとは

ウィジェットはWordPressが用意している部品のことで、サイドバーやフッターなどの記事のメインではない部分の表示によく使用されます。サンプルテーマではフッター部分と検索結果（P.202）で使用しています。

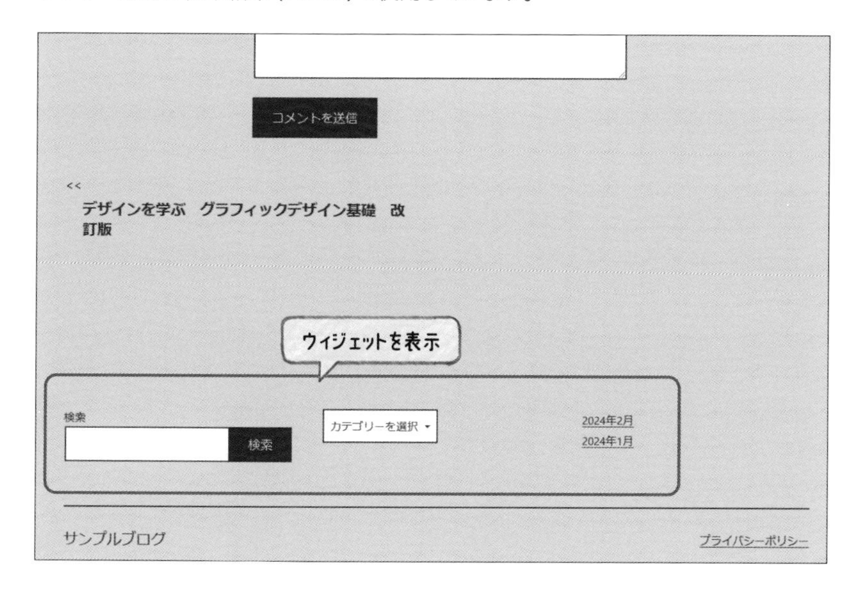

以下のウィジェットが用意されています。

アーカイブ	月別アーカイブを表示
カレンダー	カレンダーを表示。投稿した日付から個別投稿へリンクする
カテゴリー一覧	カテゴリー一覧を表示
カスタムHTML	任意のテキスト
最新のコメント	ブログの新着コメントを表示
最新の投稿	新着投稿を表示
固定ページリスト	ページ一覧を表示
RSS	RSSフィードのURLを指定するとRSSの内容を表示
検索	検索ボックスを表示
ショートコード	テーマやプラグインの独自コードを実行
ソーシャルアイコン	主要なウェブサービスのアイコンを表示
タグクラウド	タグを表示。よく使われているタグが大きく表示される
メタ情報	ログインページへのリンク、wordpress.orgへのリンクなどを表示
ナビゲーションメニュー	メニューを表示

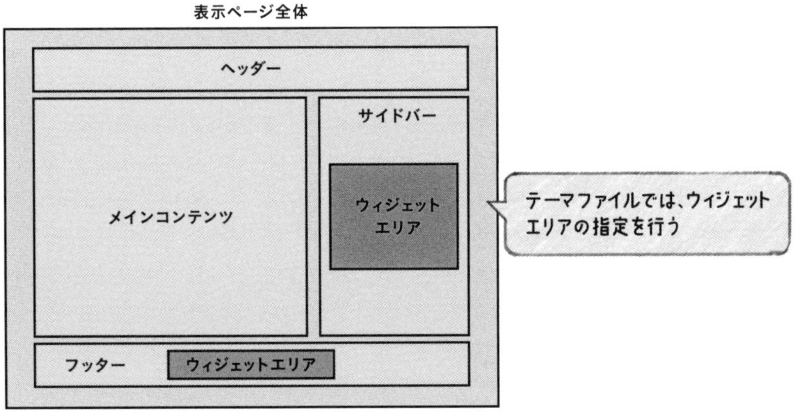

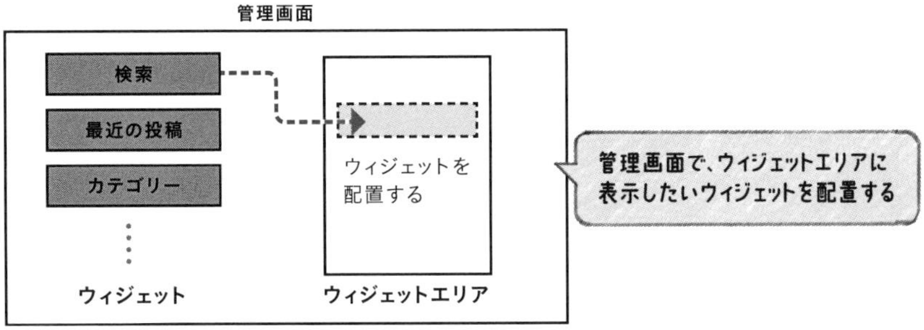

MEMO
投稿に用いるブロック（テキスト、画像、動画など）も、ウィジェットエリアに配置できます。

ウィジェットを利用するときは、functions.phpにウィジェットの名前などを登録し、テンプレートファイルにはウィジェットを表示する場所である、ウィジェットエリアを記載します。実際にどのウィジェットを表示するかは管理画面の［外観＞ウィジェット］で設定します。

テーマではウィジェットエリアという入れ物を用意しておき、管理画面でその中にいくつかのウィジェットを並べていく、というイメージです。

MEMO
本書のサンプルテーマにはサイドバーは存在しませんが、サイドバーを作成する場合はウィジェットエリアを設置するのが一般的です。

もちろん、テンプレートファイルに直接、検索ボックス、新着投稿、カテゴリー一覧などを表示するコードを書くこともできます。しかしこの場合、あとで並べ替えたり、内容を変えたくなったときに、テンプレートファイルを変更する必要があります。ウィジェットで管理すれば、並べ替えや追加も管理画面から手軽に行えます。

TIPS
テーマやプラグインによっては、独自のウィジェットを追加するものもあります。

ウィジェットの出力

それでは、フッターにウィジェットを表示する際に必要なコードと作業を見ていきましょう。次のような手順になります。

1. functions.phpでウィジェットエリアを登録
2. footer.phpでウィジェットエリアの出力コードを記述
3. 管理画面の［外観＞ウィジェット］でウィジェットを配置

①functions.phpで登録

ウィジェットエリアを登録する際は、widgets_initアクションフックでregister_sidebar()関数を実行するように設定します。functions.phpに次のように記述します。

MEMO
ウィジェットはサイドバー以外でも利用できますが、サイドバーによく使われることから、register_sidebar()関数など、sidebarという名前が入っています。

```
function sampletheme_widgets_init() {
    register_sidebar(
        array(
            'name'          => 'フッター',
            'id'            => 'sidebar-1',
            'description'   => 'フッターウィジェットです',
            'before_widget' => '<section id="%1$s" class="widget %2$s">',
            'after_widget'  => '</section>',
        )
    );
    …中略（検索ページ用の同様のウィジェットエリア）…
}

add_action( 'widgets_init', 'sampletheme_widgets_init' );
```

ウィジェットエリアを設定

widgets_initアクションフックに登録

4

06 フッターに記述するコード

ウィジェットエリアを登録したい数だけ、register_sidebar()関数を実行する必要があります。ここではフッター用にウィジェットエリアを1つ登録しています。ウィジェットエリアを複数つくりたい場合は、register_sidebar()関数を複数実行します。

register_sidebarの引数は連想配列(P.043)で指定します。配列のキーの意味は表のとおりです。

キー	説明
name	管理画面で表示される名前
id	ウィジェットエリアID。半角英数字でつける。ウィジェットエリアを複数登録するときは重複しないようにする
description	管理画面に表示する説明
before_widget	ウィジェットの前の文字列。初期値は「<li id="%1$s" class="widget %2$s">」。WordPressの機能により、%1$sは各ウィジェットに付与されるid、%2$sはウィジェットを示すクラス名が出力される
after_widget	ウィジェットの後ろの文字列。初期値「</li>\n」(\nは改行)

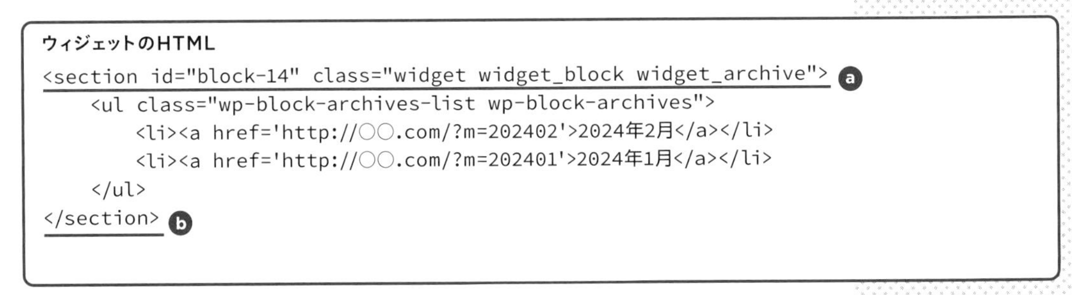

連想配列に指定するキー
- a before_widget
- b after_widget

```
<section id="block-14" class="widget widget_block widget_archive">
```

ウィジェットのID(番号は自動採番) / ウィジェットの種類

name、descriptionは管理画面で図のように表示されます。

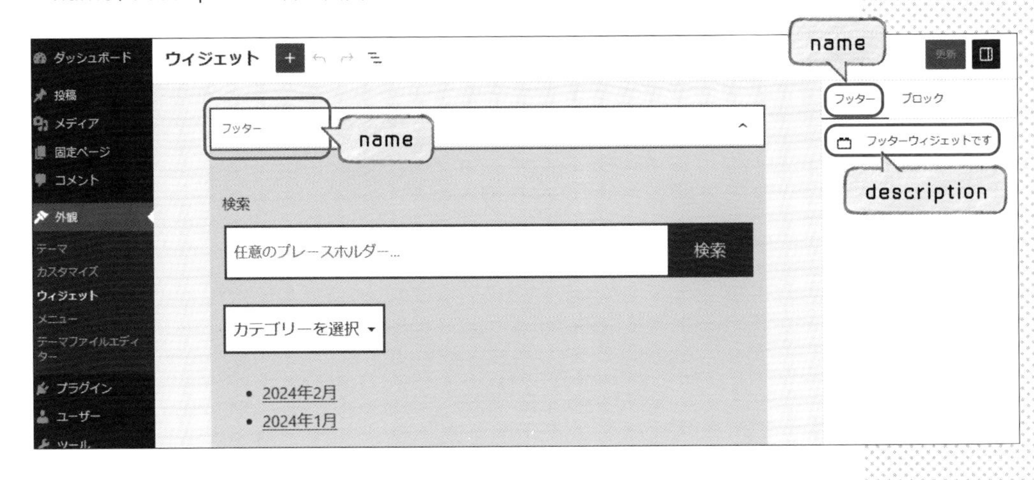

ウィジェットを管理する際にウィジェットエリアの区別がつくように、わかりやすい名前と説明をつけておきましょう。

②テンプレートファイルへの記述

これでウィジェットエリアを登録できたので、footer.phpへウィジェットを表示するコードを書きます。

```
<?php if ( is_active_sidebar( 'sidebar-1' ) ) : ?>
    <aside class="widget-area">
        <?php dynamic_sidebar( 'sidebar-1' ); ?>
    </aside><!-- .widget-area -->
<?php endif; ?>
```

ウィジェットが設置されているかチェック

ウィジェットを出力

ウィジェットは管理画面で設定しますが、ウィジェットエリアを登録していても、そのエリアにウィジェットを必ず設置しなくてはならないわけではありません。このため、ウィジェットが1個以上設置されているかどうかをis_active_sidebar()関数で確認しています。

is_active_sidebar(ウィジェットID)

● ウィジェットID
register_sidebar()で指定したウィジェットID

ウィジェットが登録されている場合に、ウィジェットの内容を出力する関数はdynamic_sidebar()です。

dynamic_sidebar(ウィジェットID)

● ウィジェットID
register_sidebar()で指定したウィジェットID

③管理画面でウィジェットを登録

管理画面の[外観>ウィジェット]でウィジェットを登録します。左側のウィジェット一覧から、右側のウィジェットエリアにドラッグ&ドロップしましょう。

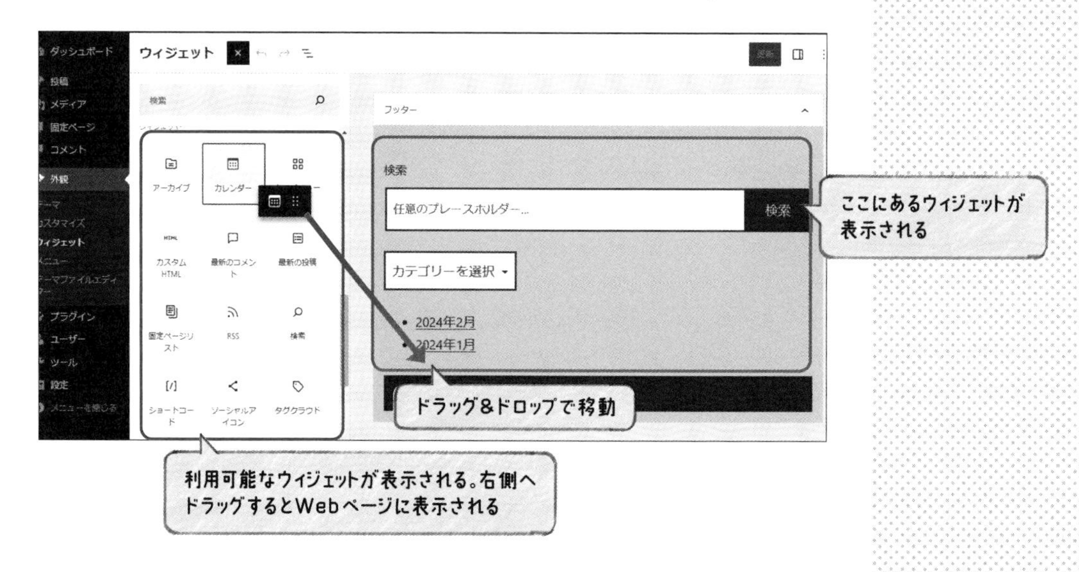

たとえば、カレンダーをドラッグ&ドロップでウィジェットエリアに設置すると、カレンダーが表示されます。

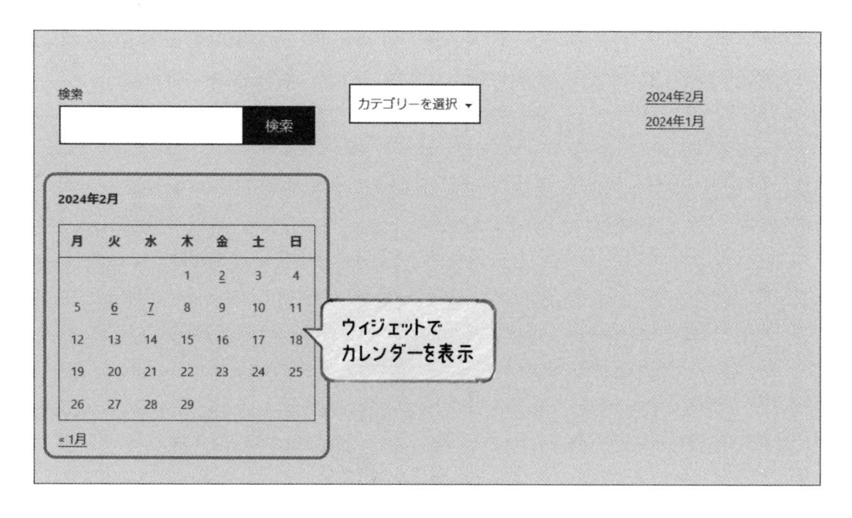

フッターにサイト情報を表示

footer.phpではウィジェットを設置するほかに、サイト名、プライバシーポリシーページへのリンクを表示します。

```
<div class="site-info">
    <?php bloginfo( 'name' ); ?>
    <?php the_privacy_policy_link(); ?>
</div><!-- .site-info -->
```

bloginfo('name')は、P.132-133で解説しましたが、Webサイトのタイトルを表示します。the_privacy_policy_link()関数は、WordPress管理画面の[設定>プライバシー]で選んだページへのリンクを表示します。プライバシーポリシーページを選んでいない場合は、the_privacy_policy_link()関数は何も表示しません。

```
the_privacy_policy_link(前の文字列, 後ろの文字列)
```

● **前の文字列(オプション)**
リンクの前に表示される文字列。初期値はなし

● **後ろの文字列(オプション)**
リンクの後ろに表示される文字列。初期値はなし

wp_footer()関数

footer.phpに必ず書く必要があるのがwp_footer()関数です。アクションフック(P.117)を登録する関数で、</body>の直前に書きます。

プラグインによっては、JavaScriptを<head>～</head>ではなく、フッター(</body>の直前)で読み込まないと動作しないものがあります。テーマのフッター部分にwp_footer();を記述しないと、ここでJavaScriptを読み込む記述が出力されません。プラグインを導入したときに正常に動作しなくなる原因にもなりますので注意しましょう。

MEMO
wp_footer()関数でリンクが出力されるのは、wp_enqueue_script()関数(P.139)の引数で「読み込み位置」が「true」になっているJavaScriptです。

```
<?php wp_footer(); ?>
```

JavaScriptへのリンクなどを出力。フッター部分に必ず書く

サンプルテーマの場合は次のようなJavaScriptファイルへのリンクが出力されます。

```
<script src='http://○○.com/wp-content/themes/sampletheme/assets/js/primary-navigation.js?ver=1.4' id='sampletheme_scripts-primary-navigation-script-js'></script>
<script src='http://○○.com/wp-content/themes/sampletheme/assets/js/responsive-embeds.js?ver=1.4' id='sampletheme-responsive-embeds-script-js'></script>
```

メインクエリとは異なるコンテンツを表示するコード

WordPressではURLで指定されるコンテンツを表示しますが、指定された以外のコンテンツを表示したいこともあります。その場合はget_posts関数を使用します。

このレッスンでわかること

メインクエリとサブクエリ ＋ サブクエリを発行するget_posts ＋ サブクエリのデータを出力するループ

メインクエリとサブクエリ

ここまでの知識でおおよそページがつくれるようになったので、このLESSON以降はこれまでに触れていない機能やコードのうち、よく使われるものについて解説していきます。

さて、P.012「WordPressでページが表示される仕組み」でも解説したように、WordPressではURLで指定されたデータを取得します。このURLによるコンテンツのリクエストを「メインクエリ」、または「WordPressクエリ」といいます。「クエリ」はデータベースへの処理要求のことで、ここでは「表示するコンテンツの指定」くらいに捉えておきましょう。

たとえば、トップページの場合、WordPressの初期設定では「最新の投稿一覧」がメインクエリの内容で、WordPressのループもこれらの投稿が処理対象になります。また個別記事の場合は、URLで指定したIDの投稿がメインクエリの内容で、WordPressのループで投稿記事のデータが表示されます。

URL	表示されるデータ
/	トップページ（初期設定では最新の投稿一覧）
/?p=1	URLで指定したIDの投稿
/?page_id=2	URLで指定したIDの固定ページ
/?cat=1	URLで指定したカテゴリIDのアーカイブ
/?m=202402	URLで指定した年月（年4桁月2桁）のアーカイブ
/?m=2024	URLで指定した年（年4桁）のアーカイブ
/?author=1	URLで指定した著者IDのアーカイブ
/?cat=1&m=202402	URLで指定したカテゴリID＆年月のアーカイブ

TIPS
管理画面の［設定＞パーマリンク設定］を「基本」以外に設定した場合、それらのURL（パーマリンク）も有効になります。ただし、「URLで指定したカテゴリID＆年月のアーカイブ」に対応するパーマリンクは生成されませんので注意しましょう。

このようにWordPressではURLを指定して表示するコンテンツを指定できるため、通常はテーマにデータを取得するコードを書かなくてもよいわけです。

しかし、指定したURLのメインクエリに含まれないコンテンツを取得して表示したい場合もあるかもしれません。たとえば、「個別投稿の内容の後に、同じ人が書いた記事リストを表示したい」、「個別投稿の内容の後に、関連記事（同じカテゴリーの記事）一覧を表示したい」といった場合です。

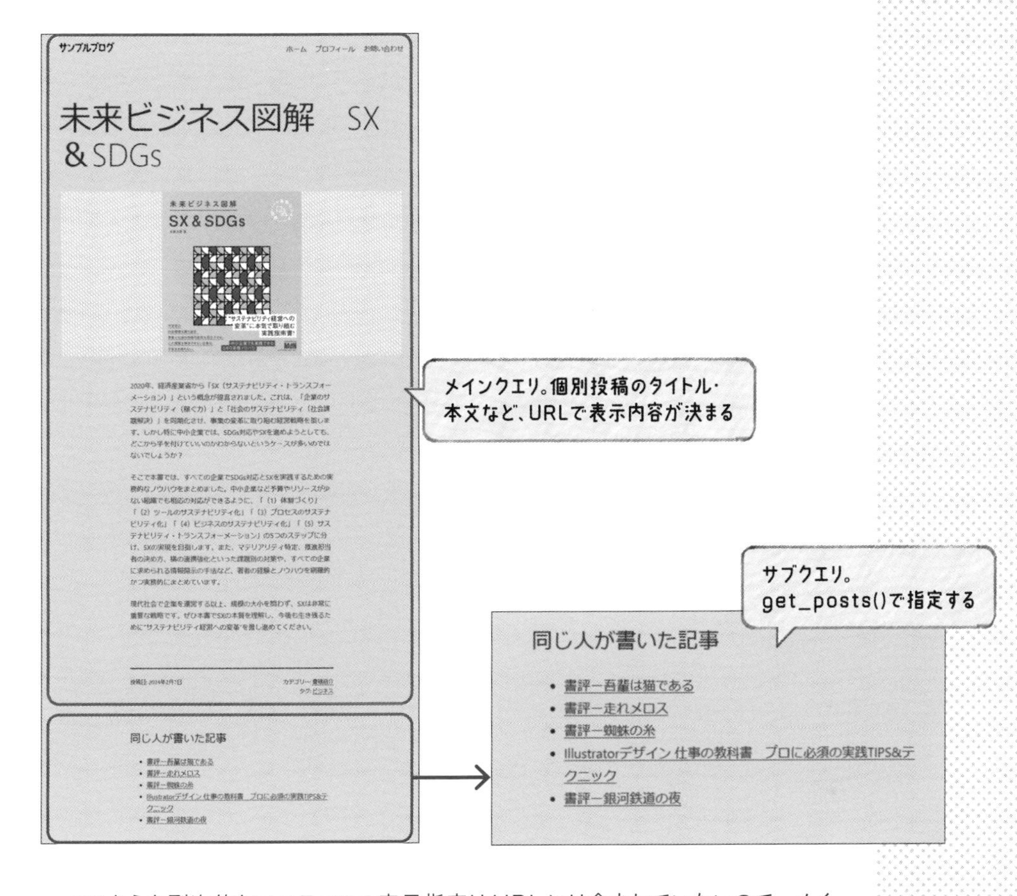
サンプルブログ
ホーム プロフィール お問い合わせ
未来ビジネス図解 SX & SDGs
メインクエリ。個別投稿のタイトル・本文など、URLで表示内容が決まる
サブクエリ。get_posts()で指定する
同じ人が書いた記事
書評ー吾輩は猫である
書評ー走れメロス
書評ー蜘蛛の糸
Illustratorデザイン 仕事の教科書 プロに必須の実践TIPS&テクニック
書評ー銀河鉄道の夜

このような副次的なコンテンツの表示指定はURLには含まれていないので、メインクエリだけでは表示できません。メインクエリ以外のクエリを「サブクエリ」といいますが、サブクエリを使用する必要があります。このサブクエリを発行する関数がget_posts()関数です。

個別投稿のページ

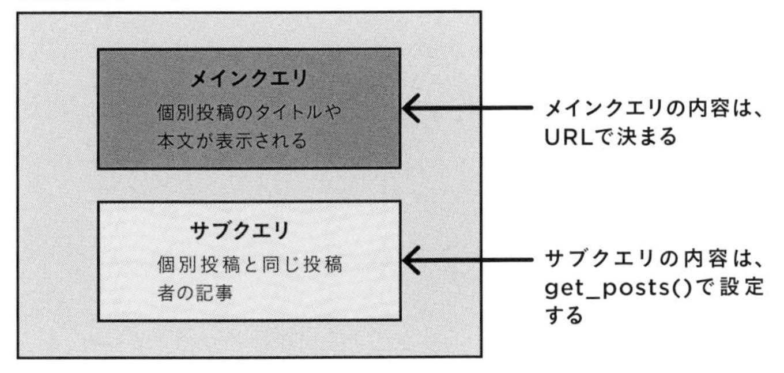
メインクエリ
個別投稿のタイトルや本文が表示される
メインクエリの内容は、URLで決まる
サブクエリ
個別投稿と同じ投稿者の記事
サブクエリの内容は、get_posts()で設定する

つまり、このget_posts()関数を利用することで、URLに応じてデフォルトで表示されるコンテンツ以外のデータを引き出して、表示することができるようになるわけです。

get_posts()の使い方

前述のようにget_posts()関数はサブクエリを発行する関数として用意されています。「どのようなデータを取得したいか」を引数で設定することで、さまざまなデータを取得することができます。

get_posts(取得するデータ)

● 取得するデータ
取得するデータを連想配列で指定

get_posts()関数は連想配列の引数を取り、引数の抽出条件に基づいてデータベースからデータを取得します。おもな連想配列のキーは次のようになります。

連想配列のキー	意味	値の例
posts_per_page	1ページに表示する投稿数	5
author	投稿者ID	1
category	カテゴリー ID	2
category__in	いずれかのカテゴリー	array(1, 3)
exclude	除外する投稿のID	3
orderby	並び順	ID, date, rand

たとえば引数が「array('category' => 3)」なら「カテゴリーID3の投稿を抽出する」となりますし、「array('category' => 3, 'exclude' => 10)」なら「カテゴリーID3の投稿を抽出するが、投稿ID10の投稿は除く」となります。

get_posts()を記述する

では、get_posts() 関数を使って、個別投稿の内容の下に、同じ投稿者の記事を5件表示する方法を見てみましょう。

個別投稿を表示するsingular.phpでは、次のようなループが記述されています。

```
while ( have_posts() ) :
    the_post();

    get_template_part( 'content' );
    if ( comments_open() || get_comments_number() ) {
            …コメント欄の表示…
    }
```

```
    if ( is_singular( 'post' ) ) {
        the_post_navigation(
            …前後の記事へのリンク…
        );
    }
endwhile;
```

content.phpを読み込んだ後、コメントと前後の記事へのリンクを表示しています。ここでは投稿一覧をコメントの前に表示するため、content.phpの中にget_posts()関数を書きます。

```
<?php
$postid   = get_the_ID();
$authorid = get_the_author_meta( 'ID' );

$args = array(
    'posts_per_page' => 5,
    'author'         => $authorid,
    'orderby'        => 'rand',
    'exclude'        => $postid
);
$myposts = get_posts( $args );
echo '<h3>同じ人が書いた記事</h3>';
if ( $myposts ) :
    echo '<ul>';
    foreach ( $myposts as $post ) :
        setup_postdata( $post ); ?>
        <li>
            <a href="<?php the_permalink(); ?>"><?php the_title(); ?></a>
        </li>
    <?php endforeach;
```

現在の投稿のIDを取得する
現在の投稿の著者IDを取得する
表示する件数 5件
著者IDで絞り込む
表示はランダム
現在表示している記事は除外する
$argsの指定に基づいてデータを取得する
記事データがある(0件でない)かチェックする
配列$mypostsから要素を1つずつ取り出し、$postに格納する
ループ終了

```
    wp_reset_postdata();    データを元に戻す。setup_postdata()を使ったら、後に必ず書く
    echo '</ul>';
else :
    echo '記事はありません';
endif;
?>
```

投稿IDと著者IDの取得

get_the_ID()関数は、現在の投稿のIDを取得する関数です。この関数はループ内でのみ使用できます。

get_the_author_meta()は、投稿者の情報を取得する関数です。

```
get_the_author_meta(フィールド名, 投稿者ID)
```

● フィールド名

取得するデータ項目のフィールド名。user_email(メールアドレス)、display_name(表示名)、ID(投稿者ID)など

● 投稿者ID

データを指定したい投稿者のID。ループ内では省略可で、その場合は現在の投稿の投稿者のデータを取得する

get_the_author_meta()は、第2引数で投稿者IDを指定すればループ外でも使用できます。

get_posts()関数でのデータの取得

$argsの連想配列を引数にしてget_posts()を実行すると、$argsで指定したデータを取得できます。

```
$myposts = get_posts( $args );
```

get_posts()の実行結果は、投稿オブジェクトを要素とする配列になります。ここでは$mypostsに投稿オブジェクトの配列が格納されることになります。

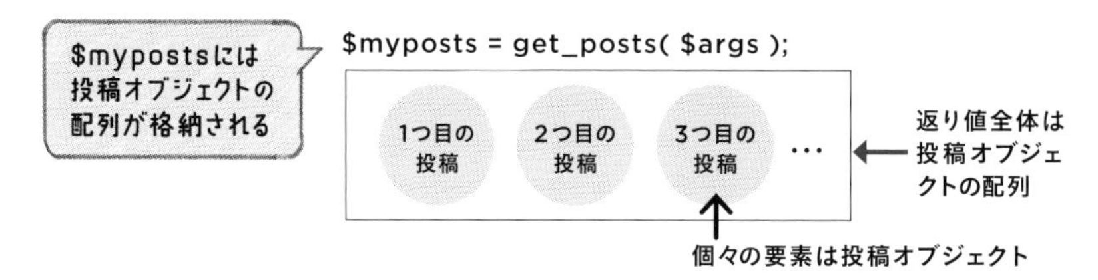

投稿データの表示

get_posts()で取得した結果、必ずデータがあるとは限りません。このためまず、記事があるかどうかをチェックするif文を記述します。

```
if ( $myposts ) :    データがあるかどうか
    …中略(後述のforeach処理が入る)…
else:
    echo '記事はありません' ;
endif;
```

次にforeachを使って、取得したデータを1件ずつ表示します。

```
foreach ( $myposts as $post ) :    配列$mypostsから、要素を1つずつ取り出し、$postに格納
    setup_postdata( $post );
    …中略…
endforeach;
```

foreachはPHPに用意されている命令で、配列の要素をひとつずつ順に取り出して処理するときに使います。P.058で説明したwhileと似た働きを持ち、繰り返し処理に使います。

foreachは、配列(またはオブジェクト)の繰り返しにしか使えませんが、配列を指定するだけで、1個目の要素、2個目の要素……と順に処理してくれます。

```
foreach ( $myposts as $post ) :
```

配列$mypostsから要素をひとつ取り出して$postに格納し、処理が終わったら次の要素に進む

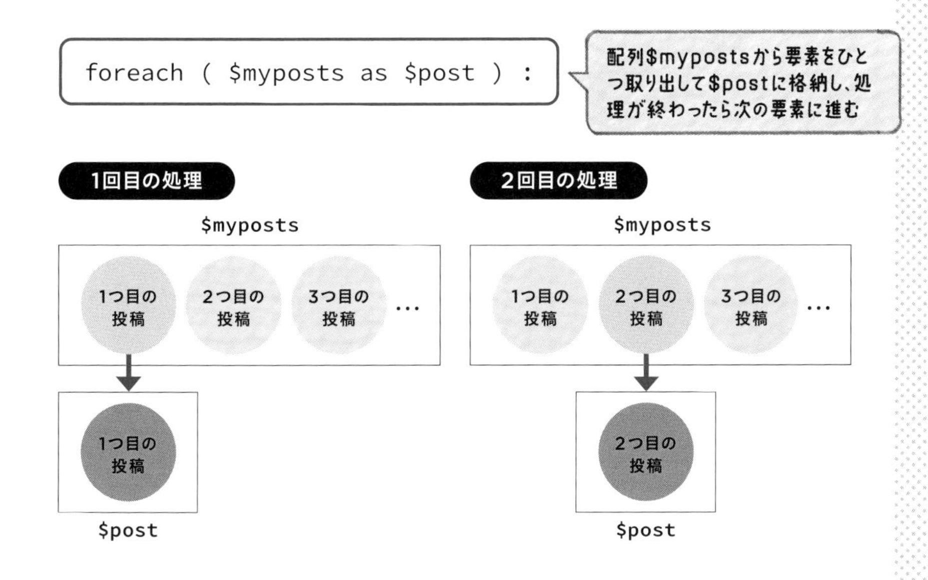

$mypostsにはget_postsで取得したデータが配列で格納されているので、foreachで1つずつ$postに格納して処理を進めていきます。

setup_postdata()関数

foreach内の処理では、投稿のリンクを出力するthe_permalink()関数とタイトルを出力するthe_title()関数を利用して記事一覧を出力しています。重要なのはforeachの最初に実行しているsetup_postdata()関数です。

```
setup_postdata( $post );
```

このsetup_postdata()関数を実行することで、取り出した投稿オブジェクト($post)に対し、the_title()関数などのループ内で使用するテンプレートタグが利用できるようになります。get_posts()関数とセットでよく使用するので覚えておきましょう。

wp_reset_postdata()関数

foreachの繰り返しではメインクエリとは異なるデータを処理しました。これを元のメインクエリの処理に戻す必要があります。このようなときに利用するのがwp_reset_postdata()関数です。

```
wp_reset_postdata();
```

setup_postdata()は、WordPressのもともとの処理(現在の投稿を表示する)に割り込みをして、get_posts()で取得したデータを表示させています。このため、データを表示し終えたらwp_reset_postdata()関数を実行して元に戻す必要があります。wp_reset_postdata()を忘れると以降の表示がおかしくなることがありますので、必ず書くようにしましょう。

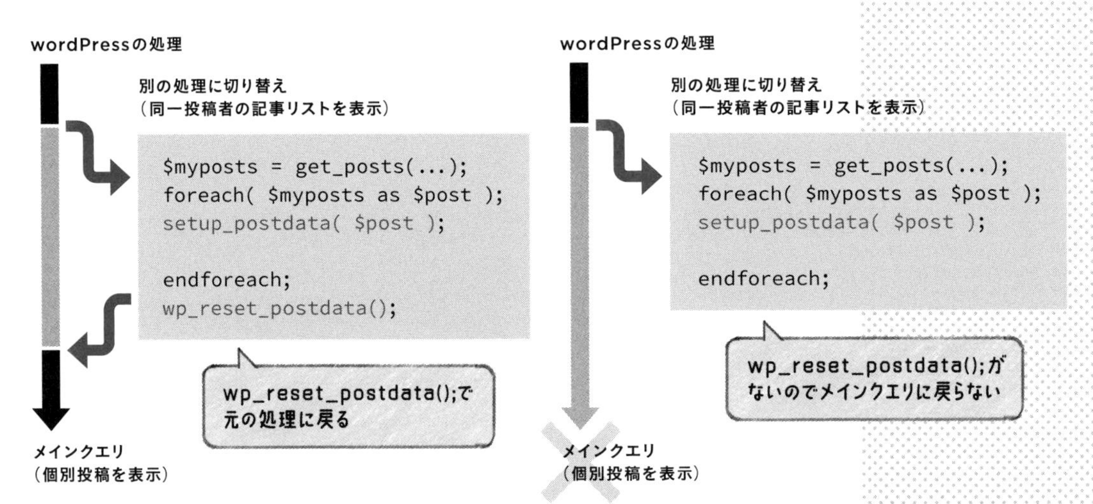

TRY

投稿記事と同じカテゴリーの記事を取得して表示する。

同じ人が書いた記事

- 15分でOKに！　バナーデザインはかどり事典 for Photoshop +Illustrator
- 書評ー蜘蛛の糸
- 書評ー吾輩は猫である
- デザインを学ぶ　グラフィックデザイン基礎　改訂版
- 書評ー走れメロス

➡

同じカテゴリーの記事

- Illustratorデザイン 仕事の教科書　プロに必須の実践TIPS&テクニック
- 15分でOKに！　バナーデザインはかどり事典 for Photoshop +Illustrator
- デザインを学ぶ　グラフィックデザイン基礎　改訂版
- WordPressユーザーのためのPHP入門　はじめから、ていねいに。

同じカテゴリーの記事

考え方　get_posts()関数では、引数の連想配列でカテゴリーIDを指定して、絞り込みをすることができます。つまり、「現在の投稿のカテゴリーIDを取得する」→「get_postsの引数で指定する」とすれば、投稿記事と同じカテゴリーの記事が取得できますね。

カテゴリーIDを取得するには、P.079でも少し触れたget_the_category()関数を使います。

WordPressでは、投稿に複数のカテゴリーを割り当てることができます。このため、get_the_category()関数で取得するデータは「カテゴリー情報のオブジェクト」を要素とする配列になります。

カテゴリーが複数の場合にも対応できるように、いずれかのカテゴリーの記事を取得するようにコードを記述しましょう。「複数のカテゴリーのいずれかに当てはまる」場合のget_posts()関数の引数となる連想配列のキーは'category'ではなく、'category__in'となります（P.190）。

コード（content.php）

```
$postid   = get_the_ID();
$cat = get_the_category();

$catarray = array();
foreach ( $cat as $data ) {
    $catarray[] = $data->cat_ID;
}
$args = array(
    'posts_per_page' => 5,
    'category__in'   => $catarray,
    'orderby'        => 'rand',
    'exclude'        => $postid
);

$myposts = get_posts( $args );
echo '<h3>同じカテゴリーの記事</h3>';
    …以下は変更なし…
```

現在の投稿のカテゴリー情報を取得する

カテゴリーIDを格納する配列を定義しておく

カテゴリー情報を順に処理する

カテゴリーIDを配列に格納

カテゴリーIDの配列を指定

4
LESSON 08

カスタムフィールドを表示するコード

WordPressには、カスタムフィールドと呼ばれる機能が用意されています。カスタムフィールドを利用すると、投稿にタイトル、抜粋、本文以外の情報を追加できます。

このレッスンでわかること：カスタムフィールドとは ＋ カスタムフィールドの出力コード ＋ get_post_meta()関数

カスタムフィールド

WordPressの投稿には、タイトルや本文を入力することができます。しかし、タイトルと本文以外の情報を足したいこともあります。WordPressにはカスタムフィールドという機能が用意されており、さまざまなデータを投稿や固定ページに紐づけて保存できるようになっています。

カスタムフィールドは標準で2つのフィールドがあり、入力するデータは「名前」と「値」のペアの形式となります。

カスタムフィールド
カスタムフィールドを追加:

名前	値
— 選択 — / 新規追加	

カスタムフィールドを追加

カスタムフィールドは投稿に特別なメタデータを追加するために使うものです。追加されたカスタムフィールドはテーマの中で利用できます。

名前と値を入力

たとえば書評を書いているブログ記事であれば、書評の本文のほかに本のデータとして、「価格」＋「2400」、「出版社」＋「MdN」、「書籍名」＋「WordPressユーザーのためのPHP入門」、「著者」＋「水野史土」といった情報を「名前」＋「値」の形式で登録できます。

カスタムフィールド

名前	値
書籍名	WordPressユーザーのためのPHP入門
著者	水野史土
出版社	MdN
価格	2400

（各行：削除 更新）

「名前」+「値」の形式で情報を登録

MEMO
入力欄が表示されていない場合は、編集画面右上の「⋮」のメニューから［設定＞パネル］を選び、「カスタムフィールド」にチェックを入れる

MEMO
カスタムフィールドに入力したデータは、正確にいうと「メタデータ」という扱いになります。
メタデータとは「データについてのデータ」という意味です。コンテンツそのものではなく、コンテンツについての情報で、HTMLでいえばmeta要素に記載するような情報を指します（実際のカスタムフィールドは、メタデータだけでなく、定型的なコンテンツの入力に使われることもよくあります）。後述するカスタムフィールドのデータを扱う関数が「get_post_meta()」と、「meta」という単語がつくのはこれが理由です。

カスタムフィールドを表示

それでは、カスタムフィールドを表示するコードを見てみましょう。サンプルテーマでは、カテゴリー「書評」の投稿に書籍情報データを追加するためにカスタムフィールドを利用しています。「content.php」でコンテンツを表示したあとに次のようにコードを追記します。

```
<?php
…中略…
the_content();

if ( is_singular( 'post' ) && in_category( 'bookreview' ) ) :
?>
<table>
    <tr><td>書籍名</td><td><?php echo esc_html( get_post_meta( $post->ID, '書籍名',
    true ) ); ?></td></tr>
    <tr><td>出版社</td><td><?php echo esc_html( get_post_meta( $post->ID, '出版社',
    true ) ); ?></td></tr>
    <tr><td>著者</td><td><?php
        $authors = get_post_meta( $post->ID, '著者', false );
        echo esc_html( implode( ', ', $authors ) );
        ?></td></tr>
    <tr><td>価格</td><td><?php echo esc_html( get_post_meta( $post->ID, '価格', true ) );
    ?>円</td></tr>
</table>
<?php
endif;
?>
<?php
wp_link_pages();
…中略…
```

本文を表示

コンテンツを表示するパートのあとに書く

個別投稿かどうか+カテゴリー「書評」かどうかをチェック

記事IDとカスタムフィールド名を指定して書籍名を出力

出版社を出力

複数の著者を出力

価格を出力

ページ分割を表示

表示させる条件の判定

ここでは、カテゴリー「書評」のスラッグはbookreviewと付けていることを前提としています。カスタムフィールドを表示させたいのは、「カテゴリー『書評』の個別投稿」です。「個別投稿である」という条件と「カテゴリー『書評』」という両方の条件をif文で判定します。

```
if ( is_singular( 'post' ) && in_category( 'bookreview' ) ) :
```

「個別投稿である」という条件はis_singular('post')関数で判定できます（P.171参照）。投稿が特定のカテゴリーに属するかどうかを判定する関数はin_category()関数です。

in_category(カテゴリー, 投稿)

● **カテゴリー**
判定したいカテゴリー。IDまたはスラッグまたは名前で指定する

● **投稿(オプション)**
判定したい投稿。IDで指定する。デフォルトは現在の投稿

カテゴリーはスラッグのほかにID、カテゴリー名で指定できます。

```
in_category( 5 )
in_category( 'bookreview' )
in_category( '書評' )
```

IDで指定
スラッグで指定
カテゴリー名で指定

ふたつの関数を「&&」で連結することで、「個別投稿である」という条件と「カテゴリー『書評』である」という条件の両方を満たす場合にカスタムフィールドを表示させることができます。

カスタムフィールドを表示するコード

では、カスタムフィールを実際に表示する部分のコードを見てみましょう。

```
<table>
    <tr><td>書籍名</td><td><?php echo esc_html( get_post_meta( $post->ID, '書籍名', 
    true ) ); ?></td></tr>
    <tr><td>出版社</td><td><?php echo esc_html( get_post_meta( $post->ID, '出版社', 
    true ) ); ?></td></tr>
    <tr><td>著者</td><td><?php
        $authors = get_post_meta( $post->ID, '著者', false );
        echo esc_html( implode( ', ', $authors ) );
    ?></td></tr>
    <tr><td>価格</td><td><?php echo esc_html( get_post_meta( $post->ID, '価格', true ) 
    ); ?>円</td></tr>
</table>
```

記事IDとカスタムフィールド名を指定して書籍名を出力
出版社を出力
複数あり得るデータは第3引数をfalseに
配列を文字列に変換して出力
価格を出力

カスタムフィールドに登録したデータは、get_post_meta()関数を使用して取得することができます。

```
get_post_meta(投稿ID, カスタムフィールド名, 文字列を返すかどうか)
```

● 投稿ID
データを取得したい投稿のIDを指定。ループ内は$post->ID(P.092)で取得できる

● カスタムフィールド名
取得したいカスタムフィールドを指定

● 文字列を返すどうか(オプション)
trueはカスタムフィールドの値を文字列で、falseは配列で返す。初期値はfalse

「文字列を返すどうか」の引数について補足しておきましょう。trueとした場合、同一のカスタムフィールド名に複数のデータがある場合、最初のデータ1つしか返しません。falseとした場合は複数の要素を持つ配列を返します。データが1つであれば、1つの要素を持つ配列を返します。

もし、データが1つと決まっている場合は、trueにしたほうが配列から値を取り出す処理が不要になるため楽です。「書籍名」「出版社」「価格」はこちらですので、

```
get_post_meta( $post->ID, '書籍名', true )
```

のようにします。

一方、「著者」は複数の値があり得ますね。なので、

```
$authors = get_post_meta( $post->ID, '著者', false );
```

第3引数をfalseにして配列で取得

で取得して、

```
echo esc_html( implode( ', ', $authors ) );
```

で出力しています。implode()はPHPに用意されている関数で、配列を文字列に変換します。

```
implode(区切り文字列, 配列)
```

● 区切り文字列
配列を文字列にするときに、配列の要素の間に挿入する文字列

● 配列
文字列に変換したい配列

implode()の第1引数を','と指定しているので、複数の著者がいる場合は「著者1, 著者2……」と出力されます。

カスタムフィールドの出力時には必ず「esc_html()」でエスケープ処理を行っておきましょう。

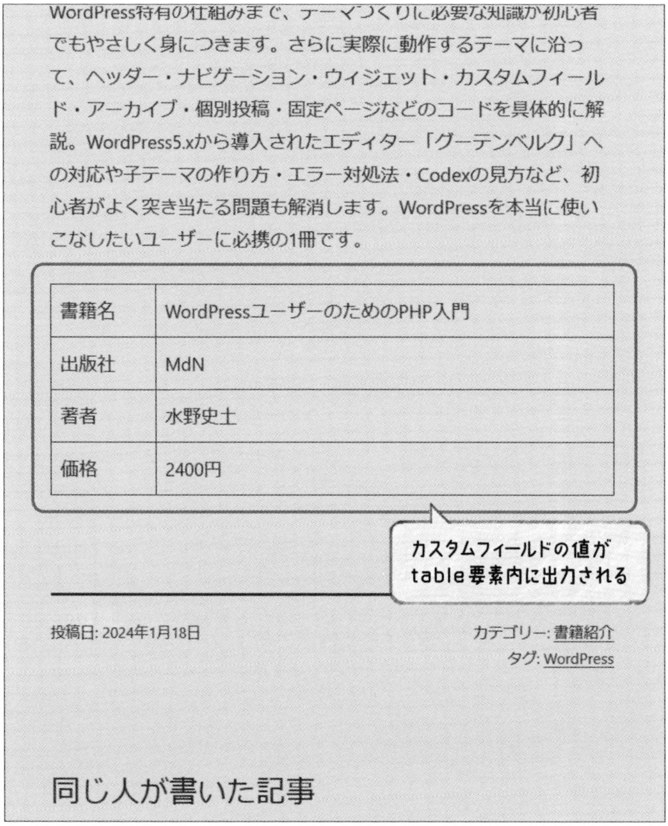

WordPress特有の仕組みまで、テーマづくりに必要な知識が初心者でもやさしく身につきます。さらに実際に動作するテーマに沿って、ヘッダー・ナビゲーション・ウィジェット・カスタムフィールド・アーカイブ・個別投稿・固定ページなどのコードを具体的に解説。WordPress5.xから導入されたエディター「グーテンベルク」への対応や子テーマの作り方・エラー対処法・Codexの見方など、初心者がよく突き当たる問題も解消します。WordPressを本当に使いこなしたいユーザーに必携の1冊です。

書籍名	WordPressユーザーのためのPHP入門
出版社	MdN
著者	水野史土
価格	2400円

カスタムフィールドの値がtable要素内に出力される

投稿日: 2024年1月18日

カテゴリー: 書籍紹介
タグ: WordPress

同じ人が書いた記事

TIPS

カスタムフィールド出力用 のthe_meta()関数も用意されていますが、これはカスタムフィールドの名前と値をすべて、順不同リストの要素(ul～li)として出力します。

<ul class='postmeta'>
<li><span class='post-metakey'>
価格</span>2400</li>
<li><span class='post-metakey'>
出版社</span>MdN</li>
⋮
</ul>

すべてリスト化されてしまうため使い勝手があまりよくありません。get_post_meta()関数で個々のデータを1つずつ取得して表示することが多いです。

MEMO

カスタムフィールドを拡張するプラグインを導入している場合、管理画面の表示やテンプレートファイルに書き込むコードが標準状態と異なることがあります。プラグインを導入している場合は、プラグインの説明に従ってコードを書きましょう。

POINT 関数がWordPressのドキュメントに見つからなかった場合

P.199で使用したimplode()関数の使い方を知りたい場合、WordPressドキュメントで探しても、implodeという関数は掲載されていません。なぜかというと、これはPHPで用意されている関数だからです。

PHPの関数は、PHPのマニュアル(https://secure.php.net/manual/ja/)に使い方の説明が記載されています。関数がWordPressドキュメントに見つからなかった場合は、PHPのマニュアルも探してみましょう。

やってみよう

TRY 1 カスタムフィールド「読んだ日」を追加して、入力されていない場合は「読んだ日」の行は表示しないようにする。

書籍名	WordPressユーザーのためのPHP入門
出版社	MdN
著者	水野史土
価格	2400円

書籍名	WordPressユーザーのためのPHP入門
出版社	MdN
著者	水野史土
価格	2400円
読んだ日	2024年2月20日

入力されているときだけ表示する

考え方 「読んだ日」の項目自体は「著者名」や「出版社」と同様のコードで追加できます。ただし、「読んだ日」がカスタムフィールドで入力されていない場合は、空のセルができてしまいます。

価格	2400円
読んだ日	

「読んだ日」が入力されない場合は何も表示しないように、ifを使って条件分岐を行います。

ifを使う場合はまず判定条件を考えます。ここでは「カスタムフィールド『読んだ日』に値がある」が判定条件です。これをプログラムに置き換えます。カスタムフィールド「読んだ日」は、

```
get_post_meta( $post->ID, '読んだ日', true )
```

です。ここにデータが入っているかどうかを判定すればよいのですから、

```
if ( get_post_meta( $post->ID, '読んだ日', true ) )
```

となります。こう書くと、get_post_meta()の実行結果が空だと条件判定がfalseになりますので(P.199)、このif文で「読んだ日」の出力コードをくくりましょう。

コード(content.php)

```
<?php if ( get_post_meta( $post->ID, '読んだ日', true ) ) : ?>
<tr><td>読んだ日</td><td><?php echo esc_html( get_post_meta( $post->ID, '読んだ日', true ) ); ?></td></tr>
<?php endif; ?>
</table>
```

※「if(get_post_meta($post->ID,'読んだ日',true))」は、読んだ日に「0」が入力されている場合も条件がfalseになります。「0」が入力される場合も考えられるときは、条件を「if (in_array('読んだ日', get_post_custom_keys($post->ID)))」とします。こうするとカスタムフィールドのキーが存在する場合は、値が0でもtrueになります。

4
LESSON 09

検索結果を表示するコード

WordPressでは訪問者がサイト内をキーワードで検索することができます。検索結果を表示するテンプレートはsearch.phpです。

このレッスンでわかること

検索結果を表示するコード ＋ 検索キーワードを表示するthe_search_query ＋ 検索フォームを表示

検索結果を表示するコード

WordPressでは、サイトの記事を検索することができます。検索ウィジェットが用意されているので、検索ウィジェットをフッターやサイドバーなどに設置すれば検索ボックスを表示できます。

訪問者が検索キーワードを入力して「検索」ボタンを押すと、タイトル・本文・抜粋のいずれかに検索キーワードを含む投稿が出力されます。

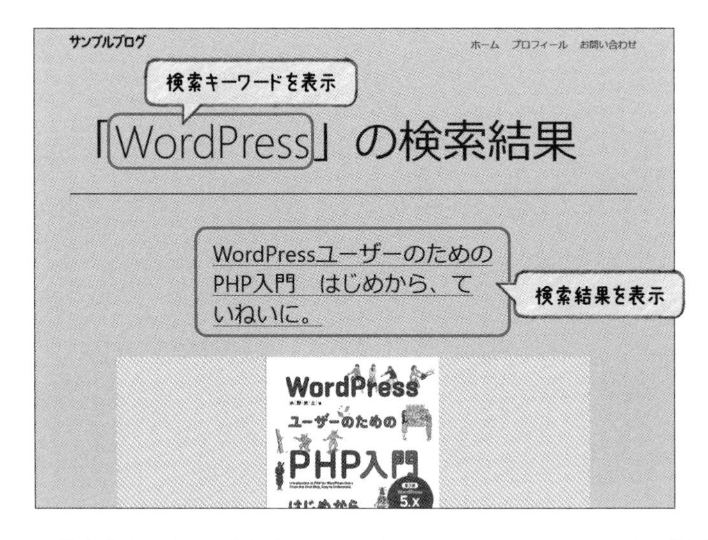

検索結果の表示に使用されるテンプレートはsearch.phpです。「検索キーワードを含む投稿一覧」を表示します。何件かの投稿を一覧表示する（キーワードにヒットしないと0件の場合もあります）という点は「アーカイブ」と似ています。サンプルテーマでも「アーカイブ」とほぼ同じコードで出力しています。

search.phpのコード例

それでは、search.phpの内容を見てみましょう。

```
<?php get_header(); ?>
    <header class="page-header alignwide">
        <h1 class="page-title">
            「<?php the_search_query(); ?>」の検索結果
        </h1>
    </header><!-- .page-header -->
    <?php
    if ( have_posts() ) :
    …中略… (アーカイブと同じ)
    else: ?>
        <div class="entry-content">
        <p>記事はありません。</p>
        <?php get_search_form();?>
        <?php if (is_active_sidebar('search_notfound')) : ?>
            <aside class="widget-area">
                <?php dynamic_sidebar('search_notfound'); ?>
            </aside><!-- .widget-area -->
        <?php endif; ?>
        </div>
    <?php endif;
get_footer();
```

ヘッダーを出力

検索キーワードを出力

検索フォームを出力

ウィジェットエリアを出力
(P.185と同様)

フッターを出力

P.150の「アーカイブ」とほぼ同じですが、ここでは検索に関する関数が2つ出てきました。

the_search_query()関数

まずはthe_search_query()です。P.125でも紹介したように、the_search_query()は、検索キーワードをエスケープして出力する関数です。

```
「<?php the_search_query(); ?>」の検索結果
```

検索キーワードを出力

<?php the_search_query(); ?>の部分に、訪問者が入力した検索キーワードが表示されます。たとえば、「WordPress」のキーワードで検索した場合、HTMLの出力は以下のようになります。

「WordPress」の検索結果

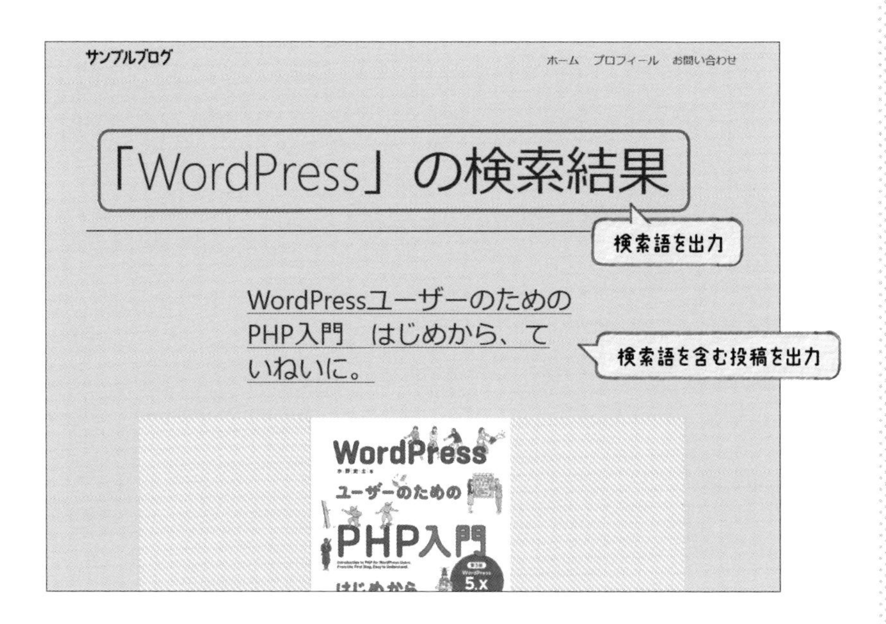

the_search_query()は検索キーワードをエスケープして出力してくれます。もし、訪問者がいたずらで「<script>alert(1)</script>」のようなJavaScriptを検索キーワードに入力したとしても、JavaScriptは実行されません。

「<script>alert(1)</script>」の検索結果

JavaScriptを入力しても、エスケープされるため実行されない

get_search_form()関数

もうひとつの関数、get_search_form()は検索フォームを出力する関数です。

```
get_search_form(出力)
```

● 出力（オプション）
出力する場合はtrue、しない場合はfalse。初期値はtrue

get_search_form()は、テーマにsearchform.phpがある場合は、searchform.phpを呼び出して出力します。テーマにsearchform.phpがない場合は、WordPressに標準で用意されているフォームHTMLを出力します。

サンプルテーマでは検索にヒットしなかった場合に、再検索してもらえるように検索フォームを表示しています。出力されるHTMLは次のようになります。

```
<form role="search" method="get" id="searchform" class="searchform" action="http://○○.com/">
    <div>
        <label class="screen-reader-text" for="s">検索:</label>
        <input type="text" value="ブックレビュー" name="s" id="s" />
        <input type="submit" id="searchsubmit" value="検索" />
    </div>
</form>
```

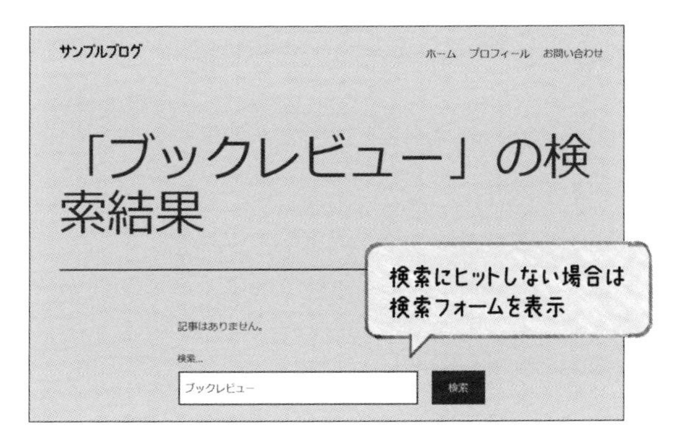

ウィジェットを表示する

サイト内検索で結果が0件だった場合には、単に0件と返すのではなく、他のページへのリンクやタグクラウドなどを表示すると訪問者に親切でしょう。サンプルテーマのsearch.phpでは、検索結果が0件だった場合にウィジェットを表示するコードを記載しています。ウィジェットの中身は管理画面から変更できるため、運用時に柔軟に変更可能です。

```
if ( is_active_sidebar( 'search_notfound' ) ) {
    dynamic_sidebar( 'search_notfound' );
} ?>
```

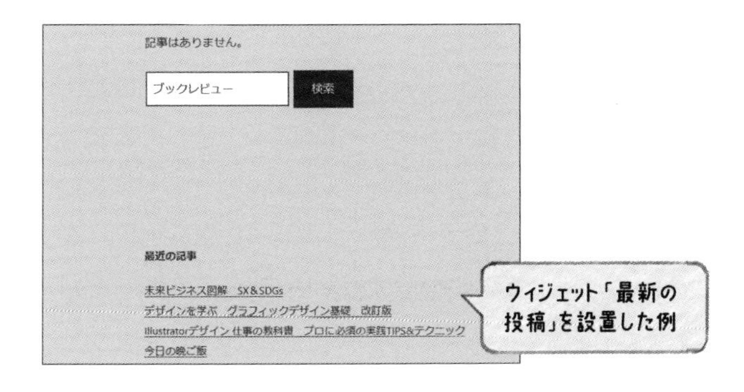

functions.phpに記述するコード

functions.phpは、通常のテーマファイルとは異なり、HTMLは出力しません。その代わりにテーマの設定や制御に使用する関数を記述します。

このレッスンで **わかること**

テーマの機能を設定 ＋ CSSとJavaScriptの登録 ＋ フックの活用

 テーマの設定

functions.phpについては、これまでの解説でも必要に応じて触れてきました。ここでは、functions.phpを利用したテーマの設定と、CSS・JavaScriptの登録のコードを紹介します。

ではまず、テーマの設定部分を見てみましょう。この関数はafter_setup_themeアクションフックに登録します。after_setup_themeはinitの前に実行されるフックで、アイキャッチ画像などはこのフックに登録しておく必要があります。

```
if ( ! function_exists( 'sampletheme_setup' ) ) {
    function sampletheme_setup() {
        add_theme_support( 'editor-styles' );
        add_editor_style( './assets/css/style-editor.css' );
        add_editor_style( 'style.css' );
        add_theme_support( 'automatic-feed-links' );
        add_theme_support( 'title-tag' );
        add_theme_support( 'post-thumbnails' );
```

- add_theme_support('editor-styles'); … 編集画面でスタイルシートを読み込み可能にする
- add_editor_style('./assets/css/style-editor.css'); … 編集画面で読み込むスタイルシートを指定する
- add_theme_support('automatic-feed-links'); … 投稿・コメントのRSSフィードへのリンクを<head>に追加する
- add_theme_support('title-tag'); … titleタグを<head>に追加する
- add_theme_support('post-thumbnails'); … アイキャッチ画像を使う設定にする

```
set_post_thumbnail_size( 1568, 9999 );

register_nav_menus(
    array(
        'primary' => 'プライマリ',
        'footer'  => 'フッター',
    )
);

add_theme_support(
    'html5',
    array(
        'comment-form',
        'comment-list',
        'gallery',
        'caption',
        'style',
        'script',
        'navigation-widgets',
    )
);

add_theme_support( 'customize-selective-refresh-widgets' );

add_theme_support( 'wp-block-styles' );

add_theme_support( 'align-wide' );
```

アイキャッチ画像のサイズを設定する

ナビゲーションメニューを設定する

コメント・画像表示をHTML5形式にする

ウィジェット更新時に、
見た目も更新する

ブロック用のCSSを読み込む

幅広・全幅を選択可能にする

```
        add_theme_support( 'responsive-embeds' );
    }
}
add_action( 'after_setup_theme', 'sampletheme_setup' );
```

埋め込みコンテンツを
レスポンシブにする

function_exists()はPHPで用意されている関数で、「関数がすでに定義されているか」をチェックします。これは定義済みの関数と名前が重複するとエラーになるためです。「! function_exists('sampletheme_setup')」と、sampletheme_setupという関数がすでに定義されていないかどうかをチェックしています。

function_exists()でチェックするようにしておくと、子テーマ(P.254)を使う際に便利です。親テーマのfunctions.phpでチェックしておけば、子テーマのfunctions.phpでsampletheme_setup関数を変更して定義した際に、子テーマでの定義が有効になり、親テーマの定義はスキップされます。

add_editor_style()関数

add_editor_style()関数は、管理画面の投稿編集画面で使用するスタイルシートを登録します。ビジュアルモードで記事を編集する際に、実際の表示に近づけることができます。

```
add_editor_style(スタイルシート)
```

● スタイルシート
登録するCSSを指定する。複数指定する場合はarray('a.css','b.css')のように配列で指定する

MEMO
子テーマを使う場合は、add_editor_styleは親テーマ→子テーマの順で読み込みます。
まず、親テーマのassets/css/editor-style.cssを読み込み、その後で子テーマのassets/css/editor-style.cssを読み込みます。

テーマで機能を有効にするadd_theme_support()関数

add_theme_support()関数は、WordPressで用意されている機能をテーマで有効にする関数です。

```
add_theme_support(機能, 詳細設定)
```

● 機能
テーマに追加する機能。post-formats、post-thumbnails、custombackground、custom-header、automatic-feed-links、menus、html5などを指定できる

● 詳細設定
機能ごとに異なる。詳細はWordPressドキュメント(https://developer.wordpress.org/reference/functions/add_theme_support/)を参照

■<head>への出力

P.130でheader.phpを見ましたが、そのとき<head>内はかなりシンプルでしたね。というのも、WordPressでは、functions.phpで設定して<head>に出力する要素があるからです。サンプルテーマの

```
add_theme_support( 'automatic-feed-links' );
```

は、次のような投稿・コメントのRSSフィードへのリンクを出力します。

ブログ全体のRSSフィード

```
<link rel="alternate" type="application/rss+xml" title="「ブログタイトル」
&raquo; フィード" href="http://○○.com/?feed=rss2" />
```

```
<link rel="alternate" type="application/rss+xml" title="「ブログタイトル」
&raquo; コメントフィード" href="http://○○.com/?feed=comments-rss2" />
```

ブログ全体のコメントのRSSフィード

個別投稿の場合は、次のようにその投稿のコメントのRSSフィードも出力します。

```
<link rel="alternate" type="application/rss+xml" title="「ブログタイトル」
&raquo; Hello world! のコメントのフィード" href="http://○○.com/?feed=rss2
&#038;p=1" />
```

特定の投稿のコメントのRSSフィード

また、<title>も同様に、

```
add_theme_support( 'title-tag' );
```

と記述することで、

```
<title>「ブログタイトル」 &#8211; 「キャッチフレーズ」</title>
```

トップページ

```
<title>「投稿タイトル」 &#8211; 「ブログタイトル」</title>
```

個別投稿ページ

のように、WordPressが、ページに応じてタイトルを出力してくれます。

> **TIPS**
> <title>内部に記述されるテキストは、wp-includes/general-template.phpにあるwp_get_document_title()関数で処理されています。<title>タグの内容をカスタマイズしたい場合は、wp_get_document_title()関数のフックを活用します。

■アイキャッチ画像の処理

set_post_thumbnail_size()関数は、アイキャッチ画像のサイズを設定する関数です。アイキャッチ画像機能を有効にしている場合のみ機能しますので、セットで記述するとよいでしょう。

```
add_theme_support( 'post-thumbnails' );
set_post_thumbnail_size( 1568, 9999 );
```

アイキャッチ画像を登録

アイキャッチ画像のサイズを設定

set_post_thumbnail_size(幅, 高さ, クロップするか)

● 幅
アイキャッチ画像の幅をピクセルで指定

● 高さ
アイキャッチ画像の高さをピクセルで指定

● クロップするか(オプション)
クロップする場合はtrue、そうでなければfalse。初期値はfalse

TIPS
set_post_thumbnail_size()の指定値をあとから変更した場合、すでにクロップされているアイキャッチ画像は、新しいサイズでの再クロップは自動では行われません。

なお、アイキャッチ画像を表示する際の関数はthe_post_thumbnail()です(P.158)。

ブロック用のCSS

投稿編集でブロックを使うときのCSS設定です。必要に応じて有効化します。

add_theme_support('wp-block-styles');は、「wp-includes/css/dist/block-library/style.min.css」を読み込みます。このCSSにはブロック用の追加のスタイルが記述されています。

add_theme_support('align-wide');は、ブロックの配置オプションで、幅広・全幅を選択可能にします。幅広を選ぶとCSSクラス「alignwide」がそのブロックに付与されます。全幅を選ぶとCSSクラス「alignfull」がそのブロックに付与されます。

add_theme_support('responsive-embeds');は、<body>に「wp-embed-responsive」というCSSクラスを付与します。

コンテンツ幅の設定

WordPressでは、投稿中にYouTube動画などを埋め込むことができます。テーマでコンテンツ幅を指定しておくと、適切なサイズでの埋め込み表示ができます。$content_widthをfunctions.php内で指定することで可能になります。

```
function sampletheme_content_width() {
    $GLOBALS['content_width'] = 750;
}
add_action( 'after_setup_theme', 'sampletheme_content_width', 0 );
```

$content_widthは、WordPressのシステム全体で使う変数（グローバル変数と呼びます）です。関数の中から呼び出す場合は、

```
$GLOBALS['変数名']
```

という書き方をします。

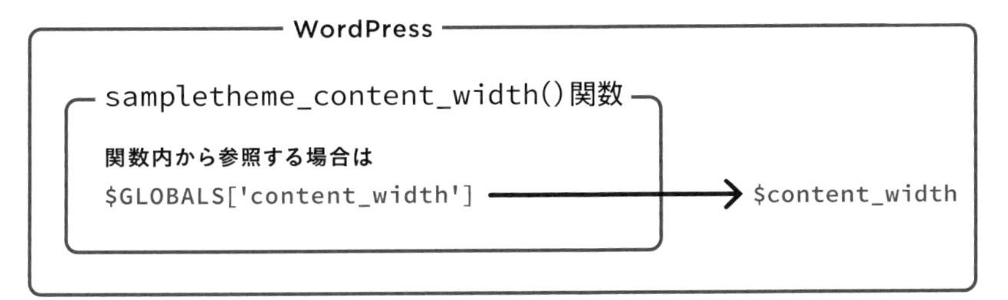

MEMO
関数の中でWordPress全体で利用する関数を定義する場合は、グローバル変数と呼ばれる変数を利用します。通常の変数はローカル変数と呼ばれ、関数の中でしか利用できません。

MEMO
多くの場合、グローバル変数を変更するのではなく、グローバル変数を書き換える関数を使います。
たとえば、add_theme_support()関数は、グローバル変数の$_wp_theme_featuresを書き換えることでさまざまな設定を行っています。グローバル変数$content_widthを書き換えるのは、例外的なケースですのでご注意ください。

スタイルシートとJavaScriptを登録

「LESSON2ヘッダーを記述するコード」の「functions.phpへの記述」(P.137)でも触れましたが、JavaScriptファイルはwp_enqueue_script()関数、CSSファイルはwp_enqueue_style()関数で登録します。フックする先はどちらもwp_enqueue_scriptsです。

```
function sampletheme_scripts() {
    wp_enqueue_style( 'sampletheme-style', get_stylesheet_uri(),
    array(), wp_get_theme()->get( 'Version' ) );        メインCSSの読み込み

    wp_enqueue_script(
        'sampletheme-responsive-embeds-script',
        get_theme_file_uri( '/assets/js/responsive-embeds.js' ),
        array(),                                         JavaScriptの読み込み
        wp_get_theme()->get( 'Version' ),
        true
    );
```

```
    if ( is_singular() && comments_open() && get_option( 'thread_
    comments' ) ) {
        wp_enqueue_script( 'comment-reply' );
    }
}
add_action( 'wp_enqueue_scripts', 'sampletheme_scripts' );
```

コメントが入れ子形式の場合

コメント用のJavaScriptの読み込み

サンプルテーマでは、以下のようにJavaScriptを読み込みます。

```
<script src='http://○○.com/wp-content/themes/
sampletheme/assets/js/responsive-embeds.js?ver=1.4'
id='sampletheme-responsive-embeds-script-js'></
script>
```

responsive-embeds.jsは、埋め込みコンテンツを縦横比を維持して大きさ調整するスクリプトです。

MEMO
get_option()は、WordPress管理画面の[設定]で設定した値を取ってくる関数です。

フックによるカスタマイズ

P.113ではフックの仕組みを解説しました。フックに独自の処理を追加することで、WordPressをカスタマイズすることができます。サンプルテーマでは、P.135で紹介したbody_class()関数の出力に対し、body_classをカスタマイズする関数を作成してフィルターフックに登録しています。

```
function sampletheme_body_classes( $classes ) {
    if ( is_singular() ) {
        $classes[] = 'singular';
    } else {
        $classes[] = 'hfeed';
    }

    if ( has_nav_menu( 'primary' ) ) {
        $classes[] = 'has-main-navigation';
    }

```

個別投稿・固定ページの場合

メニュー「primary」がある場合

MEMO
「$classes[] = ...」という記法は、配列に値（要素）を追加する記法です（P.045）。

```
    if ( ! is_active_sidebar( 'sidebar-1' ) ) {
        $classes[] = 'no-widgets';
    }

    return $classes;
}

add_filter( 'body_class', 'sampletheme_body_classes' );
```

ウィジェット「sidebar-1」がない場合

TIPS
header.phpにたくさんのif文を書くことで<body>のクラス属性をさまざまに書き換えることも可能です。しかしこうするとheader.phpが読みづらくなってしまいます。

body_classフィルターは、body_class()関数で出力するクラス属性の配列$classを加工します。サンプルコードでは、

- 『個別投稿・固定ページの場合』→『singular』を追加
- 『個別投稿・固定ページではない場合』→『hfeed』を追加

というように、状況に応じて異なるクラス属性を追加しています。

こうすることで、たとえば個別投稿・固定ページの場合とアーカイブ表示の場合とでレイアウトやデザインを変えたいときに、付与したクラス属性を活用してCSSやJavaScriptでアレンジできます。WordPressでつくったWebサイトを柔軟にデザインしたい場合に役立ちます。

サンプルテーマでは、メニュー「primary」がある／ない、ウィジェット「sidebar-1」がある／ない、によっても異なるクラス属性を付与しています。

また、post_class()関数で出力するクラス属性にentryを追加しています。

```
function sampletheme_post_classes( $classes ) {
    $classes[] = 'entry';

    return $classes;
}
```

```
add_filter( 'post_class', 'sampletheme_post_classes',
10, 3 );
```

フックで加工できるデータ

ここからは、少しfunctions.phpのコード自体からは離れて、body_classを例にフックを使ったカスタマイズを行う具体的な流れを見ていきます。

body_classフィルターでは、配列に要素を追加することで、body_class関数の出力するクラス属性値をカスタマイズできました。ではなぜ「body_classフィルターで配列を加工すればよい」ということがわかるのでしょうか。WordPressにはフックの情報をまとめたページが用意されています。

● https://developer.wordpress.org/reference/hooks/

※原稿執筆時点（2024年1月）では英語のみ

この一覧ページから、body_classフィルターの解説ページ（https://developer.wordpress.org/reference/hooks/body_class/）に移動すると、

```
apply_filters( 'body_class', string[] $classes, string[] $css_class )
```

のように記述されています。ここのstring[]という記述から、$classesが文字列を要素にした配列である、ということがわかるので、この配列に追加すればよいと見当をつけられます。キーワードには、「array」（配列）、「string」（文字列）、「int」（整数）などがあります。

格納されているデータを調べるvar_dump()

さて、body_classフィルターフックは配列を受け取って加工するフックであることがわかりました。では、配列$classesにどのように格納されているかを確かめてみましょう。

データがどのように格納されているかを確認するには、var_dump()関数を使います。var_dump()はPHPに用意されている関数で、引数がどのようなデータなのかを出力します。

```
var_dump(データ)
```

● データ
中身を知りたいデータを指定。出力例は以降の解説を参照

先ほどのbody_classの例で使ってみましょう。sampletheme_body_classes()関数にvar_dump()関数を書き込んでみます。

```
function sampletheme_body_classes( $classes ) {
    var_dump( $classes );
    if ( is_singular() ) {
    …中略…
}
```

$classesの中身を表示

この状態でWordPressの出力したHTMLを見ると、

のような表示が出てきます。

この表示から、$classesは要素が2つある配列で、1番目はhome、2番目はblog、ということがわかります。body_classでは「home blog」というクラスが出力されますから、配列$classesの要素にクラス名が順に格納されている、ということになります。

フィルターフックを使って新しくクラス属性を追加したい場合は、配列$classesの要素に追加していけばよいわけですね。配列（P.046）で解説したように、$配列名[]で配列の要素に追加しています。

sampletheme_body_classes()関数でのifの処理の後に、もう一度var_dump()を記述してみましょう。

MEMO
通常のブラウザ表示ですと、改行されずに1行で表示されますが、HTMLソースコードを見ると、改行されたコードが表示されます。

```
function sampletheme_body_classes( $classes ) {

    if ( is_singular() ) {
        $classes[] = 'singular';
    } else {
        $classes[] = 'hfeed';
    }
    var_dump( $classes );
    return $classes;
}
```

今度は次のように出力されます。

```
array(3) {
  [0]=>
  string(4) "home"
  [1]=>
  string(4) "blog"
  [2]=>
  string(5) "hfeed"
}
```

フィルターフックにより、$classesにhfeedが追加されたことがわかります。サンプルテーマは簡単な例ですが、このようにフックを利用することで機能や出力をカスタマイズできることを覚えておきましょう。

TIPS
最後の行に、return $classes;がありますが、returnよりも前に記述します。returnは「値を返して、関数の処理を終了する」命令ですので、returnの後に記述した場合は実行されません。

CHAPTER 5

進んだ使い方の解説

この章では、ブロックテーマの概要を紹介するとともに、4章で作成したサンプルテーマに、ブロックテーマの機能を取り入れるカスタマイズを行っていきます。また、既存テーマをベースに子テーマを制作する方法も解説しています。よく起こるエラーとその対処法も紹介します。

5

LESSON 01

クラシックテーマ／ブロックテーマ／ハイブリッドテーマとは

テーマのカスタマイズに、ブロックを利用することができます。また旧来のテーマで部分的にブロック機能を利用することもできます。

このレッスンで わかること

クラシック／ブロック／ハイブリッド ＋ ブロックテーマの特徴 ＋ クラシックテーマのハイブリッド化

各テーマの特徴

WordPress5.9以降ではテーマをブロックでカスタマイズする方法が可能となりました。このようなテーマをブロックテーマと呼びます。WordPress5.8.x以前からのテーマはクラシックテーマと呼びます。クラシックテーマにブロックテーマの機能の一部を取り込んだテーマをハイブリッドテーマと呼びます。

クラシックテーマ、ブロックテーマ、ハイブリッドテーマのそれぞれの特徴は以下のようになっています。

クラシックテーマ

テンプレートをPHPファイルで作成していくテーマのことです。投稿の本文を編集するときにはブロックを使いますが、テーマの編集にはブロックを使いません。

クラシックテーマの例は、WordPress5.8.xまでの標準テーマTwenty Twenty-Oneなどです。本書の４章のサンプルテーマはクラシックテーマです。

ブロックテーマ

テンプレートをHTMLファイルで作成していくテーマのことです。テーマの編集にもブロックを使います。

クラシックテーマではメニュー機能やウィジェット機能を使っていたところも、ブロックを使います。ナビゲーションブロックやクエリーループブロックなどが便利です。

ブロックテーマの例は、WordPress6.4.xの標準テーマTwenty Twenty-Fourなどです。

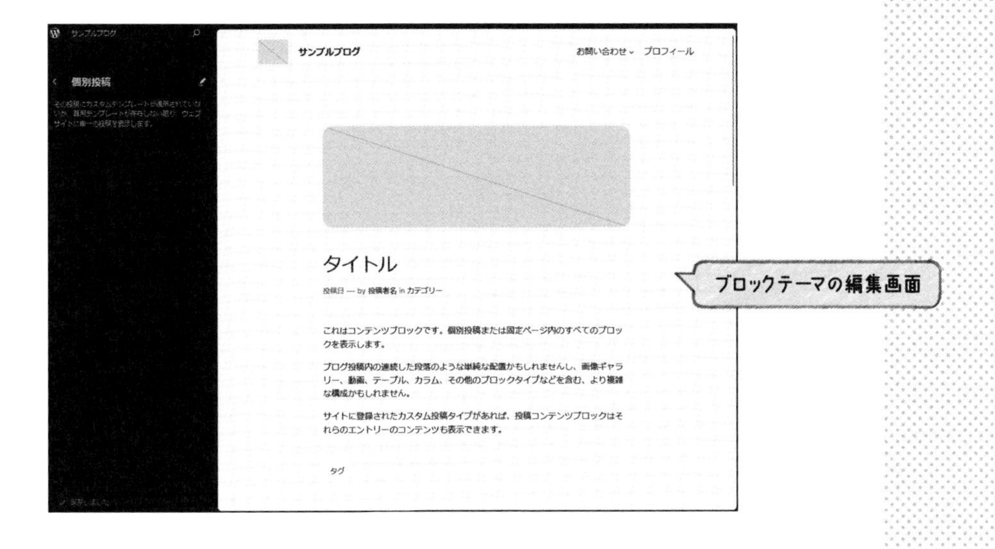

ハイブリッドテーマ

クラシックテーマをベースにしていますが、ブロックテーマの機能を部分的に取り入れたテーマのことです。大きな区分としてはクラシックテーマに分類されます。

- ブロックの機能も使いつつ、テーマではPHPプログラムを使いたい
- これまでのテーマカスタマイズの経験や資産を活用したい

といった場合には、ハイブリッドテーマを使うとよいでしょう。

本書の５章のサンプルテーマはハイブリッドテーマです。

MEMO
ハイブリッドテーマのフォルダ「samplethemehybrid」はダウンロードデータの「掲載コード」→「CHAPTER5」フォルダに収録されています。有効化の方法はP.008と同様です。

ブロックテーマの主な特徴

本章ではハイブリッドテーマを作っていきますが、その前にブロックテーマの機能をざっと把握しておくことにします。

ブロックテーマは以下のような特徴があります。

- テンプレートファイルが.html
- パーツファイルも.html
- テンプレートファイルやパーツファイルの編集を管理画面上で行う
- functions.phpだけでなく、theme.jsonで、サイトやブロックの設定を記述する
- ブロックパターンファイルは.php

ファイル構成

ブロックテーマのファイル構成は以下の通りです。

- functions.php
- style.css
- theme.json
- templates/XXXXX.html
- parts/XXXXX.html
- patterns/XXXXX.php

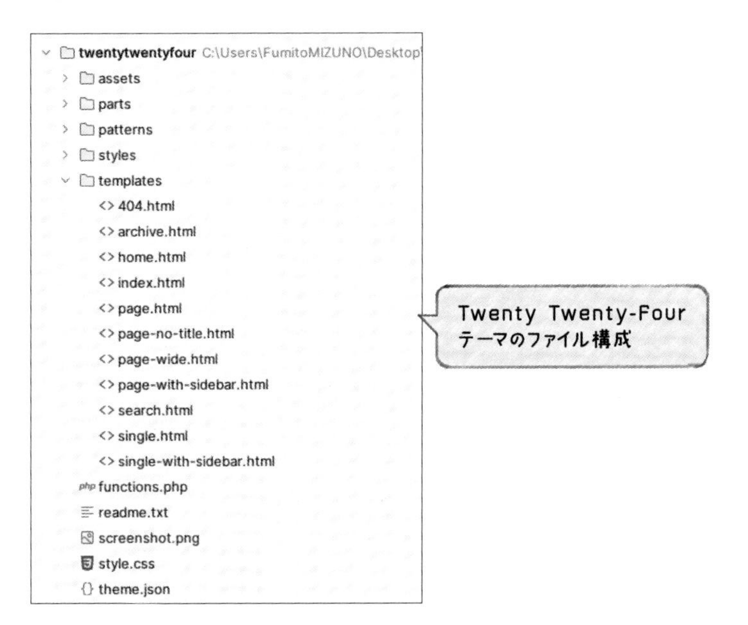

ブロックテーマでは必須となるのは、以下の二つです。

- style.css
- templates/index.html

テンプレートファイル

クラシックテーマで、ルートフォルダに置かれていたXXXXX.phpファイルです。ブロックテーマでは、templates/フォルダ内に拡張子.htmlで配置します。

- クラシックテーマ：XXXXX.php
- ブロックテーマ：templates/XXXXX.html

個別投稿ページであれば、クラシックテーマではルートフォルダ下のsingle.php、ブロックテーマではtemplates/single.htmlとなります。

テンプレートファイルには、あらかじめブロックを配置しておくことができます。また管理画面上でブロックを追加・変更・削除できます。

MEMO
ブロックテーマのテンプレート階層の順序は、拡張子が.htmlとなるほかは3章P.102の テンプレート階層と同じです。

パーツファイル

ヘッダーやフッターなど、ページの一部分を構成するファイルです。クラシックテーマではパーツの置き場所は特に決まっていませんでしたが、ブロックテーマではparts/フォルダに置きます。

パーツファイルも、テンプレートファイルと同様に管理画面上で編集できます。

functions.php

クラシックテーマでfunctions.phpで設定していた内容の多くがtheme.jsonファイルで設定するようになっており、functions.phpはなくてもかまいません。

フックを活用してカスタマイズしたい場合には、functions.phpファイルを作成して記述します。

theme.json

theme.jsonファイルでは、テーマの幅を設定する他、文字サイズ、色などの設定を行います。

またカスタムテンプレートを登録したり、wordpress.orgにあるブロックパターンを登録したりできます。

MEMO
詳細は5-2「theme.jsonに設定を記述する」(P.224)を参照。

ブロックパターンファイル

ブロックパターンは、ブロックをあらかじめ配置したものを登録しておく機能です。テーマの編集時や、投稿の編集時に、ブロックパターンを呼び出すことができます。よく使う文言やレイアウトをひな形として登録しておくと便利です。

ブロックパターンファイルは、patterns/フォルダ内に配置します。拡張子は.phpです。

ファイルの先頭に、phpコードのコメントで、

```
<?php
/**
 * Title: フッター
 * Slug: sampleb/footer
 * Categories: text
 * Block types: core/template-part/footer
 */
?>
    …ココから↓ブロックパターンのコード…
```

のように、このファイルのタイトルやスラッグなどを記述します。

```
1  <?php
2  /**
3   * Title: blocksampletheme 書籍
4   * Slug: blocksampletheme/book
5   * Categories: text
6   * Post Types: post
7   */
8  ?>
9  <!-- wp:table -->
10 <figure class="wp-block-table"><table><tbody><tr><td>書名</td><td></td></tr><tr><td>出
   版社</td><td></td></tr><tr><td>著者</td><td></td></tr><tr><td>価格</td><td>円
   </td></tr><tr><td>読んだ日</td><td><?php echo date( format: 'Y年m月d日');
   ?></td></tr></tbody></table></figure>
11 <!-- /wp:table -->
```

パターンファイルの例

patterns/フォルダ内に複数置けば、複数のパターンが登録できます。
ブロックパターンの部分には、PHPコードを記述することができます。PHPコードを記述しなくてもかまいませんが、PHPコードがない場合でも拡張子は.phpにします。

MEMO
詳細はP.237「ブロックパターンでひな形をつくる」を参照。

クラシックテーマをハイブリッドテーマにする

クラシックテーマをハイブリッドテーマにする場合は、ブロックテーマの機能を個別に有効にしていく作業を行います。

theme.jsonでテーマやブロックの設定をする

theme.jsonを作成してテーマ内に配置します。
テーマの幅の設定を行う、functions.phpでadd_theme_support()を使って設定していた設定を行う、などが可能です。
またブロックの文字サイズ、色オプションなどの設定がtheme.jsonで行えます。

テンプレートパーツ機能を有効にする

functions.phpに以下のように記述することにより、ブロックのパーツ機能を有効にできます。

```
add_theme_support( 'block-template-parts' );
```

テーマファイルでは、パーツを呼び出したい箇所で以下のように記述します。

```
<?php block_template_part( 'footer' ); ?>
```

メニューやウィジェットを設置する場所に、代わりにブロックでパーツを置く、といった使い方ができます。

ブロックパターンを有効にする

ブロックパターンは、patterns/フォルダ内に.phpファイルを置けば読み込まれます。

本章のサンプルテーマは、クラシックテーマにtheme.json、テンプレートパーツ、ブロックパターンを取り入れたハイブリッドテーマになっています。

次セクションより、theme.jsonの設定、テンプレートパーツ、ブロックパターン、を順に説明していきます。

theme.jsonに設定を記述する

テーマやブロックの設定を記述するファイルがtheme.jsonです。旧来はfunctions.phpで書いていた設定の一部もこのファイルで設定できます。

このレッスンでわかること

JSONとは ＋ theme.json ファイル ＋ ブロック エディタの設定

JSONとは

JSON（JavaScript Object Notation）は、データを記録する書式の1つです。JavaScriptでのオブジェクトの書き方をベースにしています。人間が判読しやすい書式である、多くのプログラミング言語でサポートされている、などの理由で、広く用いられています。

```
{} theme.json ×
1  {
2    "$schema": "https://schemas.wp.org/trunk/theme.json",
3    "version": 2,
4    "settings": {
5      "color": {
6        "palette": [
7          {
8            "slug": "green",
9            "color": "#D1E4DD",
10           "name": "緑色"
11         },
12         {
13           "slug": "gray",
14           "color": "#39414D",
15           "name": "灰色"
16         }
17       ]
18     },
19     "typography": {
20       "customFontSize": false,
21       "fontSizes": [
22         {
23           "size": "1rem",
24           "slug": "small"
25         },
26         {
27           "size": "1.125rem",
28           "slug": "medium"
29         },
```

theme.jsonファイルの例

JSONは、

```
{
    "slug": "green"
}
```

のように、{}で括り、キー: 値 の書式でデータを記述します。

```
{
  キー: 値
}
```

この例だと、キーがslug、値がgreenとなります。

キー／値は複数並べられます。その場合は , で区切ります。

```
{
    "slug": "green",
    "color": "#D1E4DD",
    "name": "緑色"
}
```

値は配列のこともあります。JSONでは配列は[値1, 値2]のように[]で記述します。

```
{
    "postTypes": [
        "page",
        "post"
    ]
}
```

キーpostTypes、値はpageとpostを含む配列になります。

postTypesのように、複数を指定できるものは、1つだけ指定したい場合も配列で指定します。

```
{
    "postTypes": [
        "post"
    ]
}
```

WordPressのtheme.json

WordPressでは、テーマの設定や、ブロックエディタの設定を、theme.jsonファイルに記述します。使用しているテーマ内にtheme.jsonという名前で保存すれば、自動的に読み込まれます。

theme.jsonの先頭でスキーマを指定しておく

theme.jsonの先頭でスキーマを指定しておきます。

```
"$schema": "https://schemas.wp.org/trunk/theme.json",
```

theme.jsonをエディタで編集するときに、オートコンプリート、ヒントなどを表示してくれます。

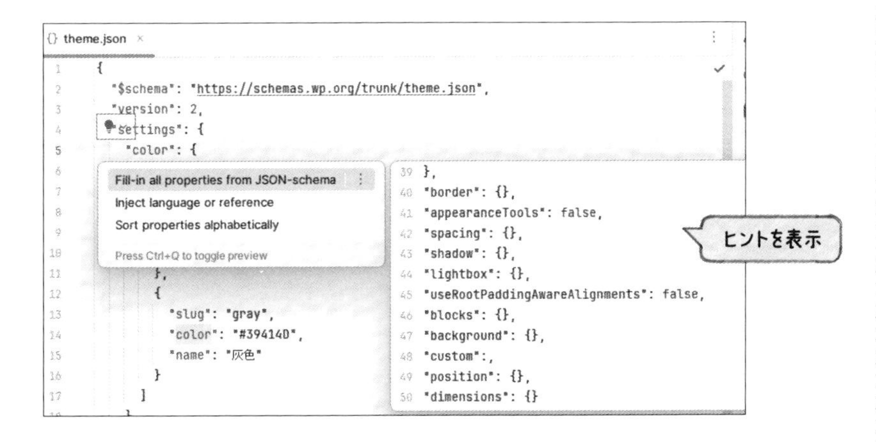

バージョンを必ず指定する

theme.jsonでは、必ずバージョンを指定するようにします。

```
"version": 2,
```

コンテンツ幅の設定

ブロックエディタでは、コンテンツの幅の設定に、contentSize（デフォルトのコンテンツ幅）とwideSize（幅広のコンテンツ幅）が指定できます。
「settings＞layout」のところに、

MEMO
スキーマとは、「データの構造や仕様を定義したもの」です。theme.jsonで指定できる属性、取り得る値、デフォルト設定値、などが記載されています。

MEMO
原稿執筆時点（2024年1月）では最新のバージョンが2なので、2を指定しています。

```
{
    "settings": {
        "layout": {
            "contentSize": "750px",
            "wideSize": "1000px"
        }
    }
}
```

と設定します。

幅広のコンテンツ幅は、デフォルトのコンテンツ幅よりも広く表示させたいときに使います。

wideSizeの値がcontentSizeより大きくなるように指定しましょう。

ブロック編集画面で、幅広を選択すると、その要素にalignwideクラス属性が付与されます。

幅広を選択したブロックがあるとテーマのレイアウトに影響が出やすいので、必要に応じてテーマのスタイルシートを編集してください。

TIPS

幅広を使いたくない場合は、theme.jsonに"wideSize": null と記述します。そうすると、ブロックの配置オプションで幅広が表示されなくなります。

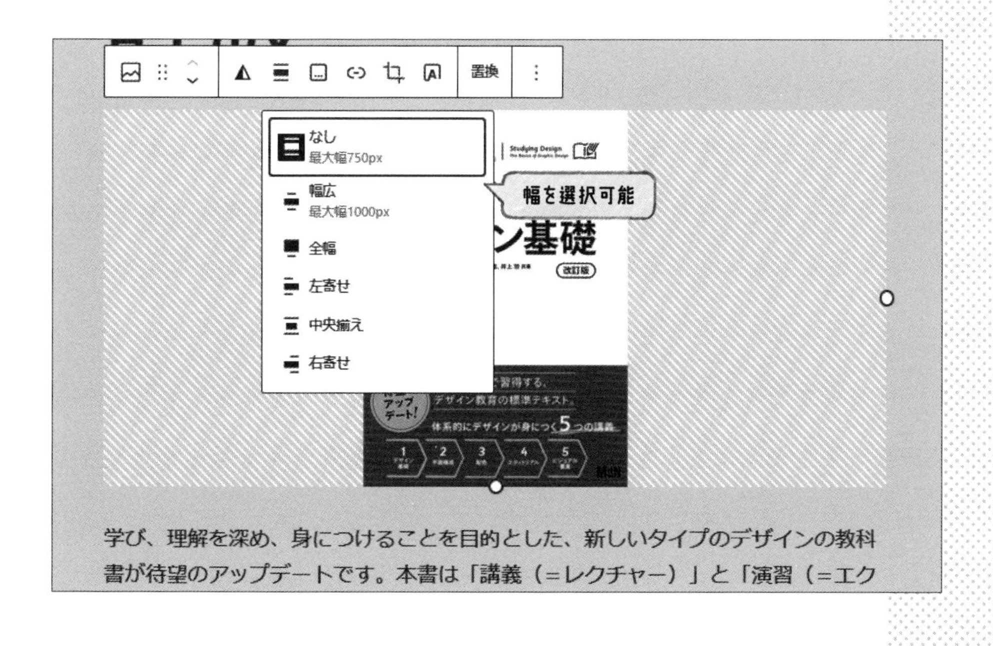

文字色・文字サイズの設定

ブロックエディタでの編集時、右側サイドバーに設定オプションがあります。たとえば段落タグだと、文字色・背景色や文字サイズなどが設定できます。

色の設定は、色相から選んだり、16進数の色コードを入力したりして変更できます。この他、テーマでプリセットしておくことが可能です。プリセットしたいときに、theme.jsonで下記のように記述します。

```
{
    "settings": {
        "color": {
            "palette": [
                {
                    "slug": "green",
                    "color": "#D1E4DD",
                    "name": "緑色"
                },
                {
                    "slug": "gray",
                    "color": "#39414D",
                    "name": "灰色"
                }
            ]
        }
    }
}
```

「settings>color>palette」で色のプリセット設定

slugにgreen

colorに#D1E4DD

nameに緑色

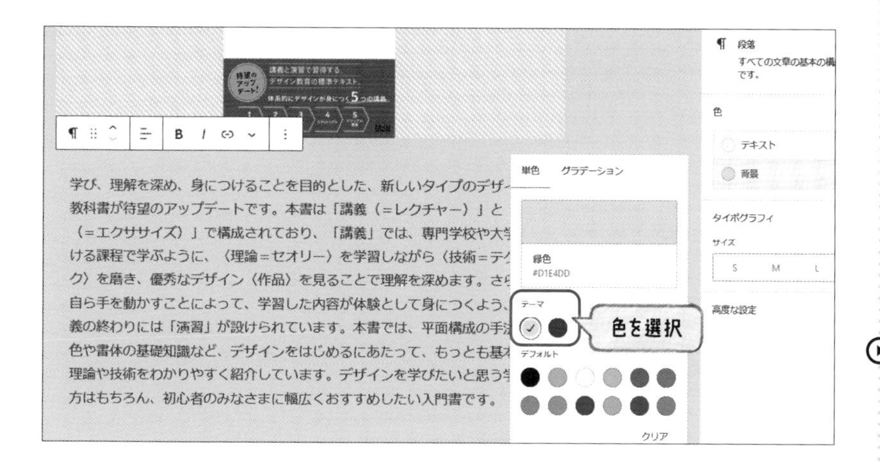

「settings > color > palette」で色のプリセット設定ができます。

slug はプログラム内部で用いる ID で英数字で付けます。color は実際の色を指定します。name はマウスオーバー時に画面に表示される名前です。

TIPS
WordPress本体では、--wp--preset--color--blackのように、--（ハイフン2個）を区切りに使って命名しています。自分で付けるslugには、ハイフン2個は避けて混同を防ぐとよいでしょう。

■色設定を使用しない

色設定を使用しない場合は、以下のように設定します。

```
{
    "$schema": "https://schemas.wp.org/trunk/theme.json",
    "version": 2,
    "settings": {
        "color": {
            "background" : false,
            "text": false,
            …中略…
        }
    }
}
```

背景色の設定を使用しない

文字色の設定を使用しない

「settings > color > backgroud」が背景色の設定、「settings > color > text」が文字色の設定になっています。

デフォルト値はtrueですので何も指定しない場合は有効になっています。falseに設定すれば無効になります。

デフォルトのプリセット色を使用しない

WordPressではデフォルトで12色がプリセットされています。これらのプリセット色を使用しない場合は、以下のように"defaultPalette" : falseと指定します。

```
{
    "$schema": "https://schemas.wp.org/trunk/theme.json",
    "version": 2,
    "settings": {
        "color": {
            "defaultPalette" : false,
            …中略…
        }
    }
}
```

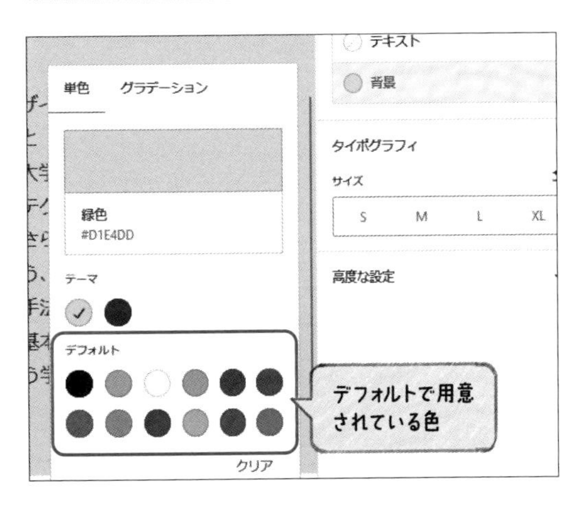

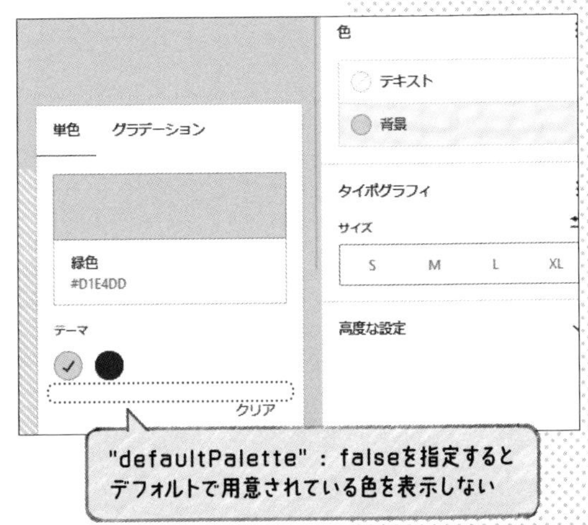

文字サイズの設定

文字サイズは、WordPressデフォルトでは、

- 小 (small) 13px
- 中 (medium) 20px
- 大 (large) 36px
- 特大 (x-large) 42px

が用意されています。これら以外にも、投稿者が文字サイズを入力することで、カスタムサイズを指定できます。

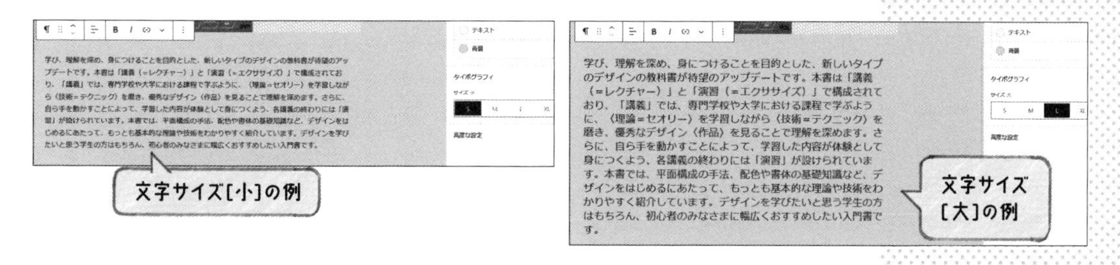

下の例は、選べる文字サイズを小中大の３種類とし、「カスタムサイズを指定」を無効にしています。

```
{
    …中略…
    "settings": {
        …中略…
        "typography": {
            "customFontSize": false,
            "fontSizes": [
                {
                    "size": "1rem",
                    "slug": "small"
                },
                {
                    "size": "1.125rem",
                    "slug": "medium"
                },
                {
                    "size": "1.5rem",
                    "slug": "large"
                }
            ]
        },
    }
}
```

「カスタムサイズを指定」を無効にする

小の設定

中の設定

大の設定

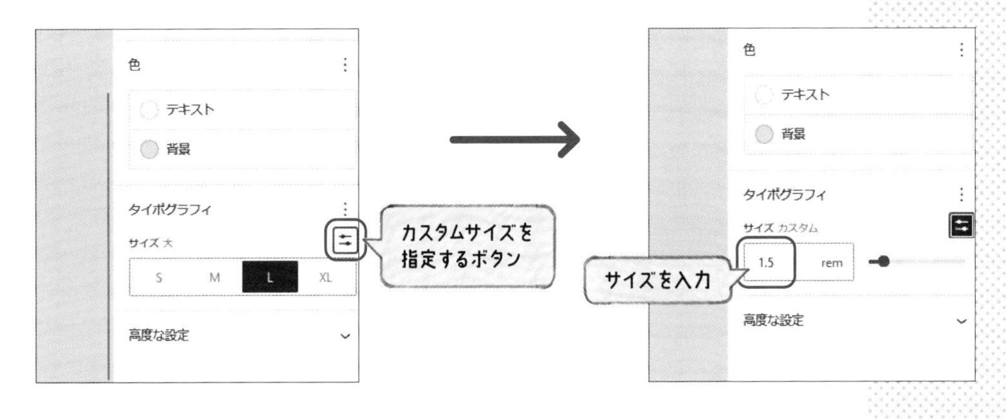

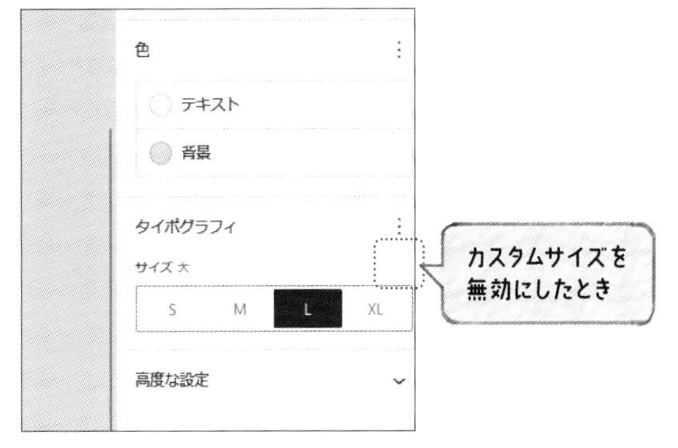

ここで紹介した以外にも、theme.jsonでさまざまな設定が可能です。詳細はWordPressドキュメント（https://ja.wordpress.org/team/handbook/block-editor/how-to-guides/themes/theme-json/）をご覧ください。

ブロックテンプレートで共通パーツを登録する

複数のファイルから読み込む共通部分の管理などに便利なのがブロックテンプレートパーツです。管理画面からパーツの内容を書き換えできます。

このレッスンでわかること

ブロックテンプレートパーツとは ＋ パーツの置き場所 ＋ 管理画面でパーツを操作する

ブロックテンプレートパーツ

クラシックテーマでもテンプレートをパーツに分けて管理できますが、複数のファイルから読み込む共通部分を管理する、など制作面での利便性がメインでした。

ブロックテーマ／ハイブリッドテーマでも、そのような制作面でのメリットはありますが、それだけではありません。

テンプレートパーツの表示内容を、管理画面の「外観＞テンプレートパーツ」で編集することができます。

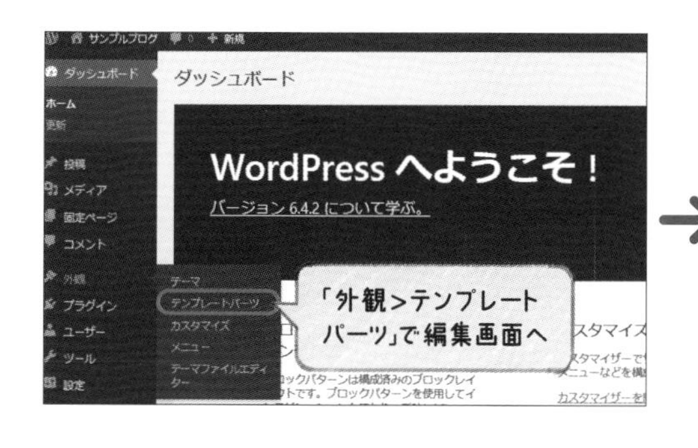

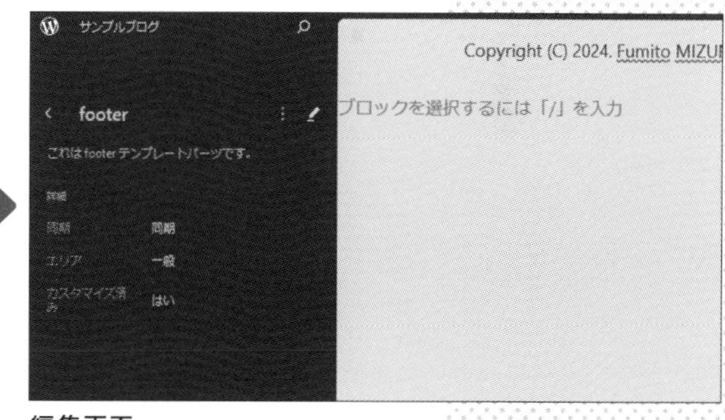

編集画面

functions.phpへの記述

ブロックテーマ（テンプレートをtemplates/フォルダ内に拡張子.htmlで配置しているテーマ）では、ブロックテンプレートパーツは自動で有効化されます。

ハイブリッドテーマ（テンプレートはphpファイル）では、ブロックテンプレートパーツは自動で有効化されません。ハイブリッドテーマの場合は、functions.phpに以下のように記述することで、ブロックテンプレートパーツが有効になります。

```
add_theme_support( 'block-template-parts' );
```

これでテンプレートパーツを使う準備ができました。

parts/フォルダ内に設置する

テンプレートパーツのファイルは、テーマのparts/フォルダ内に、拡張子.htmlで設置します。サンプルテーマではfooter.htmlを設置しています。

```
<!-- wp:paragraph -->
<p>Copyright (C) 2023. Fumito MIZUNO</p>
<!-- /wp:paragraph -->
```

ブロック編集画面用の記述

2行目の<p>Copyright (C) 2023. Fumito MIZUNO</p>は標準的なHTMLタグです。では1行目、3行目は何でしょうか？
HTMLのコメント<!-- 〜 -->に、wp:paragraphと記述されていますね。こちらは、WordPressでブロック編集画面で、段落ブロックで編集できるようにする記述です。管理画面上でコンテンツ書き換えがしやすくなるので、この記述を入れておくとよいでしょう。
この記述がない場合は管理画面上ではHTMLブロックとなります。

```
<p>Copyright (C) 2023. Fumito MIZUNO</p>
```

管理画面ではHTMLブロックになる

wp:paragraphのような記述は、HTMLのコメント機能を活用しているため、直接書くこともできます。WordPressの編集画面でブロックを選択し、「オプション＞コピー」を選ぶと、コンテンツをwp:paragraphのような記述付きで取得できるので、こちらを使うのが便利です。

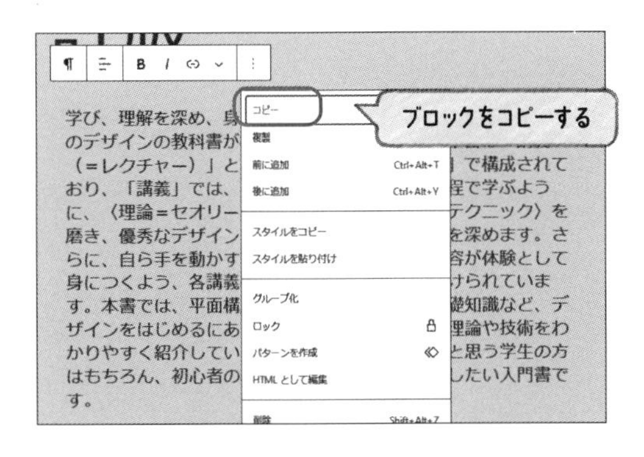

ブロックにプレースホルダを設定する

テンプレートパーツに置くブロックには、プレースホルダが設定できます。
wp:paragraph に、{"placeholder":"ここにコピーライト表記を記述する"}のように記述します。

```
<!-- wp:paragraph {"placeholder":"ここにコピーライト表記を記述する"} -->
<p></p>
<!-- /wp:paragraph -->
```

テンプレートパーツの編集画面では、placeholderに書いた内容が灰色で表示されます。

ブロック編集画面からコピーした時点で、{ ... } がある場合は、カンマで区切って追加します。たとえば中央寄せ設定 {"align":"center"} がある場合なら、

```
<!-- wp:paragraph {"align":"center"} -->
<p class="has-text-align-center"></p>
<!-- /wp:paragraph -->
```

↓

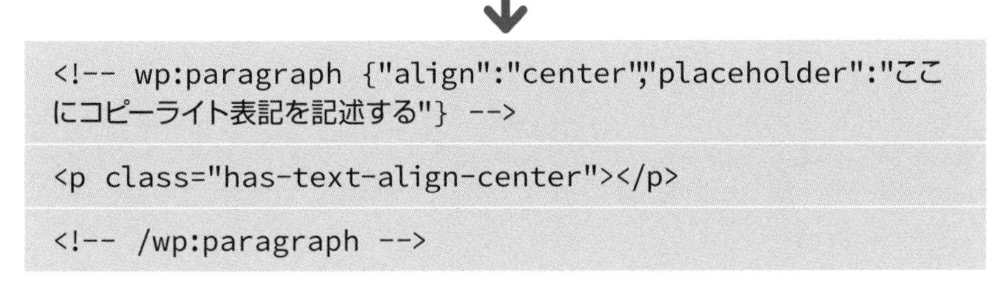

```
<!-- wp:paragraph {"align":"center","placeholder":"ここにコピーライト表記を記述する"} -->
<p class="has-text-align-center"></p>
<!-- /wp:paragraph -->
```

のように追記します。

テーマファイルからテンプレートパーツを呼び出す

テーマファイルからテンプレートパーツを呼び出します。テンプレートパーツを置きたい場所に、以下のように記述するとテーマフォルダの parts/footer.html を呼び出すことができます。

```
block_template_part( 'footer' );
```

```
block_template_part(ファイル名)
```

● **ファイル名**
parts/○○.html を呼び出す

これで、ブロックテンプレートパーツが設置できました。

 テンプレートパーツの内容を管理画面で書き換える

ここからは、WordPress管理画面上で作業していきます。

「外観＞テンプレートパーツ」と進むと、テンプレートパーツの内容を書き換えることができます。

たとえばテンプレートパーツのファイル上で2023となっているところを、管理画面で2024と書き換える、などです。

文言などを変更する他にも、ブロックを追加することも可能です。

また、書き換えた結果を破棄して、元のテンプレートパーツの内容に戻すこともできます。「操作＞カスタマイズをクリア」を実行してください。

 **MEMO**
ブロックテンプレートパーツを、複数の箇所から呼び出している場合、管理画面での変更は全ての箇所に反映されます。

ボタンを押すと「カスタマイズをクリアする」が表示される

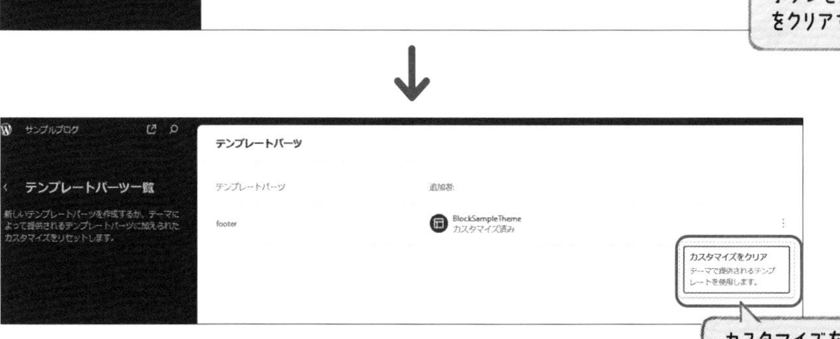

5 LESSON 04

ブロックパターンでひな形をつくる

コンテンツのひな形を作っておきたい場合に、ブロックパターンが便利です。ブロックパターンではPHPが実行できます。

このレッスンでわかること

パターンファイルの書式 ＋ パターンファイルでPHP実行 ＋ WP本体のパターンファイル

ファイルの置き場所

ブロックパターンのファイルは、テーマのpatterns/フォルダ内に、拡張子.phpで設置します。サンプルテーマではbook.phpを設置しています。

```
samplethemehybrid
  assets
    css
    js
  parts
    footer.html
  patterns
    book.php
  archive.php
  content.php
  entry-footer.php
  excerpt.php
  footer.php
  functions.php
  header.php
  index.php
  search.php
  singular.php
  style.css
  theme.json
```

patterns/フォルダ内に配置する

ファイルの先頭の書式

ブロックパターンのファイルは、ファイルの先頭にパターンの説明を記述します。

```
<?php
/**
    * Title: blocksampletheme 書籍
    * Slug: blocksampletheme/book
    * Categories: text
    * Post Types: post
    */
?>
<!-- wp:table -->
<figure class="wp-block-table"><table><tbody><tr><td>書名</td><td></td>
</tr><tr><td>出版社</td><td></td></tr><tr><td>著者</td><td></td></tr>
<tr><td>価格</td><td>円</td></tr><tr><td>読んだ日</td><td>年月日</td></tr>
</tbody></table></figure>
<!-- /wp:table -->
```

タイトル（管理画面で表示される名前）
スラッグ（プログラム内部で用いるID）
ブロックパターンのカテゴリー
ブロックパターンを使う投稿タイプ
表示する内容

TitleとSlugは必須です。Titleには編集画面で表示される名前を書きます。

Slugには、プログラム内部で用いるIDを書きます。ブロックパターンはWordPress本体にいくつか用意されている他、テーマやプラグインから登録できます。識別しやすくするため「blocksampletheme/footer-sample」のように、「テーマ名/ブロックパターン名」と命名することが推奨されています。

Categoriesはオプションですが、適切なカテゴリーを指定しておくと管理画面でブロックパターンを探しやすくなります。カテゴリーは複数設定することもできます。その場合は

```
* Categories: banner, featured
```

のように、カンマで区切って記述します。

ブロックパターンのカテゴリーは、banner、text、gallery、buttonsなどのように内容を示すものや、header、footerなどのように配置場所の目安を示すものがあります。

Post Typesはオプションです。標準ではどの投稿タイプからも利用できます。post、pageなどの投稿タイプを指定する（複数可）と、指定した投稿タイプだけに限定できます。

ブロックパターンで表示する内容は、ブロックエディタで作成してコピーするのが便利です。

このサンプルでは、テーブルブロックでひな形を作った内容をコピーしています。

テーブルブロックでは行数などを指定してテーブルをつくれますが、ブロックパターンにしておけば、行数を指定する手間が省けますし、セル内に文字を入れておくこともできます。

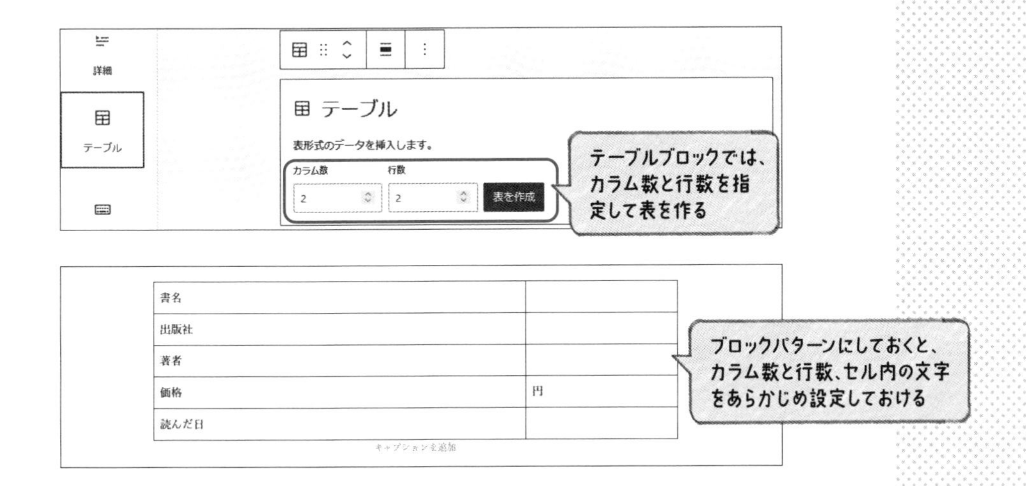

ブロックパターンにPHPを記述する

ブロックパターンには、拡張子.phpであることからわかるように、PHPコードを記述できます。さきほどの例で、「読んだ日に今日の日付を入れる」をやってみましょう。

PHPで現在の日付は<?php echo esc_html(wp_date('Y年m月d日')); ?>で出力できますね。こちらを使って

```
… <tr><td>読んだ日</td><td><?php echo esc_html( wp_date('Y年m月d日') ); ?>
</td></tr> …
```

のように記述すれば、今日の日付が入った状態でこのブロックパターンを挿入できます。

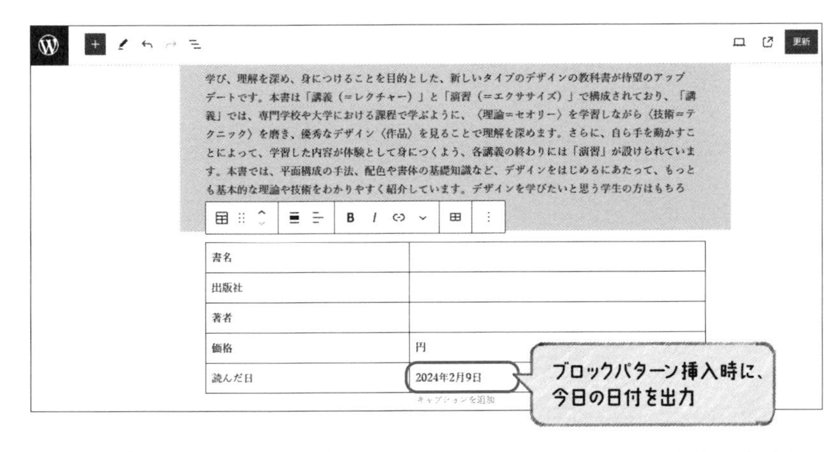

なお、ブロックパターンに記述したPHPコードは、WordPressがブロックパターンを読み込んだ時点で実行されます。投稿には、PHPが既に実行された結果が保存されます。

日付をPHPで挿入するブロックパターンを投稿に挿入し、翌日に再び編集する、といった場合はブロックを挿入した日の日付が表示されます。

TIPS

ブロックパターンは、WordPressのループの外になります。このためループ内でのみ使用する関数(たとえばget_the_ID()など)は、ブロックパターン内で呼び出しても、うまく出力されないので注意しましょう。

WordPress本体のブロックパターンを表示しないようにする

WordPressには標準でブロックパターンがいくつか登録されています。これらのブロックパターンを使わない場合は、編集画面に表示しないようにしましょう。functions.phpに以下のように記述します。

```
if ( ! function_exists( 'sampletheme_setup' ) ) {
    function sampletheme_setup() {
        …中略…
        remove_theme_support( 'core-block-patterns' );
    }
}
add_action( 'after_setup_theme', 'sampletheme_setup' );
```

WordPress本体のブロックパターンを表示しない

公式ディレクトリに掲載されているブロックパターンを利用する

wordpress.orgには、さまざまなブロックパターンが掲載されています。

掲載されているブロックパターンのスラッグ名をtheme.jsonに記述すると、編集画面に表示されます。

theme.jsonに記述

```
{
    …中略…
    "patterns": [
        "featured-post"
    ]
}
```

パターンのスラッグを記述する

スラッグは、ブロックパターンのURL「https://wordpress.org/patterns/pattern/○○○/」の○○○の部分です。

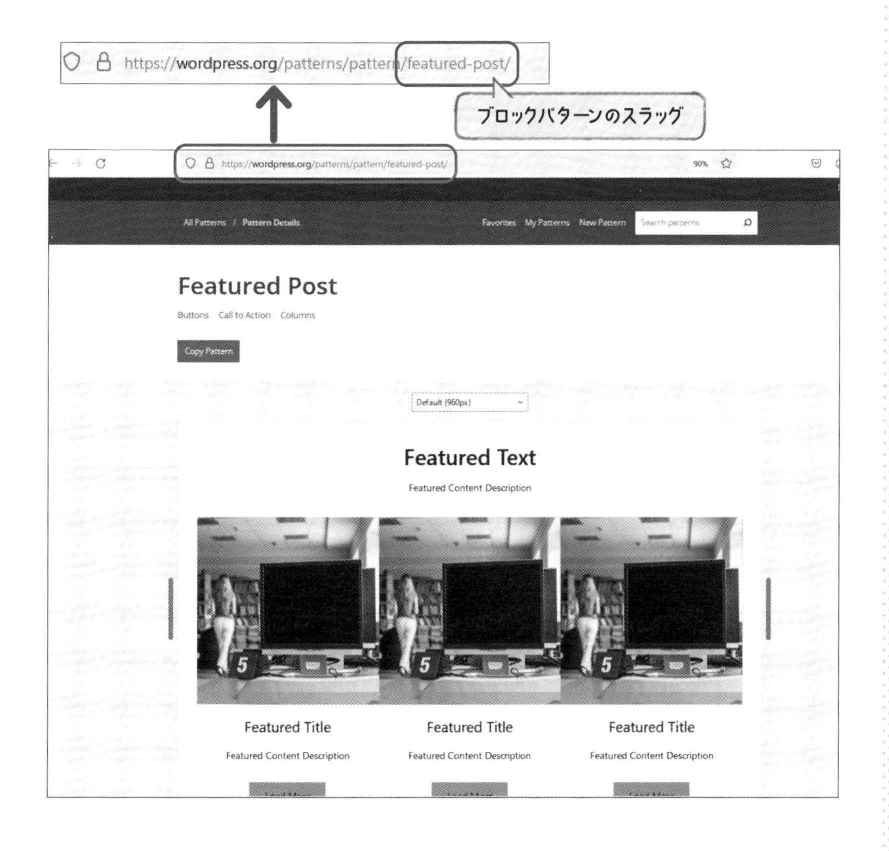

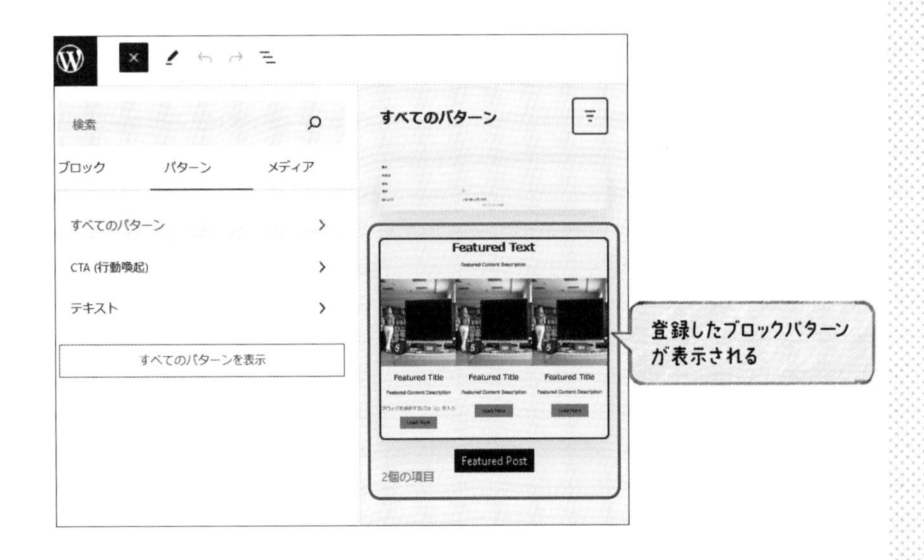

新規投稿時にブロックを配置する

新規投稿画面では、記事タイトルと空のブロックが1つ配置されている状態なので、ブロックパターンも含むさまざまなブロックの中から、自分が使いたいブロックを探して配置していく必要があります。

WordPressでは、新規投稿時にあらかじめブロックを配置しておくテンプレート機能が用意されているので、この機能を使ってみましょう。functions.phpに記述します。

```
function sampletheme_register_template() {
    $post_type_object = get_post_type_object( 'post' );  投稿の情報を取得
    $post_type_object->template = array(  templateプロパティにブロック情報を登録
        array( 'core/heading',
            array( 'level' => '2', 'content' => '読んだ本' )
        ),  「見出し」ブロックを登録
        array( 'core/paragraph',
            array( 'content' => 'この本は、')  「段落」ブロックを登録
        )
    );
}
add_action( 'init', 'sampletheme_register_template' );
```

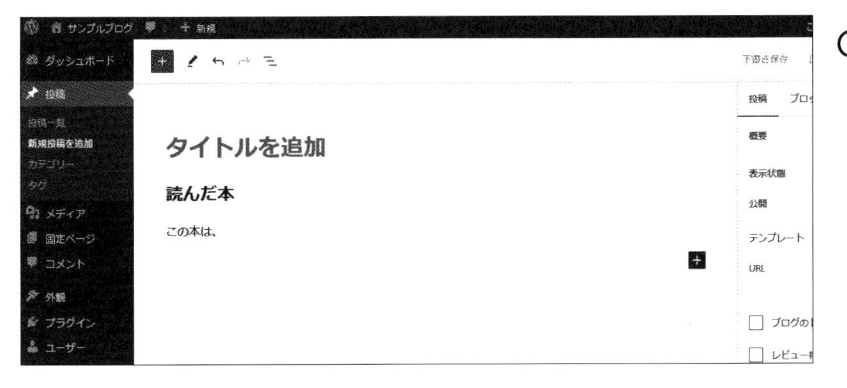

templateプロパティへのブロック登録

まず、get_post_type_object()関数で投稿の情報を取得します。

get_post_type_object(投稿タイプ)

● **投稿タイプ**
投稿タイプ(post、pageなど)を指定。カスタム投稿タイプも可能

get_post_type_object()関数は、投稿の情報をオブジェクトで返します。このオブジェクトのtemplateプロパティに、ブロック情報を配列で登録すると、新規投稿時にブロックが配置された状態になります(プロパティについてはP.074「オブジェクトとは」参照)。

登録する情報は、以下のような入れ子になった配列です。

1 ブロック情報を要素とする配列

```
$post_type_object->template = array(

    array( 'core/heading',          ← 2a
        array(
            'level' => '2',         ← 3a
            'content' => '読んだ本'
        )
    ),
    array( 'core/paragraph',        ← 2b
        array(
            'content' => 'この本は、' ← 3b
        )
    )
);
```

TIPS
ブロックのテンプレート機能は、開発途上の仕組みですので、変更される可能性があります。本セクションでは2024年1月時点での情報をもとに記載しています。最新の情報は下のページでご確認ください。
https://developer.wordpress.org/block-editor/reference-guides/block-api/block-templates/

ブロック情報は、ブロックのスラッグ、初期データの配列を要素とする配列です。

※主なものを抜粋しています。

ブロックのスラッグ※	初期データの例	
core/heading (見出し)	level	見出しのレベル(1〜6)
	placeholder	プレースホルダ
	content	見出しの内容
core/image (画像)	url	画像のURL
	width	画像の幅
	height	画像の高さ
	href	リンク先のURL
core/paragraph (段落)	placeholder	プレースホルダ
	content	見出しの内容
	fontSize	フォントサイズ(editor-font-sizesで指定したスラッグ名)
	textColor	本文の色(editor-color-paletteで指定したスラッグ名)
	backgroundColor	背景の色(editor-color-paletteで指定したスラッグ名)
core/pattern (パターン)	slug	ブロックパターンのスラッグ名

ブロック登録を実行する関数sampletheme_register_template()を、initアクションフックにフックすることで、WordPress本体のコード読み込み完了時点で実行されます(アクションフックについてはP.117「アクションフックとは」参照)。

やってみよう

TRY 1

「この本を読んだきっかけ」「本の概要」「感想」「こんな人におススメ」のH3見出しブロックをテンプレートとして配置する。

考え方 ブログ記事を書くときに、見出しをいくつか付けることがあります。よく使う定型的な見出しをテンプレートとして設定しておくと、記事の作成作業を効率化できます。要領は本文での解説と同様で、H3見出しの見出しレベルは「3」です。

コード（functions.php）

```
function sampletheme_register_template() {
  $post_type_object = get_post_type_object( 'post' );
  $post_type_object->template = array(
    array( 'core/heading', array( 'level' => '3', 'content' =>
    'この本を読んだきっかけ' ) ),
    array( 'core/heading', array( 'level' => '3', 'content' =>
    '本の概要' ) ),
    array( 'core/heading', array( 'level' => '3', 'content' =>
    '感想') ),
    array( 'core/heading', array( 'level' => '3', 'content' =>
    'こんな人におススメ' ) )
  );
}
add_action( 'init', 'sampletheme_register_template' );
```

投稿の情報を取得

templateプロパティにブロック情報を登録

5 LESSON 05

一般的なテーマに使用されるそのほかのコードと機能

WordPressのテーマで使用されるコードをひととおり見てきましたが、一般的なテーマに利用されるそのほかのコードや機能を簡単に紹介します。

このレッスンでわかること

style.cssの役割 + index.phpの役割 + 公式配布されているテーマの機能

 style.cssとindex.php

P.098「テンプレートファイルとは」でも少し触れましたが、WordPressのテーマはstyle.cssとindex.phpがあれば動作します。ブロックテーマの場合は、index.phpの代わりにtemplates/index.htmlが必要になります。

style.cssの役割

style.cssは拡張子からわかるように、スタイルシートのファイルです。テーマで利用するスタイルを記述しています。

またWordPressでは、このstyle.cssにテーマの詳細説明を記述するルールになっています。style.cssの先頭部分には次のようなコードが入ります。

```
/*
Theme Name: Sample theme
Author: Fumito MIZUNO
Description: Sampletheme for PHP study. Forked from Twenty Twenty-One ver1.4.
Version: 1.4
License: GNU General Public License v2 or later
*/
```

おもな書式とその意味は表のとおりです。

書式	説明
Theme Name:	テーマ名
Author:	テーマ作成者名
Description:	テーマの説明

書式	説明
Version:	テーマのバージョン
License:	テーマのライセンス
Template:	子テーマ用。親テーマを指定する

管理画面の［外観＞テーマ］で表示されるテーマ名もstyle.cssのこの部分で定義されています。また、子テーマをつくる場合（P.249）は、

```
Template: twentytwentyone
```

のように、親テーマのフォルダ名を指定します。

index.phpの役割

P.104でも触れましたが、index.phpはすべてのページのテンプレート階層に出てくる必須のファイルです。index.phpファイルがあれば「適用するテンプレートファイルがない」という事態を避けられるので、最後の砦となるファイルともいえます。

テンプレート階層のルールにより、index.phpは「どのページでも使われる可能性がある」ということになります。このため、サンプルテーマのindex.phpでは、どのページに適用されてもかまわないような単純なループ処理だけを書いてあります。

ページごとの表示をカスタマイズするときは、index.phpを直接編集するよりも、より詳細な（テンプレート階層で上位の）ファイルを作成し、それを編集しましょう。

なお、サンプルテーマのindex.phpは、archive.phpとほぼ同じコードです。

公式配布されているテーマの機能

本書は「テーマをカスタマイズする方法の基礎を学ぶ」という趣旨のため、WordPressのテーマ機能の基本的な部分のみを紹介しています。

管理画面の［外観＞テーマ］の「新しいテーマを追加」から検索できる公式ディレクトリに登録されたテーマは、構造がより複雑です。これは、公式ディレクトリに登録する際にルールがあり、多言語対応などのいくつかの機能が必須であるためです。

公式ディレクトリからダウンロードしたテーマをカスタマイズするときにはある程度必要になる知識なので、ここでおもなものをまとめておきます。さらに学びたい方はWordPressドキュメントなどで調べてみましょう。

多言語対応

WordPressが広まった理由のひとつに、好きな言語に翻訳して利用できる点があげられます。テーマを公開する場合は、多言語対応しておくと、世界中のだれもが利用できるようになります。

多言語対応にする場合は、翻訳対象の文字列を「__()」または「_e()」などで囲みます。公式配布テーマなどではよく使われているので、役割を覚えておきましょう。

```
_e( 'Leave a comment', 'twentytwentyone' );
```

Twenty Twenty-One用の翻訳ファイルから「コメントを残す」と翻訳する

_e()のeはechoの意味で、出力する場合は_e()、出力しない場合は__()を使用します。

MEMO
Twenty Twenty-Oneで使われているワードがどのように日本語に翻訳されているかについては、下記のURLに一覧表があります。
https://translate.wordpress.org/projects/wp-themes/twentytwentyone/ja/default/

テーマカスタマイザー

管理画面の［外観＞カスタマイズ］で、ブログのヘッダー画像や背景、配色などを書き換えることができる機能です。HTMLやCSSを編集しなくても、テーマのビジュアルをカスタマイズできます。

より多くのユーザーに使ってもらいたい場合は、これらの機能も実装しておくとよいでしょう。

ブロックテーマではカスタマイザー機能は標準では無効になっていますが、functions.phpで下のように記述すると有効になります。

```
add_action( 'customize_register', '__return_true' );
```

ブログのトップに固定

投稿を常にトップページにしたい場合、投稿編集画面で「ブログのトップに固定」をチェックします。「sticky」という単語が関連した処理はこの機能を利用しています。

子テーマを使ったカスタマイズ

配布されているテーマをカスタマイズするときは、子テーマを設定して、自分の編集は子テーマに行います。元のテーマが更新されても、自分で編集したコードを維持できます。

このレッスンで わかること

テーマの更新 ＋ 子テーマの つくり方 ＋ functions. phpの書き方

WordPressのテーマは更新される

WordPress 6.4には、Twenty Twenty-Four、Twenty Twenty-Three、Twenty Twenty-Twoの3つのテーマが同梱されています。ここで注意しないといけないのは、WordPressのテーマは、公開されたあとも更新されるという点です。

2024年1月時点では、それぞれのテーマの更新状況は表のようになっています。

テーマ名	公開日（公開時のWordPressのバージョン）	最新バージョン
Twenty Twenty-Four	2023年11月（WordPress 6.4）	1.0
Twenty Twenty-Three	2022年11月（WordPress 6.1）	1.3
Twenty Twenty-Two	2022年1月（WordPress 5.9）	1.6

テーマを更新する際は、管理画面の［ダッシュボード＞更新］から行えます。この際もし、テーマファイルの一部を自分の好みにあわせて編集していたとしたらどうなるでしょうか？　この場合、自分が編集していたファイルも更新されたファイルに上書きされます。つまり、自分で追加したコードなどが消えてしまい、テーマの初期状態に戻ってしまいます。このような事態を防ぐために使われるのが「子テーマ」という機能です。

MEMO

テーマが更新されるとき、機能や見た目の改善のために更新される場合もありますが、セキュリティ上の修正が行われる場合もあります。テーマが更新された場合は、更新理由を確認して、セキュリティ上の修正の場合はすぐに更新してください。

子テーマを使う

「子テーマ」は、既存のテーマを継承して、部分的に変更を加えるための仕組みです。もととなるテーマを「親テーマ」、部分的に変更するテーマを「子テーマ」と呼びます。

よくある使い方としては、親テーマはwordpress.orgで配布されているテーマで、子テーマではCSSや一部のテンプレートファイルなどを自分好みに編集する、というものです。

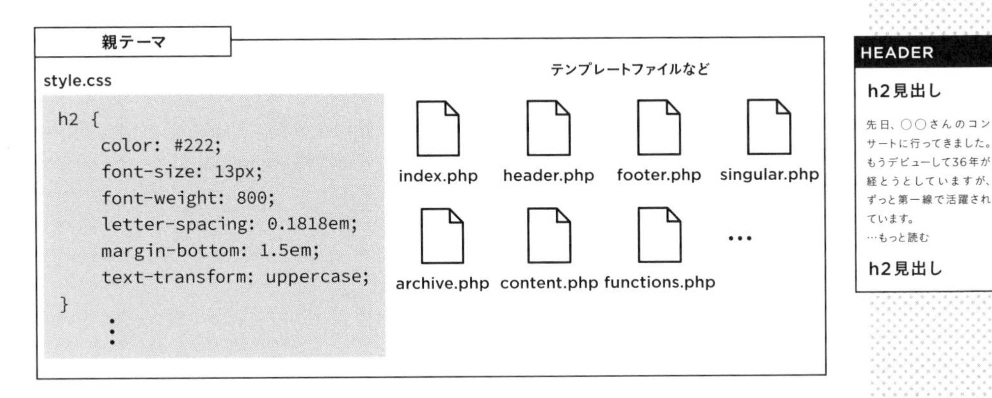

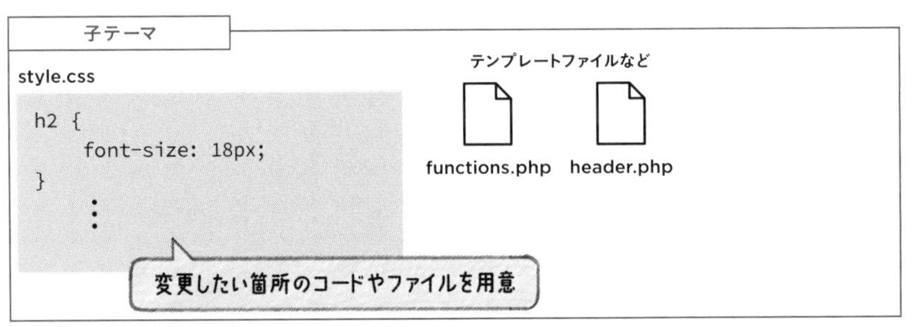

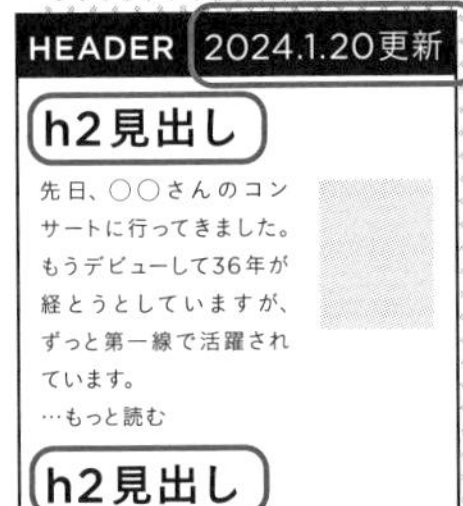

この場合、wordpress.orgで配布されている親テーマが更新されると、親テーマのファイルが上書きされますが、子テーマは上書きされません。子テーマを使うことにより、自分で編集したファイルを維持したまま、親テーマの更新を実行することができるのです。また、親テーマのファイルはまったく編集する必要はありません。

子テーマのつくり方

ここでは本書のサンプルテーマの子テーマ「Sample Child」をつくるという想定で解説していきましょう。子テーマは通常のテーマと同様に、wp-content/themesにフォルダごと設置します。フォルダ名は「sampletheme_child」としました。フォルダ名に半角スペースなどは入れると動作しないので注意しましょう。

MEMO
子テーマのフォルダ「sampletheme_child」はダウンロードデータの「掲載コード」→「CHAPTER5」フォルダに収録されています。有効化の方法はP.008と同様です。

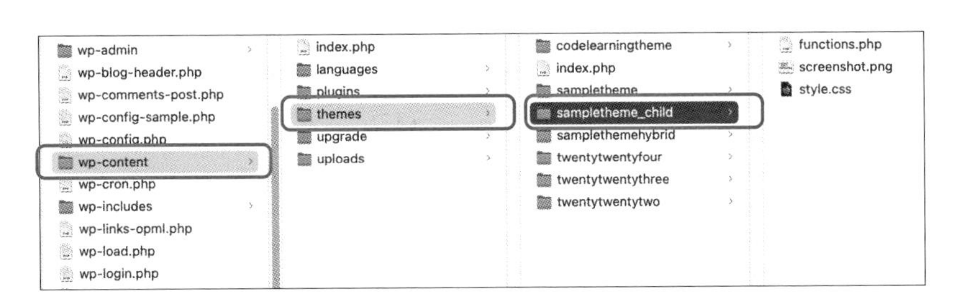

子テーマをつくるには、最低必要なファイルがあります。style.cssと、それを読み込むためのfunctions.phpです。親テーマと違い、index.phpなどは必須ではありません。

style.css

WordPressのテーマでは、style.cssファイルの先頭部分に、テーマ名を書く約束になっていました（P.246）。子テーマでは、通常のテーマと同様に書いていきますが、次の1行を必ず記述します。

```
Template: 親テーマのフォルダ名
```

親テーマのフォルダ名が「sampletheme」で、子テーマの名前がSample Childとする場合は次のように記述します。

```
/*
 Theme Name: Sample Child
 Author: Fumito MIZUNO
 Template: sampletheme
 version: 1.0
 */
```

親テーマのフォルダ名を記述

このTemplateの記述で、親テーマを特定しています。テーマ名ではなく、フォルダ名になる点に注意しましょう。先頭部分に記述したら、後は通常のスタイルシートのファイルのようにCSSを書いていくことができます。

functions.php

子テーマのfunctions.phpでは、P.211と同様にstyle.cssの読み込みの設定を記述します。この記述を忘れると、せっかくstyle.cssを編集しても、スタイルが正しく読み込まれないので注意しましょう。

```
function sample_child_styles() {
    wp_dequeue_style( 'sampletheme-style' );
    wp_enqueue_style( 'sampletheme-parent-style', get_template_
    directory_uri() . '/style.css', array(), wp_get_theme()->get(
    'Version' ) );
```

親テーマで設定されている読み込みをいったん削除（'sampletheme-style'のハンドル名は親テーマのfunctions.phpで確認）

親テーマのスタイルシートを登録する（子テーマから呼び出した場合はget_template_directory_uri()は親テーマのURLを取得）

5

06 子テーマを使ったカスタマイズ

```
    wp_enqueue_style( 'sampletheme-child-style', get_stylesheet_uri(),
    array('sampletheme-parent-style'), wp_get_theme()->get( 'Version' )
    );
}
add_action( 'wp_enqueue_scripts', 'sample_child_styles', 11 );
```

子テーマのスタイルシートを登録

スタイルシートを設定するフック

親テーマのスタイルシートより後に登録されるように、依存関係を設定

親テーマよりも後で実行するため、優先度を11に

この記述では、子テーマのstyle.cssがあとから読み込まれるように設定されています。これは、CSSでは重複する記述はあとから読み込んだ記述が優先されるルールになっているためです。こうしておくことで、子テーマのCSSに改変したいコードを書いておけば、親テーマのCSSの記述を上書きできるようになります。

functions.phpではCSSの読み込みのほか、必要に応じて親テーマの関数の処理を変更することもできます（P.254参照）。

TIPS
WordPressドキュメントの「子テーマ」のページでは、この記述よりもすこしシンプルなコードが2通り解説されています（ドキュメントのURLはhttps://developer.wordpress.org/themes/advanced-topics/child-themes/）。
これは、親テーマのfunctions.phpの記述によって書くべきコードが変わるためです。ここで紹介しているコードは、両者のCSSを順序を決めて一度に読み込んでいるため、動作がより確実です。

子テーマの仕組み

子テーマのカスタマイズの仕組みをすこし詳しく見てみましょう。

CSSは必要な記述のみを書く

スタイルシートの記述は、子テーマには必要な記述のみを書くだけで済みます。たとえばサイトタイトルの文字サイズをすこし大きくしたいとします。親テーマの「Sample Theme」では、サイトタイトル部分のHTMLは次のようになっています。

```
<h1 class="site-title">サンプルブログ</h1>
```

サイトタイトルに適用しているCSSはstyle.cssの下記の部分です。

```
.site-title {
    color: var(--branding--color-link);
    font-family: var(--branding--title--font-family);
    font-size: var(--branding--title--font-size-
    mobile);
    …中略…
}
```

TIPS
CSSの読み込み順序を正しく設定するには、前項のコードのように子テーマのfunctions.phpで、wp_enqueue_scriptsフックによって適切に設定している必要があります。
子テーマのスタイルシートが反映されない場合は、出力されるHTMLソースを確認して、CSSの読み込み順序が親テーマ→子テーマの順になっているか確認してみましょう。

文字サイズを2emに変更したい場合は、子テーマのstyle.cssに下記の記述を行うだけで済みます。

```
.site-title {
    font-size: 2em;    変更したい箇所の記述のみでよい
}
```

これは子テーマのCSSがあとから読み込まれているためです。上書きする場合は、セレクタ（.site-titleの箇所）の記述を親テーマと揃えておきましょう。

テンプレートファイルは子テーマにあるファイルに置き換わる

テンプレートファイルをカスタマイズする場合は、ファイル単位で子テーマのものに置き換わります。つまり、子テーマには改変する箇所のコードだけでなく、1つのテンプレートファイルまるごとを用意します。

たとえば、親テーマと子テーマの両方にheader.phpがあった場合、子テーマのheader.phpだけが読み込まれる、といった具合です。

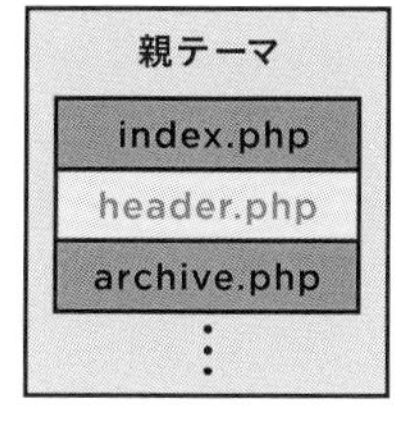

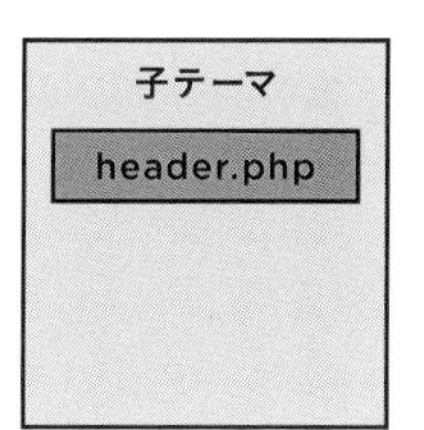

- ヘッダーの表示：子テーマのheader.phpファイルが読み込まれる
- その他の表示：親テーマのファイルが読み込まれる

こうすることで、親テーマが更新されても、子テーマで行ったカスタマイズは維持される、という仕組みになっています。

functions.phpの読み込みは特殊

functions.phpは、親テーマのものと子テーマのもの両方が読み込まれるため、style.cssと同様に改変箇所だけを記述します。

ただし、style.cssとは逆で、子テーマのものが先に読み込まれます。

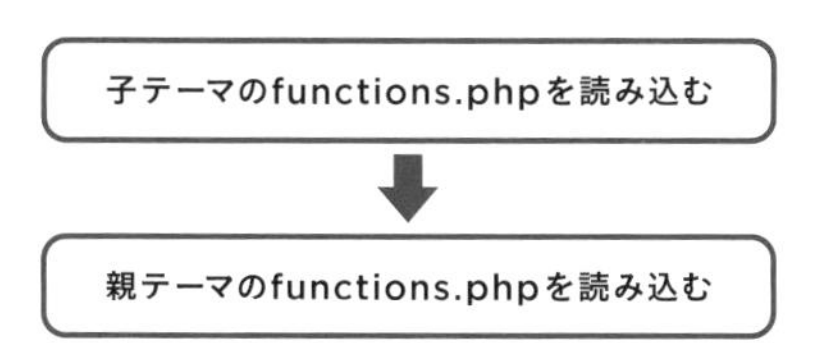

このため、親テーマの処理を変更したい場合の書き方がすこし面倒です。大きく分けて次の2パターンがあります。

MEMO
たとえばここで
h1{font-size: 2em;}
と書いてしまうと、セレクタの詳細度が関連してくるため、読み込み順序が正しくても記述が意図通りに反映されません。本書ではCSSについては詳しく解説できませんので、詳細を知りたい方はCSSの仕様などを参照してください。

MEMO
子テーマのstyle.cssで書かなかった設定（colorやfont-family等）は親テーマの設定が有効になります。

TIPS
get_template_part()やget_sidebar()など、WordPressの関数を使ってテンプレートのパーツを読み込んでいる場合に、テンプレートパーツの置き換え機能が有効になります。自分で親テーマをつくって配布する場合は、子テーマをつくりやすいように設計しておくとよいでしょう。

①親テーマでfunction_existsが使われている場合

親テーマで定義されている関数がfunction_exists()で囲まれている場合があります。たとえば次のような場合です。

```
if ( ! function_exists( 'sampletheme_setup' ) ) :
    function sampletheme_setup() {
        …中略…
    }
endif;
```

function_exists()はPHPで用意されている関数で、引数に関数名を指定すると、「その名前の関数がすでに存在するかどうか」を確認することができます。この例ではsampletheme_setupという関数があるかどうかを確認し、存在しない場合はsampletheme_setup関数を定義する、という処理を行っています。

親テーマでそのまま使うときには、意味がない記述に思えますね。では、これは何のためかというと、子テーマで関数を定義できるようにするためです。

sampletheme_setup関数を書き換えたい場合、子テーマのfunctions.phpでsampletheme_setup関数を定義するだけで済みます。

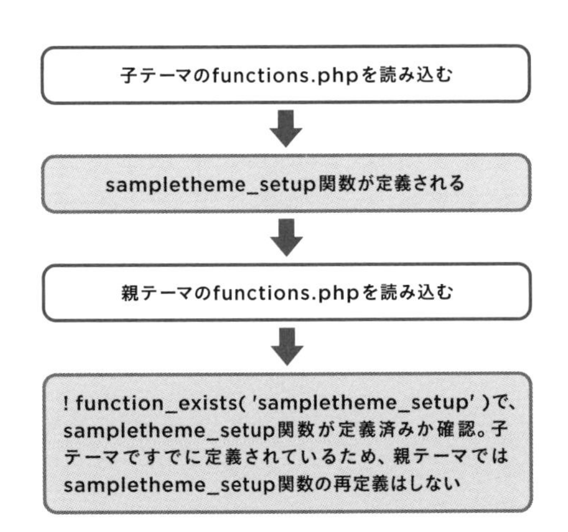
子テーマのfunctions.phpを読み込む
sampletheme_setup関数が定義される
親テーマのfunctions.phpを読み込む
! function_exists('sampletheme_setup')で、sampletheme_setup関数が定義済みか確認。子テーマですでに定義されているため、親テーマではsampletheme_setup関数の再定義はしない

②テーマでフックが使われている場合

functions.phpに定義されている関数は、function_exists()で囲まれているとは限りません。function_exists()で囲まれておらず、フックで登録されている関数もあります。

たとえば、親テーマ（samplethemeフォルダ）のsampletheme_body_classes関数は次のように定義されています。

```
function sampletheme_body_classes( $classes ) {
    …中略…
}
add_filter( 'body_class', 'sampletheme_body_classes' );
```

この場合、子テーマで次のように記述しても動作しません。

```
function sampletheme_body_classes( $classes ) {
    （カスタマイズしたい処理）
}
add_filter( 'body_class', 'sampletheme_body_classes' );
```

これは、同じ名前の関数を重複して登録するとエラーになり、WordPressの処理が停止してしまうためです。ではどうすればよいでしょうか？

この場合は、WordPressのフック機能を使用して、親テーマで定義されている関数を外して実行しないように変更します。子テーマのfunctions.phpにはまず、次のようにフックから外すコードを書きます。

```
function sample_child_setup() {
    remove_filter( 'body_class', 'sampletheme_body_
    classes' );  フックを外す
}
add_action( 'after_setup_theme', 'sample_child_setup'
);
```

remove_filter()が、登録されたフィルターフックを外す関数です。body_classフィルターフックに登録されているsampletheme_body_classesを実行しないように変更します。

remove_filterの処理は、親テーマのfunctions.phpの読み込み後に行います。このためのアクションフックがafter_setup_themeです。次のような処理の流れになります。

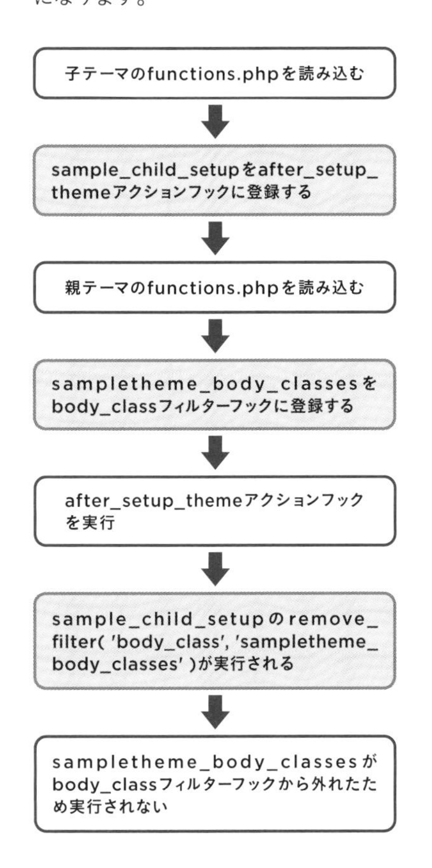
子テーマのfunctions.phpを読み込む
sample_child_setupをafter_setup_themeアクションフックに登録する
親テーマのfunctions.phpを読み込む
sampletheme_body_classesをbody_classフィルターフックに登録する
after_setup_themeアクションフックを実行
sample_child_setupのremove_filter('body_class', 'sampletheme_body_classes')が実行される
sampletheme_body_classesがbody_classフィルターフックから外れたため実行されない

このように親テーマ側の関数をフックから外したあとは、子テーマ側のfunctions.phpにsample_child_body_classes()といった別の関数名で動作を記述して、body_classのフィルターフックに登録し直せば動作をカスタマイズできます。親テーマと同じ関数名にするとエラーになるので注意しましょう。

```
function sample_child_body_classes( $classes ) {
    (処理)
}
add_filter( 'body_class', 'sample_child_body_classes' );
```

なお、子テーマのfunctions.phpで、remove_filter('body_class', 'sampletheme_body_classes')をafter_setup_themeアクションフックに登録せずに直接実行しようとすると、次のような流れになりうまくいきません。

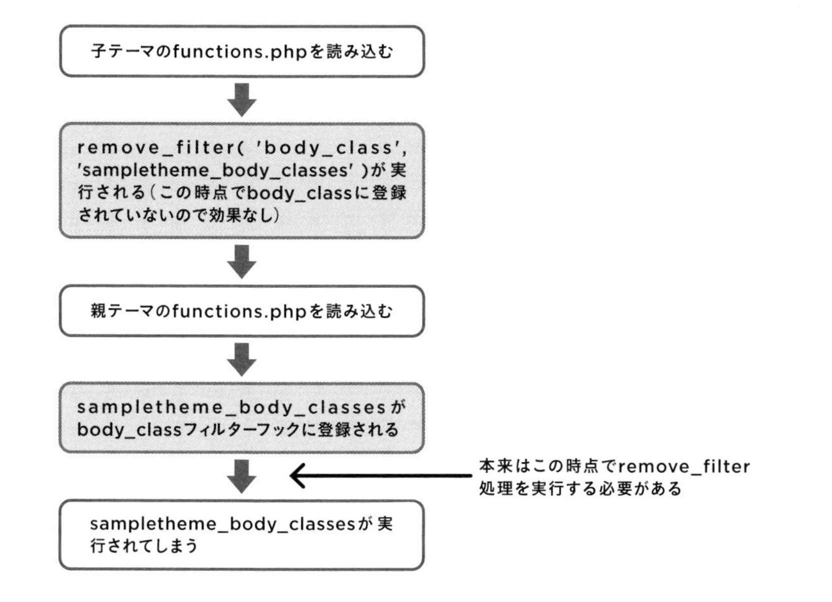
子テーマのfunctions.phpを読み込む
remove_filter('body_class', 'sampletheme_body_classes')が実行される（この時点でbody_classに登録されていないので効果なし）
親テーマのfunctions.phpを読み込む
sampletheme_body_classesがbody_classフィルターフックに登録される
本来はこの時点でremove_filter処理を実行する必要がある
sampletheme_body_classesが実行されてしまう

子テーマのfunctions.phpに直接実行するように記述すると、remove_filterは子テーマのfunctions.php読み込み時点で実行されます。この時点ではまだ親テーマのfunctions.phpを読み込み前なので、親テーマの処理を変更するには早すぎることになります。

MEMO

アクションフックに登録された関数を変更する場合は、登録されたアクションフックを外す関数remove_action()を使います。

TIPS

function_exists()で囲まれておらず、フックにも登録されていない関数の動作を変えたい場合は、子テーマ側のfunctions.phpで別の関数名で動作を記述し、さらに関数を呼び出している側も新しい関数名に書き換えます。テンプレートファイルから呼び出している場合は、子テーマにそのテンプレートファイル自体を持たせたうえで、新しい関数を呼び出すように書き換えます。ただし、このようなケースはほとんどありません。

POINT テーマの更新がテンプレートファイルにおよんだ場合

本LESSONの冒頭で、テーマがセキュリティ上の理由から更新されるケースがあることに触れましたが、実際に2022年1月に、Twnety Twenty-Oneテーマのセキュリティアップデートが行われました。子テーマでカスタマイズしておけば、親テーマを更新しても自分のカスタマイズは影響されませんから、迅速にアップデートできます。

注意が必要なのは、親テーマでセキュリティ上の理由から修正されたファイルが、子テーマで上書きしているファイルである可能性がある点です。テーマの更新があった場合は、どのファイルが修正されたのかを確認しておきましょう。

もし子テーマで上書きしているファイルだった場合は、次のような手順で修正します。

1. **親テーマをアップデートする**
2. **子テーマの該当ファイルを削除する**
3. **子テーマの該当ファイルを修正して、再アップロードする**

なお、2022年1月のセキュリティ修正は、Twnety Twenty-Oneテーマに同梱されているfunctions.phpに、esc_html__()が追加されました。WordPress Trac（https://core.trac.wordpress.org/changeset/51820）を見ると、どのファイルがどう修正されたのか記載されています。

子テーマでのtheme.json

ハイブリッドテーマでも子テーマを作成できます。子テーマにtheme.jsonを置いた場合は、親テーマのtheme.jsonの設定を子テーマのtheme.jsonで上書きします。

子テーマのtheme.jsonでは、親テーマの設定から変更したい箇所だけを記述すればOKです。

たとえば、カラーパレットにピンク色を設定し、コンテンツ幅を880pxに設定したい場合は、以下のようになります。

```
{
  "settings": {
    "color": {
      "palette": [
        {
          "slug": "pink",
          "color": "#F78DA7",
          "name": "ピンク色"
        }
      ]
    },
    "layout": {
      "contentSize": "880px"
    }
  }
}
```


なお、子テーマで設定した場合は上書きされます。上の例のように、カラーパレットの指定を子テーマで行った場合は、親テーマのカラーパレット設定は残りません。

親テーマのカラーパレットも残したい場合は、親テーマのカラーパレット設定を子テーマのtheme.jsonにコピーし、さらに子テーマ独自のカラーパレット設定を追記します。

MEMO

ハイブリッドテーマの子テーマのフォルダ「samplethemehybrid_child」はダウンロードデータの「掲載コード」→「CHAPTER5」フォルダに収録されています。有効化の方法はP.008と同様です。

```
{
  "settings": {
    "color": {
      "palette": [
        {
          "slug": "red",
          "color": "#CC0000",
          "name": "赤色"
        },
        …中略…
        {
          "slug": "pink",
          "color": "#F78DA7",
          "name": "ピンク色"
        }
      ]
    }
  }
}
```

親テーマの設定をコピーする

子テーマの設定を追記する

5 LESSON 07

エラー対処法

WordPressを使っていると、エラーメッセージが表示されたり、表示が期待通りでないことがあります。よくあるエラーとその対処方法を紹介します。

このレッスンでわかること

リカバリーモード ＋ よくあるエラーメッセージと対処法 ＋ 表示がおかしい場合の対処

 エラーの種類

ひとくちにエラーといっても、プログラムの実行自体が不可能になるものから、一見したところ問題なさそうなものまで、重大さには差があります。重大な順に「Error（エラー）→Warning（警告）→Notice（注意）」となります。

エラーの例は、PHP8.2の場合です。PHPのバージョンにより、同じミスであってもエラーの区分が異なることがあります。

エラー	意味	説明	例
Error	エラー	エラーになった時点でプログラムが停止される	関数名が重複している 関数を実行するときに引数が足りない
Warning	警告	プログラムは実行継続されるが、 正常に動作していない可能性が高い	定義していない変数を使おうとする
Notice	注意	プログラムは実行継続されるが、 正常に動作していない可能性がある	存在しないタイムゾーンを設定しようとする

リカバリーモード

テーマ作成中にミスした場合、警告や注意だったらWordPress自体の動作は実行されますが、エラーだった場合はWordPress自体の動作がストップします。エラーが発生している状態で、WordPressのサイトにアクセスすると、下のようなメッセージが表示されます。

> このサイトで重大なエラーが発生しました。
>
> WordPress のトラブルシューティングについてはこちらをご覧ください。

さらに、エラーが発生したことをメールで通知する機能があります。メールの通知先の設定はP.262で解説します。

5

07 エラー対処法

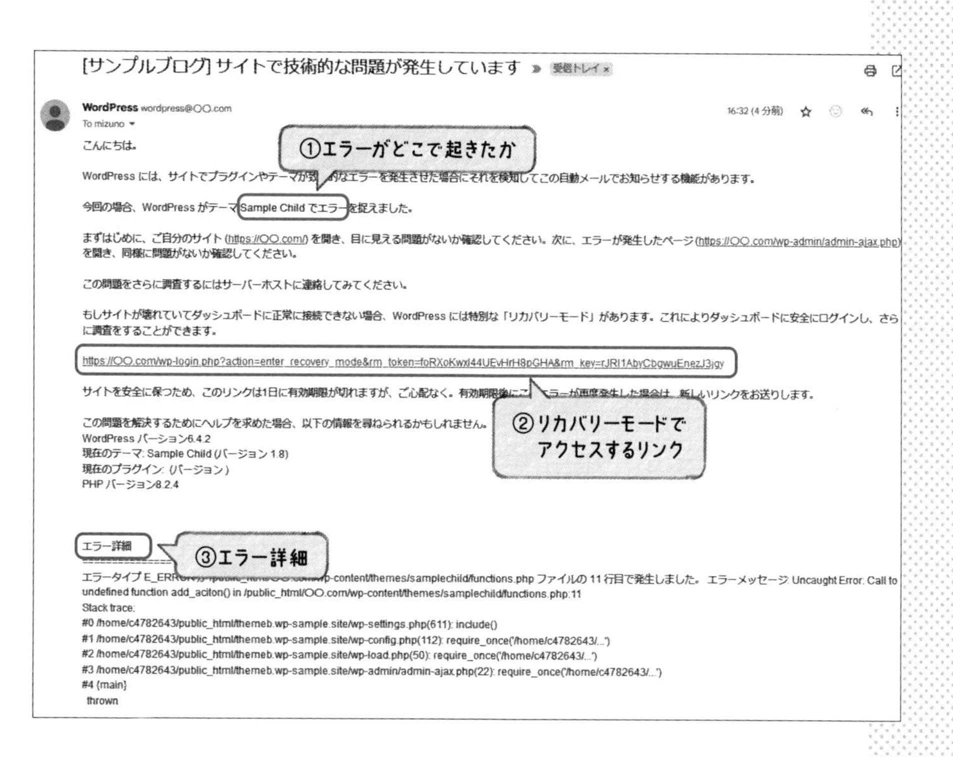

メールには、エラーがどこで起きたか①、リカバリーモードでアクセスするリンク②、エラー詳細③が記載されています。②のリンクをクリックすると、問題が発生したテーマ・プラグインを停止した状態で管理画面にアクセスできます。これをリカバリーモードと呼びます。

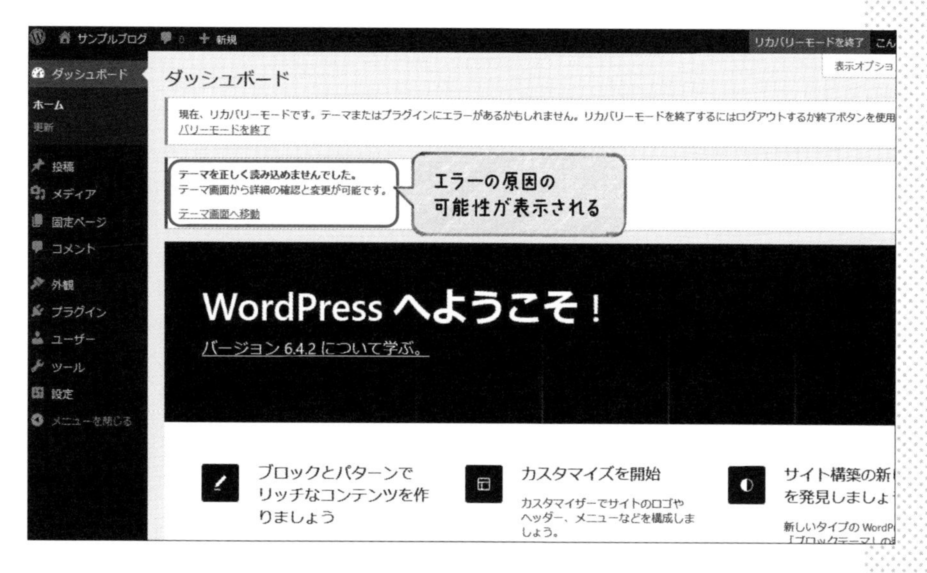

リカバリーモードでアクセスすると、管理画面上に、エラーの原因の可能性が表示されます。エラーを修正したら、メニューバー上部「リカバリーモードを終了」を押してください。

メール通知先

エラー発生時のメール通知先は、以下のような順番で決まります。

❶ wp-config.phpで設定している場合は、そのメールアドレス
❷ wp-config.phpで設定していない場合は、管理画面［設定 ＞ 一般］で設定できる管理者メールアドレス

wp-config.phpで、定数RECOVERY_MODE_EMAILを設定することができます。この定数を設定すると、そのメールアドレスにメールが通知されます。

```
define( 'RECOVERY_MODE_EMAIL', 'mizuno@example.com' );
```

wp-config.phpで設定していない場合は、管理画面［設定 ＞ 一般］で設定できる管理者メールアドレスにエラーメールが通知されます。

POINT テーマを初期テーマに戻す

制作中のテーマファイルで重大なエラーが起き、リカバリーモードでもWordPressが復旧できない場合も稀に生じます。その場合は、wp-content/themes/にある、現在のテーマを削除するか、フォルダ名を変更します。
WordPressでは、有効になっているテーマが存在しない場合、デフォルトテーマ（Twenty Twenty-Three等）があればデフォルトテーマを有効にして表示します。こうすることでWordPress本体は復旧できますので、テーマを修正したのち、再度テーマを変更します。

デバッグモードでエラーメッセージを確認する

WordPressは標準ではエラーメッセージを出さないようになっています。サイト公開後はエラーメッセージが出ないほうがよいのですが、テーマ作成中はデバッグモードにして、エラーメッセージを表示したほうがミスに気づきやすくなります。

デバッグモードを有効にする

デバッグモードにするときは、wp-config.phpファイルを編集します。wp-config.phpファイルはWordPressをインストールしたフォルダ内にあり、データベースへの接続情報など、WordPressの設定が記述されているファイルです。

wp-config.phpの記述を次のように書き換えるとデバッグモードに切り替わります。

```
define( 'WP_DEBUG', false );
```

```
define( 'WP_DEBUG', true );
```

デバッグモードでのエラーメッセージは、

```
Parse error in /~~/~~/functions.php on line 18
```

```
Parse error in ファイル名 on line 行
```

と、エラーが発生したファイルと、エラーを確認した行が表示されます。

よくあるエラーメッセージと対処

```
Parse error: syntax error, unexpected ○○ in ファイル
名 on line 行数
```

● **発生条件：構文がおかしい**

括弧やカンマ、引用符、セミコロンの書き忘れなどが原因で起こるケースが多いです。エラーの行でミスしているとは限りません。たとえば、

```
if ( ... )        { が抜けている
    echo "yes";
}
```

と書いた場合、1行目に「{」が抜けているのがエラーの原因ですが、構文がおかしいと判明するのは3行目で「}」が出てきたときです。このため、エラーメッセージでの行数は3になります。エラーの行よりも前の行も調べてみましょう。

```
Fatal error: Uncaught Error: Call to undefined
function 関数名() in ファイル名 on line 行数
```

● **発生条件：呼び出した関数が定義されていなかった**

関数名のスペルミスの可能性が高いです。「the_contents();」(the_content()の誤り)と書くと、WordPressに存在しない関数としてエラーとなります。そのほかにも次のようなケースが考えられます。

MEMO
左の○○部分には、T_VARIABLE、T_STRINGなど、さまざまなものが表示されます。

- テーマを変更した（使っていた関数がそのテーマ特有のものだった）
- 以前に使っていたプラグインを停止した（使っていた関数がそのプラグイン特有のものだった）
- インターネットで検索して見つけたコードを貼り付けた（特定のテーマ／プラグインが前提のコードだった）

```
Fatal error: Cannot redeclare 関数名() (previously
declared in ファイルA on line 行数A) in ファイルB on line
行数B
```

● 発生条件：すでにファイルＡで定義されている関数を、さらにファイルＢでも定義しようとした

ありがちなのは次の２つのケースです。

❶ 子テーマで親テーマと同じ関数を定義してしまった
❷ WordPressやPHPで定義されている関数を、自作のテーマ・プラグインで定義してしまった

❶の場合、function_exists()で囲まれている関数は子テーマで定義して問題ありませんが、そうでない関数は子テーマでそのまま定義することはできないので注意してください（P.254）。❷の場合、関数を自作するときは、関数名が被らないように、独自の接頭辞をつけることが好ましいでしょう（P.073）。

```
Warning: Cannot modify header information -
headers already sent by ファイル名
```

● 発生条件：WordPressが本来出力するHTMLの前に、何らかの出力がある

本来HTMLを出力すべきでない場所で、HTMLやテキスト、あるいは空白や改行などを出力したケースです。エラーメッセージのファイル名は問題が見つかった場所を示しますが、他のファイルが原因のことが多いです。よくあるミスとしてはfunctions.php内で、

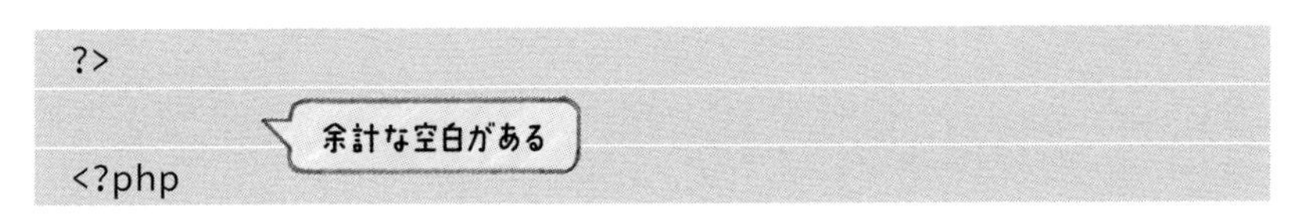

というように途中に空白行があったり、ファイル末尾に空行があるような場合です。

```
Warning: Undefined variable: 変数名 ～ in ファイル名 on
line 行数
```

● **発生条件：呼び出した変数が定義されていなかった**

呼び出した変数が定義されていなかった場合に表示されます。変数名のスペルミスの可能性が高いです。たとえば、

```
$title = 'ホームページ' ;
echo $titl;
```

$titleの間違い

のように記述すると、変数$titlを出力しようとしますが、$titlは存在しませんので、警告が発生します。

ほかによくあるミスとして、if文の中で変数を定義しているケースがあります。たとえば

```
if ( is_home() ) {
    $title = 'ホームページ' ;
}
echo $title;
```

条件分岐の中で変数を定義する

is_home()がfalseの場合は$titleが未定義になる

と記述した場合、is_home()がtrue（ホームである）であれば$titleに値をセットしますので、echo $title;で表示されます。しかしfalse（ホームでない）の場合は、$titleに何もセットされません。にもかかわらずecho $title;で呼び出しているため、警告が発生します。

エラーメッセージは出ないが表示が崩れる場合

エラーメッセージが出た場合は、直すためのヒントがわかります。しかし、文法的には誤りではないためエラーメッセージは出ないものの、期待した表示にならない、または表示したいデータが出ていないというケースもあります。

テーマファイルで問題が発生している箇所を探す

まず、表示が崩れている場所を探します。そのページのHTMLソースを見て、不備がないかをチェックします。これで問題が発生している箇所がわかるはずです。問題箇所を突き止めたら、テーマファイルのその部分をチェックします。よくあるケースをいくつか紹介しましょう。

echoが必要かどうかをチェックする

WordPressのテンプレートタグは、echoがなくても出力するものが多いですが、echoが必要なものもあります。たとえば、ホームページのURLを返すhome_url()関数や、カテゴリーアーカイブでカテゴリーの説明を返すcategory_description()関数は、データを取得しますが、出力はしません。このような関数を使う場合は、エスケープしてechoで出力する処理を加えます。

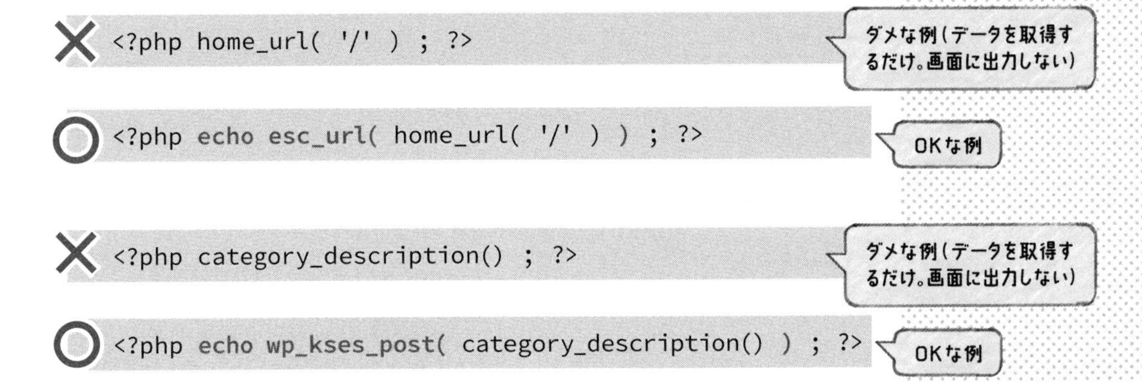

<?php home_url('/') ; ?>
ダメな例(データを取得するだけ。画面に出力しない)
<?php echo esc_url(home_url('/')) ; ?>
OKな例
<?php category_description() ; ?>
ダメな例(データを取得するだけ。画面に出力しない)
<?php echo wp_kses_post(category_description()) ; ?>
OKな例

画像やCSSのパスを確認する

子テーマを使用している場合、画像やCSSを親テーマのものを使うのか、もしくは子テーマのものを使うのかでテンプレートの記述方法が変わります。もし、期待したとおりに表示できていない場合は、HTMLの<head>〜</head>部分を見て、画像やCSSのパスを確認してみましょう。子テーマの画像／CSSを呼び出すつもりだったが、実は親テーマのものを呼び出していた、という可能性があります。子テーマを使用している場合のURLを取得する関数は以下の表の通りです。

関数	返すURL	例
get_template_directory_uri()	親テーマのディレクトリURL	…/wp-content/themes/sampletheme
get_stylesheet_directory_uri()	子テーマのディレクトリURL	…/wp-content/themes/sampletheme-child
get_theme_file_uri(ファイル名)	子テーマのファイルのURL、存在しない場合は親テーマのファイルのURL	…/wp-content/themes/sampletheme-child/ファイル名(子テーマにある場合)
		…/wp-content/themes/sampletheme/ファイル名(子テーマにない場合)※
get_parent_theme_file_uri(ファイル名)	親テーマのファイルのURL	…/wp-content/themes/sampletheme/ファイル名

※親テーマにも指定したファイル名のファイルがなくても親テーマのURLを返す

変数にデータが入っているかどうかチェックする

変数に想定したデータが入っていない場合は当然、期待する表示にはなりません。たとえばP.188の「メインクエリとは異なるコンテンツを表示するコード」では、

```
foreach ( $myposts as $post ) :
    …中略…
endforeach;
```

で、$mypostsにデータが入っていないというケースも考えられます。データが入っているかどうかをチェックするには、PHPに用意されているvar_dump()関数を使います。この例であれば、

```
echo '<h3>同じ人が書いた記事</h3>';
var_dump( $myposts );
if ( $myposts ) :
    echo '<ul>';
    foreach ( $myposts as $post ) :
```

とforeachの前にvar_dumpを記述すると、データが入っているかどうかを確かめられます。正常にデータが入っていれば、たくさんのデータが表示されます。

同じ人が書いた記事

array(4) { [0]=> object(WP_Post)#365 (24) { ["ID"]=> int(2375) ["post_author"]=> string(1) "1" ["post_date"]=> string(19) "2024-01-21 15:15:15" ["post_date_gmt"]=> string(19) "2024-01-21 06:15:15" ["post_content"]=> string(1328) "

字さえ並べればそれで完成というわけにはいきません。人目を引く華やかさが必要とされ、そのためのデザインのアイデアが求められます。
本書は、10～15分程度のひと手間をかけて、パッとしないバナーをブラッシュアップするデザインテクニックを紹介しています。バナーの狭いスペースのなかで有効なデザインを、Before→Afterの流れで解説。デザインのアイデアだけでなく、完成に至る工程もステップ・バイ・ステップ形式で指南しているので、実際にどう手を動かせばよいかがわかります。バナーには"多様なサイズに展開される"という特徴もあるので、縦長と横長のサイズバリエーションも掲載。バナーデータはPSD形式またはAI形式でダウンロードできます。
「どうすれば見映えがよくなるだろう？」「どうすればインパクトが出るだろう？」と悩んだ際に、本書をパラパラっとめくれば必ずヒントが見つかるはずです。ぜひ本書で"デザインの引き出し"を増やし、ワンパターンに陥らないバナー作成を楽しんでみてください。

" ["post_title"]=> string(86) "15分でOKに！　バナーデザインはかどり事典 for Photoshop + Illustrator" ["post_excerpt"]=> string(0) "" ["post_status"]=>

MEMO
データが空の場合は、次のような表示になります。
NULL
array(0) { }

データを取得する関数の設定を確認する

さて、先ほどの例で$mypostsのデータが空だったとしましょう。この場合は、コードを前に遡ります。そうすると、

```
$args = array(
    'posts_per_page'    => 5,
    'author'            => $authorid,
    'orderby'           => 'rand',
    'exclude'           => $postid,
);
```

authorや$authoridを正しく書いているか?

のような記述がありますね。get_posts()関数でデータを取得していますので、関数の引数$argsをしっかり調べましょう。ミスタイプしていると、期待した通りの条件指定になりません。

もし、条件指定が適切でない場合、get_posts()は空の配列を返す、あるいは期待していない投稿も含めて返す、といった結果になります。正常に表示されない原因になるので注意しましょう。

POINT 「データが入っていない」が正常なこともある

投稿記事のデータを格納する変数が空の場合は異常、とは限りません。たとえば「指定したカテゴリーの投稿」であれば、そのカテゴリーの投稿がないこともあり、この場合はデータが入っていなくても異常ではありません。

このようにデータが入っていないことも考えられる場合、データが入っていないケースも考慮して、テンプレートファイルをカスタマイズすることが大事です。実際、P.193のコードでは、

```
if ( $myposts ) :
    …中略…
else:
    echo '記事はありません' ;
endif;
```

のように、$mypostsにデータが入っているかどうかをチェックしています。

INDEX

[索引]

記号

アルファベット

A

B

C

D

E

F

G

H

I

J

L

N

P

R

S

T

V

W

X

五十音順

あ

か

さ

た

は

ま

ら

制作スタッフ

[装幀・本文デザイン] 大上戸由香(nebula)
[イラスト] 岡田 丈
[編集・DTP] 芹川 宏(ピーチプレス)

[編集長] 後藤憲司
[担当編集] 後藤孝太郎

著者プロフィール

水野史土(みずの・ふみと)

レスキューワーク株式会社代表。WordPressのwpdb::prepareメソッドのセキュリティチェック実装および警告メッセージを改善した実績により「PHP5セキュリティウィザード2015」に認定される。2016年にホームページ上で自動見積計算して見積書PDFを発行するウェブサービス「マイ見積」を開発し、中部経済新聞に掲載。著書に『徹底攻略PHP5技術者認定[上級]問題集』(共著・インプレス)がある。

WordPress ユーザーのための

PHP入門

はじめから、ていねいに。

第4版

2024年 3月 21日 初版第1刷発行

[著 者] 水野史土
[発行人] 山口康夫
[発 行] 株式会社エムディエヌコーポレーション
〒101-0051 東京都千代田区神田神保町一丁目105番地
https://books.MdN.co.jp/
[発 売] 株式会社インプレス
〒101-0051 東京都千代田区神田神保町一丁目105番地
[印刷・製本] 中央精版印刷株式会社

Printed in Japan

【カスタマーセンター】
造本には万全を期しておりますが、万一、落丁・乱丁などがございましたら、送料小社負担にてお取り替えいたします。お手数ですが、カスタマーセンターまでご返送ください。

【落丁・乱丁本などのご返送先】
〒101-0051 東京都千代田区神田神保町一丁目105番地
株式会社エムディエヌコーポレーション カスタマーセンター
TEL:03-4334-2915

【書店・販売店のご注文受付】
株式会社インプレス 受注センター
TEL:048-449-8040/FAX:048-449-8041

内容に関するお問い合わせ先

株式会社エムディエヌコーポレーション
カスタマーセンター メール窓口

info@MdN.co.jp

本書の内容に関するご質問は、Eメールのみの受付となります。メールの件名は「WordPressユーザーのためのPHP入門[第4版] 質問係」、本文にはご利用の環境(ブラウザ、WordPressのバージョン等)をお書き添えください。電話やFAX、郵便でのご質問にはお答えできません。ご質問の内容によりましては、しばらくお時間をいただく場合がございます。また、お客様のサーバー環境等に起因する事項やお客様のWebサイトに関する個別の事項をはじめ、本書の範囲を超えるご質問に関しましてはお答えいたしかねますので、あらかじめご了承ください。

ISBN978-4-295-20606-4 C3055